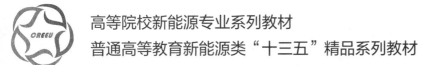

高等院校新能源专业系列教材

普通高等教育新能源类"十三五"精品系列教材

融合教材

光伏发电系统原理

Photovoltaic Power Generation System Principle

主　编　朱红路

副主编　白一鸣

U0294065

中国水利水电出版社
www.waterpub.com.cn
·北京·

内 容 提 要

　　全书系统地介绍了光伏发电在世界和我国的发展概况，对光伏发电系统开发和利用中的太阳能资源及辐射知识、光伏电池核心关键部件工作原理及光伏系统运行和评价中的关键计算等做了详细说明。本书主要内容包括：光伏发电概述，太阳辐射和太阳能资源评估，光伏电池工作原理及其伏安特性，光伏组件和光伏阵列，光伏发电中的储能，光伏逆变器和最大功率跟踪，光伏电站的运行、检测与关键计算。

　　本书可以作为高等院校新能源科学与工程专业光伏方向本科教材，也可作为太阳能专业硕士研究生的教学参考书，还可以供从事太阳能光伏发电技术的工程技术人员参考。

图书在版编目（CIP）数据

光伏发电系统原理 / 朱红路主编. -- 北京 : 中国
水利水电出版社，2020.11
高等院校新能源专业系列教材　普通高等教育新能源
类"十三五"精品系列教材
ISBN 978-7-5170-9295-7

Ⅰ. ①光… Ⅱ. ①朱… Ⅲ. ①太阳能光伏发电－高等
学校－教材 Ⅳ. ①TM615

中国版本图书馆CIP数据核字（2020）第260778号

书　　名	高等院校新能源专业系列教材 普通高等教育新能源类"十三五"精品系列教材 **光伏发电系统原理** GUANGFU FADIAN XITONG YUANLI
作　　者	主　编　朱红路 副主编　白一鸣
出版发行	中国水利水电出版社 （北京市海淀区玉渊潭南路1号D座　100038） 网址：www.waterpub.com.cn E-mail：sales@waterpub.com.cn 电话：（010）68367658（营销中心）
经　　售	北京科水图书销售中心（零售） 电话：（010）88383994、63202643、68545874 全国各地新华书店和相关出版物销售网点
排　　版	中国水利水电出版社微机排版中心
印　　刷	天津嘉恒印务有限公司
规　　格	184mm×260mm　16开本　15印张　365千字
版　　次	2020年11月第1版　2020年11月第1次印刷
印　　数	0001—3000册
定　　价	**68.00元**

凡购买我社图书，如有缺页、倒页、脱页的，本社营销中心负责调换
版权所有·侵权必究

前　言

在全球气候环境日益恶化和化石能源日益枯竭的背景下，大力发展可再生能源已经成为世界各国的共识。在各种可再生能源中，太阳能以其清洁、安全、取之不尽和用之不竭的显著优势已经成为发展最快的可再生能源。开发利用太阳能对调整能源结构、推进能源生产和消费革命、促进生态文明建设均具有重要意义。我国太阳能资源丰富，每年陆地太阳辐射总能量约为 1.47×10^{16} kW·h，大约相当于全国 2010 年一次能源消费总量的 540 倍，太阳能资源开发利用的潜力非常广阔。作为太阳能利用最为重要的方式，光伏发电具有无污染、效率高、无须储能设备、发电能力强等优点，我国光伏发电发展迅速。在"十二五"期间，我国光伏发电装机容量年增长超 179%，于 2015 年成为世界光伏装机第一大国。在"十三五"期间，光伏发电保持高增速，截至 2019 年年底全国光伏发电累计装机容量达到 20430 万 kW，光伏发电已在我国能源供给结构中占据重要地位。

光伏发电在我国的快速发展和巨大成就，迫切需要培养大批光伏专业人才，为光伏发电领域的研发、工程设计和精细化运行保驾护航。本书是根据培养基础扎实、知识面宽、能力强、素质高，具有较强实践能力和良好发展潜力的新能源领域高级专门人才的"新能源科学与工程"专业培养计划而编写的。本书强调了我国光伏发电技术快速发展的历程，内容涉及太阳能资源、光伏发电系统核心部件及原理，光伏发电系统中的储能、最大功率跟踪算法以及光伏电站运行相关的关键算法。针对"新能源科学与工程"专业培养需求，特别侧重于相关数学模型分析和方法原理阐明。衷心希望本书能够满足我国光伏专业人才的培养要求，促进我国光伏发电领域的教学、科研和工程应用等方面的发展。

为丰富和拓展读者的知识储备，提高本书的使用效果，笔者尝试建设了本书配套的数字资源，如重要知识点对应了视频、动画、课件等内容，光伏系统设计的相关内容也单独放在数字资源库中，另外华北电力大学太阳能中心研发的高分辨率太阳能资源数据平台也向读者开放部分数据以供读者理解太阳能资源评估方法或进行光伏电站的初步设计。

随着光伏发电技术的快速进步，笔者深感水平有限，本书定然存在一些不足之处，真诚期望各位读者在使用过程中提出宝贵意见。感谢白一鸣老师对本书编写的辛苦付出，感谢北京中科技达科技有限公司的贾盛洁提供的重要参考资料，同时感谢我的学生尹万思、史凊城、潘晶娜、侯汝印、蒋婷婷、孙爽的支持。

作者
2020 年 10 月

目　　录

第1章　光伏发电概述

在全球气候环境日益恶化和化石能源日益枯竭的背景下，大力发展可再生能源已经成为世界各国的共识。可再生能源是利用消耗后可以自然得到不断补充的再生能源，它包括太阳能、风能、生物质能、水能、海洋能、地热能六大类。可再生能源广泛存在，取之不尽，用之不竭，是人类可依赖的、可持续的初级能源。中国在可再生能源领域的地位日益突出，正在变成实现全球能源结构转变的主角。根据联合国可再生能源咨询机构发布的报告显示，中国持续数年领跑全球可再生能源投资，2018年中国对可再生能源的投资几乎占世界的1/3。中国的可再生能源供应日益增长，可再生能源技术也居世界领先地位。近年来，全球能源市场正经历着前所未有的变革：以太阳能和风能为代表的可再生能源成为主流。而在这场应对气候变化与加速能源转型的过程中，中国作为"可再生能源第一大国"的绿色新名片也越来越亮。中国在可再生能源领域取得了诸多成就：

首先，中国作为"可再生能源第一大国"，风能、太阳能等可再生能源发电装机容量均为世界第一。截至2019年年底，全国可再生能源发电装机容量7.94亿kW，占全部电力装机容量的39.5%，占新增装机57.4%，其中水电装机容量（含抽水蓄能）3.56亿kW，风电装机2.1亿kW，光伏发电装机容量2.04亿kW，生物质发电装机容量2254万kW。2019年全国可再生能源发电量2.04万亿kW·h，占全部发电量的27.9%，其中水电发电量1.3万亿kW·h，占全部发电量的17.8%，风电发电量4057亿kW·h，占全部发电量的5.5%，光伏发电量2243亿kW·h，占全部发电量的3.1%，生物质发电量1111亿kW·h，占全部发电量的1.5%。"十三五"以来，可再生能源装机容量年均增长率约12%，新增装机容量年度占比均超过50%，总装机容量占比稳步提升。中国可再生能源经过跨越式发展，其替代作用日益凸显，极大地优化了中国的能源结构，对中国实现能源安全、大气污染防治以及温室气体排放控制等多重目标均做出突出贡献。2016—2019年中国可再生能源发电总装机及新增装机变化如图1-1所示。

中国可再生
能源的发展

其次，中国可再生能源技术装备水平显著提升，关键零部件基本实现国产化，相关新增专利数量居于国际前列，并构建了具有国际先进水平的完整产业链。中国已经成为世界第一大风电和光伏设备生产国，国际竞争力大幅度提升。可再生能源相关产业作为战略性新兴产业，已经成为新疆、内蒙古、甘肃等风、光资源大省的支柱性产业，在优化当地经济结构、贡献财政收入以及创造就业机会等方面发挥了重要作用。

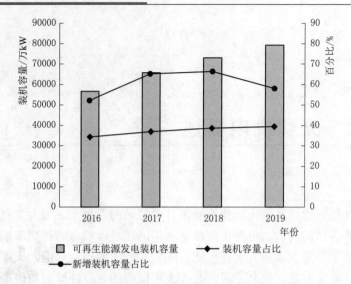

图 1-1   2016—2019 年中国可再生能源发电总装机及新增装机变化

在各种可再生能源中，太阳能以其清洁、安全、取之不尽和用之不竭的显著优势，已经成为发展最快的可再生能源。开发利用太阳能对调整能源结构、推进能源生产和消费革命、促进生态文明建设均具有重要意义。我国太阳能资源丰富，每年陆地太阳辐射总能量约为 1.47×10^{16} kW·h，大约相当于全国 2010 年一次能源消费总量的 540 倍，太阳能资源开发利用的潜力非常广阔。我国太阳能发电发展现状如下：

第一，装机规模保持稳定增长。2019 年全国太阳能发电新增 3031 万 kW，其中光热发电的装机容量 20 万 kW，累计装机容量达到 2.05 亿 kW，约占电源总装机容量的 10.2%。光伏发电新增和累计装机保持世界首位。

第二，发电量进一步提升。2019 年，全国光伏发电量达 2243 亿 kW·h，同比增长 26%，占总发电量 3.1%。

第三，上网电价进一步降低。2019 年光伏补贴竞价项目电价降幅明显；光伏发电领跑奖励激励基地项目通过竞争确定上网电价，部分项目低于平价。

第四，光伏发电装机容量已达到"十三五"低限目标。截至 2019 年年底，光伏发电装机已达到规划低限目标。

作为太阳能利用中转换最为重要的方式，光伏发电具有无污染、效率高、发电能力强等优点。我国光伏发电发展迅猛，"十二五"期间光伏发电装机容量年增长179%，于 2015 年成为世界光伏装机容量第一大国，2016—2018 年保持高增速，2019年底累计装机容量达到 204.3GW，光伏发电已在我国能源供给结构中占据重要地位。

1.1   光伏发电技术的发展

1.1.1   世界光伏发展历史

光伏发电是利用光电转换原理使太阳辐射能转变为电能的一种技术。从 1839

年法国科学家 E. Becquerel 发现液体的光生伏特效应（简称光伏现象）算起，光伏发电已经经过了 180 多年的漫长的发展历史。从总的发展历程来看，相关领域的基础研究和技术进步都对光伏发展起到了积极推进的作用。对光伏电池的实际应用起到决定性作用的是美国贝尔实验室三位科学家对于单晶硅光伏电池的研制成功，在光伏电池发展史上具有里程碑式的作用。至今为止，光伏电池的基本结构和机理没有发生改变。世界光伏发展的时间轴如图 1-2 所示。

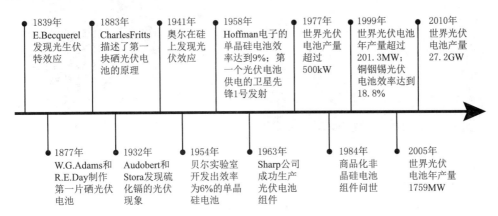

图 1-2　世界光伏发展时间轴

第一阶段（1839—1954 年），光伏电池理论研究阶段。

光伏发电技术研究始于 1839 年法国科学家 E. Becquerel 发现光照能够使得半导体材料的不同部位之间产生电位差，这种现象被称为"光伏效应"。1877 年 W-G-Adams 和 R. E. Day 研究了硒（Se）的光伏效应，并制作第一片硒光伏电池。1883 年美国发明家 CharlesFritts 描述了第一块硒光伏电池的原理。1932 年 Audobert 和 Stora 发现硫化镉（CdS）的光伏现象。1941 年奥尔在硅上发现了光伏效应。

第二阶段（1954 年至 20 世纪 80 年代），光伏电池发展和初步应用阶段。

1954 年，贝尔实验室的 G. Pearson 等开发出光电转换效率为 6% 的单晶硅光伏电池，其为现代晶体硅光伏电池的雏形，是世界上第一个实用的光伏电池。图 1-3～图 1-4 分别为美国的贝尔实验室和贝尔实验室制的对第一批光伏电池。1958 年美国信号部队的 T. Mandelkorn 制成 n/p 型单晶硅光伏电池，这种电池抗辐射能力强。Hoffman 电子的单晶硅电池效率达到 9%；第一个由光伏电池供电的卫星先锋 1 号发射。1963 年 Sharp 公司成功生产光伏电池组件；日本在一个灯塔安装 242W 光伏电池阵列，在当时是世界最大的光伏电池阵列。D. E. Carlson 和 C. R. Wronski 在 W. E. Spear 于 1975 年所做的控制 pn 结的工作基础上，制成世界上第一个非晶硅光伏电池。

第三阶段（20 世纪 80 年代至今），光伏发电产业化应用阶段。

自 20 世纪 80 年代开始，光伏电池的种类不断增多、应用范围日益广泛、市场规模也逐步扩大。1984 年商品化非晶硅光伏电池组件问世。1999 年世界光伏电池年产量超过 201.3MW；美国 NREL 的 M. A. Contreras 等研制的铜铟锡

（CIS）光伏电池效率达到 18.8%；非晶硅光伏电池占市场份额 12.3%。2010 年，世界光伏电池产量达到 27.2GW。目前，高效晶体硅光伏电池和各类薄膜光伏电池是世界光伏产业的热点之一。

图 1-3　1954 年美国贝尔实验室　　　　图 1-4　贝尔实验室制成的第一批光伏电池

在光伏发电技术开发之初的 20 世纪 60 年代，由于制造成本高，光伏发电仅用于人造卫星、海岛灯塔等场所，1976 年全球光伏电池年产量仅几百千瓦。20 世纪 80 年代以来，由于能源危机的不断加剧，光伏电池技术不断进步、成本不断降低。2003 年，国际市场光伏模块的售价已降至 2.5～3 美元/W；2008 年，美国 First Solar 公司 CdTe 薄膜光伏电池成本为 1 美元/W，光伏产业迅猛发展。1997 年全球光伏电池年产量为 163.3MW，2007 年则增至 3733MW。近年来，世界光伏产业以每年超过 30% 的速度递增，成为发展速度最快的行业之一。到 2009 年底，全球光伏发电装机容量累计达 2300 万 kW，当年新增装机约为 700 万 kW。

近年来，并网光伏发电的应用比例快速增长，已经成为光伏发电的主导。1996 年，并网光伏系统比例仅为 7.9%，而 2007 年则增加至 80% 左右。目前，光伏与建筑相结合的分布式并网系统市场份额已经大于大型并网光伏电站。自 2011 年起，全球每年光伏新增容量均大于 20GW，2015 年新增光伏装机容量突破 50GW，2019 年更是超过了 100GW，光伏产业发展势态良好。根据国际能源署（IEA）发布的 2020 年全球光伏市场报告，2019 年全球光伏新增装机容量 114.9GW，连续第三年突破 100GW 门槛，同比增长 12%，光伏累计装机容量达到 627GW。2019 年全球前十国家依次为中国、美国、印度、日本、越南、西班牙、德国、澳大利亚、乌克兰、韩国。前十国家新增装机容量占比达到 73%，较 2018 年有所下降。据国际能源署（IEA）预测，到 2030 年全球光伏累计装机容量有望达 1721GW，到 2050 年将进一步增加至 4670GW，光伏行业发展潜力巨大。世界光伏装机容量如图 1-5 所示。

1.1.2　中国光伏发展历史

中国对光伏电池的研究始于 1958 年，中国光伏发展时间轴如图 1-6 所示。

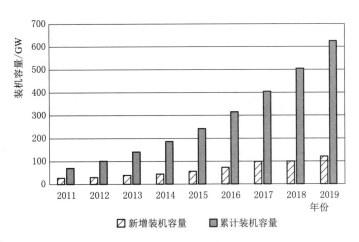

图 1-5 世界光伏装机容量

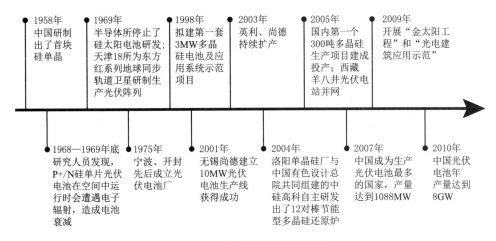

图 1-6 中国光伏发展时间轴

第一阶段（20世纪50年代至1975年），光伏电池研究和发展阶段。

在20世纪五六十年代，中国开始研究光伏发电技术。1958年，中国研制出了首块单晶硅光伏电池。1968—1969年底，研究人员发现，P＋/N硅单片光伏电池在空间中运行时会遭遇电子辐射，造成电池衰减。1969年半导体所停止了硅光伏电池研发。因为光伏成本与技术的双高要求，当时光伏主要应用于我国的航空航天领域，中国电子科技集团公司第十八研究所为东方红系列地球同步轨道卫星研制生产光伏电池，图1-7为东方红二号卫星。1975年宁波、开封先后成立光伏电池厂。在20世纪70—80年代，从航空航天等高端领域落地到地方企业探索发展，光伏发电迎来变革。

图 1-7 东方红二号卫星

第二阶段（1975—2007 年），初期示范阶段。

这一阶段，在以美国、日本为主的西方国家的带动下，全球的光伏产业迎来发展机遇，中国光伏产业也正式拉开序幕，从国家层面落地到企业层面。1998 年拟建第一套 3MW 多晶硅电池及应用系统示范项目。2000 年后，国家启动了送电到乡、光明工程等扶持项目，为偏远地区解决用电问题。随着光伏产业技术的成熟、度电成本逐渐降低、上网电价初步确认以及国家改善能源结构的需要日益增加，集中式光伏发电得到迅猛发展。2001 年无锡尚德太阳能电力有限公司（以下简称尚德）建立 10MW 光伏电池生产线获得成功。2003 年，在欧洲特别是德国光伏市场需求拉动下，英利集团、尚德持续扩产，带动其他多家企业纷纷建立光伏电池生产线，进一步拉动了中国光伏产业的发展。2004 年，洛阳单晶硅厂与中国有色设计总院共同组建的中硅高科自主研发出了 12 对棒节能型多晶硅还原炉。2005 年 8 月 31 日，中国第一座直接与高压并网的 100kW 光伏电站在西藏羊八井建成并一次并网成功，顺利投入运行，开创了中国光伏发电系统与电力系统高压并网的先河。该项目的研究对西藏的电力建设以及在中国荒漠化地区推广建设大型及超大型并网光伏电站有重要的指导意义。西藏羊八井光伏电站如图 1-8 所示。

第三阶段（2007 年至今），产业化发展阶段。

2007—2010 年，国内的光伏发电项目快速走向市场化，装机容量保持每年100% 以上的增长。2007 年，中国成为光伏电池产量最多的国家，达到 1088MW。2009 年，国家能源局和住建部分别开展"金太阳工程"和"光电建筑应用示范"项目。上汽集团 50MW 金太阳示范工程如图 1-9 所示。2010 年中国光伏电池年产量达到 8GW。在此阶段，大型并网光伏电站和光伏建筑一体化的模式发展迅速。图 1-10 和图 1-11 分别是位于山西大同的全球首座熊猫光伏电站和民居的光伏屋顶。

图 1-8　西藏羊八井光伏电站

图 1-9　上汽集团 50MW 金太阳示范工程

2010 年后，在欧洲经历光伏产业需求放缓的背景下，中国光伏产业迅速崛起，成为全球光伏产业发展的主要动力。近年来国内光伏装机容量情况如图 1-12 所示。截至 2015 年年底，新增装机容量 15.13GW，累计光伏发电装机容量 43.18GW，超越德国成为全球光伏发电装机容量最大的国家。2018 年新增装机容量达到了 44GW，累计光伏装机并网容量超过 174GW。虽然近两年国内光伏新增装机容量有所下降，但是在

图1-10 位于山西大同的全球首座熊猫光伏电站

图1-11 民居的光伏屋顶

累计装机容量方面，中国仍然处于领先地位，累计装机容量为204.3GW，几乎占全球光伏装机容量的1/3。根据预测，到2050年新能源发电将成为第一大电源，将有75%以上的发电用能来自清洁能源，其中以风光为代表的新能源发电量占比将达到40%左右。随着光伏装机容量的不断增长，并网发电及消纳能力需要综合考虑发电侧、电网侧以及用户侧。而且光伏发电的目标可能不仅限于平价，而是要低于火电价格，促进光伏行业更加健康的成长。中国光伏发电装机容量如图1-12所示。

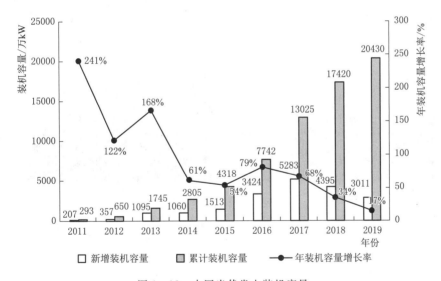

图1-12 中国光伏发电装机容量

1.1.3 中国光伏发展之壮美

2005年，中国光伏发电装机容量只有68MW，2011年则达到了2900MW。自2013年以来，随着光伏产业链成本持续下降，光伏产业链经济性逐渐显现，中国光伏产业得以蓬勃发展。截至2015年底，累计光伏发电装机容量约43GW，超过德国成为全球第一。2017年在补贴下调催化下，我国光伏实现爆发式增长，全年新增装机53GW，其中分布式装机19.4GW，占比接近40%，较2016年大幅提升。2019

7

年虽然我国光伏新增装机再次同比下降，但是新增和累计光伏装机容量仍继续保持全球第一。2019 年，我国新增光伏并网装机容量达到 30.1GW，同比下降 32.0%；截至 2019 年年底，累计光伏并网装机量达到 204.3GW，同比增长 17.1%；全年光伏发电量 2242.6 亿 kW·h，同比增长 26.3%，占我国全年总发电量的 3.1%，同比提高 0.5 个百分点。2019 年，我国光伏新增装机容量连续 7 年位居全球首位，累计装机量连续 5 年位居全球首位，多晶硅产量连续 9 年位居全球首位，组件产量连续 13 年位居全球首位。多晶硅产量 34.2 万 t，同比增长 32.0%，硅片产量 134.6GW，同比增长 25.7%，电池片产量 108.6GW，同比增长 27.8%，组件产量 98.6GW，同比增长 17.0%。中国已经成为最大的光伏市场。

龙羊峡水光互补光伏电站是全球最大水光互补并网光伏电站，位于龙羊峡水电站水库左岸，直线距离约 36km，总装机容量为 850MW。龙羊峡水光互补光伏电站一年可发电近 15 亿 kW·h，对应到火力发电相当于一年节约标准煤 18.356 万 t，减少二氧化碳排放约 48.09 万 t，二氧化硫 1560.26t，氮氧化合物 1358.34t。创造了良好的社会生态环境效益。龙羊峡水光互补光伏电站如图 1-13 所示。

世界最大水上漂浮式光伏电站位于我国安徽省淮南地区，总装机达 150MW，这里原本是以前的淹水煤矿区，建成后年发电量约 1.5 亿 kW·h，相当于种植阔叶林约 530hm^2，年节约标准煤约 5.3 万 t，减少二氧化碳排放约 19.95 万 t，减少森林砍伐约 5.4 万 m^3，能够满足约 9.4 万户城乡家庭的用电需求。全球最大水上漂浮式光伏电站如图 1-14 所示。

图 1-13　龙羊峡水光互补光伏电站

图 1-14　全球最大水上漂浮式光伏电站

全球最大太阳能发电综合技术实证试验基地位于青海省，总装机容量为 110MW。百兆瓦级太阳能发电实证基地是当时全球唯一一个最大规模的太阳能发电综合技术的实证试验基地，被称作全球光伏行业百科全书。基地总占地面积为 2.68km^2，总装机容量为 110MW，由 5 个试验区和组件、逆变器 2 个测试平台组成，并预留后续新技术、新产品的试验区。设两座 35kV 汇集站，将试验区发出的电能进行汇集后经 35kV 架空线接入已建设的 330kV 升压站。基地不仅对整个太阳能光伏电站各种技术进行实际考证，甚至为中国乃至全球太阳能领域的发展都将做出重要的贡献。全球最大太阳能发电综合技术实证试验基地如图 1-15 所示，全球单程里程最长的高速光伏路如图 1-16 所示。

2017 年 12 月 28 日，世界全球单段里程最长的高速光伏路试验段在济南正式通车，该段光伏路面所产生的电能已经与充电桩相连，实现并网发电，已经实现为高

图 1-15 全球最大太阳能发电综合
技术实证试验基地

图 1-16 全球单段里程最长的高速光伏路

速公路路灯、电子情报板、融雪剂自动喷淋设施、隧道及收费站提供电力供应等功能。这条高速公路光伏路面试验段位于济南绕城高速南线，全长约 1120m，光伏路面铺设长度 1080m，总铺设面积 $5874m^2$。铺设在主行车道和应急车道上，总装机量峰值功率 817.2kW，是世界上首条以高速公路为载体，实现高荷载高流量复杂交通情况下多车道路面光伏发电的高速公路。

1.2 光伏发电系统的构成

光伏发电系统是利用光伏电池的光生伏特效应和其他辅助设备将太阳能转换成电能的发电系统。它的主要部件包括光伏组件、蓄电池、控制器和逆变器。光伏发电系统按是否接入市电电网主要分为独立光伏发电系统、并网光伏发电系统两大类。

1. 独立光伏发电系统

独立型光伏发电系统，不依赖电网而独立运行，广泛应用于偏僻山区、无电区、海岛、通信基站和路灯等场所。系统一般由光伏组件组成的光伏阵列、控制器、逆变器、蓄电池组、负载等构成。光伏阵列在有光照的情况下将太阳能转换为电能，通过光伏控制器、逆变器给负载供电，同时给蓄电池组充电；在无光照时，由蓄电池通过逆变器给交流负载供电。独立发电系统示意图见图 1-17。

光伏发电
系统的构成

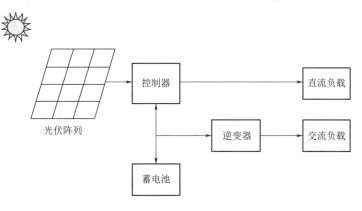

图 1-17 独立发电系统示意图

独立光伏发电系统由于必须配备蓄电池，蓄电池则占据了发电系统 30％～50％的成本。

　　独立光伏发电系统的典型特征为需要用蓄电池来存储夜间或在多云或下雨期间需要的电能。当在夜晚或日光不强等外在条件影响下，光伏阵列不能为负载提供足够的能量时，蓄电池向负载提供能量以保证电能稳定。当日光充足时，系统输出多于负载所需要的能量时蓄电池将储存多余的电能。逆变器是通过半导体功率开关的开通和关断作用，将光伏阵列产生的直流电转变为交流电的一种装置。对于无电网地区或经常停电地区家庭来说，独立光伏发电系统具有很强的实用性。特别是单纯为了解决停电时的照明问题，可以采用直流节能灯，非常实用。因此，独立光伏发电是专门针对无电网地区或经常停电地区场所使用的。

　　光伏组件是光伏发电系统中的核心部分，其作用是将太阳能直接转换成电能，供负载使用或存储于蓄电池内备用。光伏电池是光电转换的最小单元，常用尺寸一般为 156mm×156mm。光伏电池的工作电压约为 0.5V，一般不能单独使用。光伏组件是光伏电池经过合理串并联后形成具有较大功率输出的能量转换装置。一块光伏组件通常由 60 片（6×10）或 72 片（6×12）光伏电池组成。大规模使用时，通常将多个同种组件通过合理的串并联形成高电压、大电流、大功率的光伏阵列，用在各种光伏电站、光伏屋顶等项目中。光伏组件如图 1-18 所示。

图 1-18　光伏组件

　　太阳能控制器是用于光伏发电系统中控制多路光伏阵列对蓄电池充电以及蓄电池给光伏逆变器负载供电的自动控制设备，它是整个光伏发电系统中实现管理功能的关键部件，其性能的好坏直接影响整个光伏发电系统的使用效果。其基本作用是为蓄电池提供最佳的充电电流和电压，快速、平稳、高效地为蓄电池充电，并在充电过程中减少损耗，尽量延长蓄电池的使用寿命同时保护蓄电池，避免过充电和过放电现象的发生，提高光伏陈列的使用效率，充分利用太阳能资源，延长配套设备的使用寿命。由于光伏发电是一种不稳定的电源，它的输出特性受外界环境如光照强度、温度等因素的影响，在光伏发电系统中对蓄电池进行充、放电控制比普通蓄电池充、放电控制要复杂。太阳能控制器如图 1-19 所示。

蓄电池组的作用是将光伏阵列发出的直流电直接储存起来，供负载使用。光伏阵列一般只工作在白天有光照的环境下，当夜晚或阴雨天时无法正常工作。因此，通常将蓄电池作为系统的储能环节，保证系统的高效稳定运行。工作过程为：当光照条件充足时，光伏阵列除了给负载供应电能外，还要对蓄电池充电，将多余的电能转化为化学能存储起来；当光照条件不足时，蓄电池参与供电工作，弥补光伏阵列供电不足的情况。蓄电池选用的前提条件是在满足负载供电的情况下，尽可能多的将光伏阵列产生的电能存储起来。蓄电池组如图 1-20 所示。

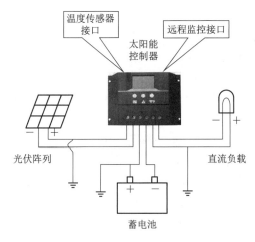

图 1-19 太阳能控制器

图 1-20 蓄电池组

逆变器是通过半导体功率开关的开通和关断作用将光伏阵列和蓄电池提供的低压直流电逆变成交流电供给交流负载使用的一种转换装置。对于光伏发电系统，如果用电设备是交流负载，逆变器的作用就是将方阵和蓄电池提供的低压直流电进行调制、滤波、升压等控制后逆变成单相 220V 或三相 380V 交流电，使转换后的交流电的电压、频率与电力系统向负载提供的交流电的电压、频率一致，从而供给交流负载使用。光伏逆变器又可分为光伏并网逆变器和光伏离网逆变器。光伏离网逆变器即发即用，电能存储于蓄电池中，无须并网，其要求体积小、成本低且稳定可靠。传统的光伏离网逆变器有两种实现方法：一种将蓄电池中的低压直流电能通过 DC/DC 升压到直流高压（330~400V），再通过光伏逆变器输出 220V 市电；另一种先将蓄电池中的低压直流电通过光伏逆变器输出低压工频正弦交流电，再通过升压变压器升压到 220V 市电。

2. 并网光伏发电系统

并网光伏发电系统由光伏阵列、并网逆变器，光伏电表，负载，双向电表，并网柜和电网组成，光伏阵列发出的直流电，经逆变器转换成交流电送入电网。并网光伏发电系统主要有大型地面电站、中型工商业电站，小型家用电站三种形式。并网发电系统示意图如图 1-21 所示。

并网光伏逆变器是将光伏阵列所输出的直流电转换成符合电网要求的交流电再

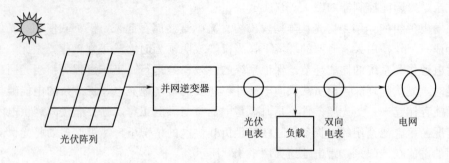

图 1-21　并网发电系统示意图

输入电网的设备。在光伏并网发电系统中，逆变器起着如下的作用：①实现高质量的电能转换，将光伏阵列产生的直流电转换成与电网电压同频、同相、同幅度的工频交流电；②实现系统的安全保护要求；③实现最大功率点的跟踪。同时，并网逆变器还应该具有防止短路、欠压、过流、自动电压调整、自动运行和停机、防孤岛保护等功能。

　　并网光伏逆变器可以按照拓扑结构、隔离方式、输出相数、功率等级、功率流向等进行分类。按照拓扑结构分类，目前采用的拓扑结构包括全桥逆变拓扑、半桥逆变拓扑、多电平逆变拓扑、推挽逆变拓扑、正激逆变拓扑、反激逆变拓扑等，其中，高压大功率光伏并网逆变器可采用多电平逆变拓扑，中等功率光伏并网逆变器多采用全桥、半桥逆变拓扑，小功率光伏并网逆变器采用正激、反激逆变拓扑。按照隔离方式，并网光伏逆变器分为隔离式和非隔离式两类，其中隔离式逆变器又分为工频变压器隔离方式和高频变压器隔离方式。按照输出相数，并网光伏逆变器可以分为单相和三相并网逆变器两类，中小功率场合一般多采用单相方式，大功率场合多采用三相并网逆变器。按照功率等级分类，并网光伏逆变器可分为功率小于1kVA的小功率并网逆变器，功率等级 1~50kVA 的中等功率并网逆变器和 50kVA以上的大功率并网逆变器。并网逆变器如图 1-22 所示。

图 1-22　并网逆变器

　　双向电表就是能够同时计量用电量和发电量的电能表，功率和电能都是有方向的，从用电的角度看，耗电的算为正功率或正电能；发电的算为负功率或负电能。

双向电表可实现电能的正、反向分开计量、分开存储、分开显示，同时可通过电表配有标准 RS485 通信接口，实现数据的远传。双向电表主要针对分布式光伏电站需要双向计量的用户，当光伏电站向电网馈送电能时，输送给电网的电能需要准确计量；在光伏发电不能满足用户需求时使用电网的电能也需要准确计量。而普通的单块单向电表不能满足这一要求，所以需要使用具有双向电表计量功能的智能电表，实现电能的双向计量。

光伏发电系统具有可靠性高、使用寿命长、不污染环境、能独立发电又能并网运行的特点，具有广阔的发展前景。与现有的主要发电方式相比较，光伏发电系统工作点变化较快，受光照、温度等外界环境因素的影响很大；输入侧的一次能源功率不能主动在技术范围内进行调控，只能被动跟踪最大功率点实现发电系统的最大输出；光伏发电系统的电能不能直接使用，一般需要利用电力电子器件对其进行转换、逆变处理才能被有效利用。并网和独立光伏发电系统主要组成部分见表 1-1。

表 1-1　　　　　　　　　并网和独立光伏发电系统主要组成部分

	独立光伏发电系统	并网光伏发电系统
光伏组件 （装机容量、阵列情况）	功率较小一般只需要几块组件	一般装机容量较大，需要对组件进行串并联连接，组件在几万块以上
汇流箱	不需要汇流设备	一般需要直流和交流汇流箱
控制器	需要控制器对蓄电池进行充放电控制	不需要，一般没有蓄电装置
逆变器	微型逆变器	大型逆变器
蓄电池	需要蓄电池储存电能	带蓄电池的具备可调度性；不带蓄电池的不具备可调度性
负载	需要对固定负载进行供电	一般只需要对电站的必要用电设备进行供电，没有负载
并网	不需并网	需要一般并入高压电网，并网前会进行升压处理

1.3　光伏发电系统的应用场景

1.3.1　分类

光伏发电系统主要分为独立运行和并网运行两大类。光伏发电系统主要应用如图 1-23 所示。

1. 独立光伏发电系统应用

独立光伏发电系统多用于偏远山区、戈壁滩、边防哨所及小岛等电网难以覆盖的地区，也可以作为便携式移动电源对通信站、气象台等特殊场所供电。

独立光伏发电系统在工业领域的应用主要包括通信、交通、石油、海洋、航天和气象领域等。通信领域的应用主要包括无人值守微波中继站，光缆通信系统及维护站，移动通信基站，广播、通信、无线寻呼电源系统，卫星通信和卫星电视接收

光伏发电系统
设计

13

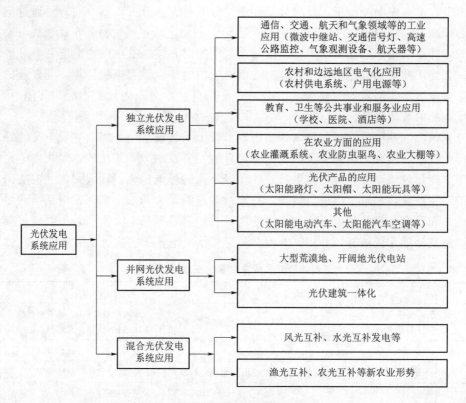

图 1-23 光伏发电系统主要应用

系统，农村程控电话、载波电话光伏系统，小型通信机，部队通信系统，士兵单兵装备供电等。交通领域包括公路、铁路、航运等交通领域的应用。如铁路和公路信号系统，铁路信号灯，交通警示灯、标志灯、信号灯，太阳能路灯，高空障碍灯，高速公路监控系统，高速公路、铁路无线电话亭，无人值守道班供电，航标灯灯塔和航标灯电源等。石油、海洋、航天和气象领域的应用包括石油管道阴极保护和水库闸门阴极保护太阳能电源系统，石油钻井平台生活及应急电源，海洋检测设备，气象和水文观测设备，卫星、航天器、空间太阳能电站和观测站电源系统等。

目前，部分农村和边远地区经济不发达，很难依靠延伸常规电网来解决用电问题，而这些地区往往太阳能资源十分丰富，应用太阳能发电大有可为。在农村和边远地区的电气化应用包括在高原、海岛、牧区、边防哨所等农村和边远无电地区应用太阳能光伏户用系统、小型风光互补发电系统等解决日常生活用电问题，如照明、电视、收录机、DVD、卫星接收机等的用电，也解决了手机、手电筒等随身小电器充电的问题，发电功率大多在几瓦到几百瓦。应用太阳能光伏水泵，解决了无电地区的深水井饮用、农田灌溉等用电问题。另外还有太阳能喷雾器、太阳能电围栏、太阳能黑光灭虫灯等应用。

将太阳能电源系统与产品安装在一起，这样就不需要与电网相连，方便使用。光伏发电的产品包括照明设备、电子产品等。照明产品包括太阳能路灯、庭院灯、草坪灯，太阳能景观照明，太阳能路标标牌、信号指示、广告灯箱照明、野营灯、登山灯、垂钓灯、割胶灯、节能灯、手电以及家庭照明灯具等。太阳能电子商品包括太阳能收音机、太阳能钟、太阳帽、太阳能充电器、太阳能手表、太阳能计算器、太阳能玩具等。

另外，其他领域的应用包括太阳能电动汽车，电动自行车，太阳能游艇，电池充电设备，太阳能汽车空调、换气扇、冷饮箱等；还有太阳能制氢加燃料电池的再生发电系统，海水淡化设备供电等。

2. 并网光伏发电系统应用

并网运行的光伏系统则将产生的直流电能逆变成交流的电能并通过电网输送出去，该系统与电网之间存在着功率的联系。有光照时，逆变器将光伏系统所发的直流电逆变成正弦交流电，将产生的电能并入电网；没有光照时，负载用电全部由电网供给。但是系统中需要专用的并网逆变器，以保证输出的电力满足电网对电压、频率等性能指标的要求。这种并网运行的光伏系统的发展方向有两种，一种是大型的光伏发电站，另一种是光伏建筑一体化。

大型光伏发电系统（电站）一般是指接入电压等级在 66kV 及以上电网，容量在 1MW 以上的并网光伏发电系统。当前的大型并网光伏电站技术，是通过标准化的技术应用，对集中的光伏组件产生的直流电流进行收集，并通过电流转化工作，产生我们生活用电环境中的交流电，接入公共电网实现并网发电。一般充分利用荒漠地区丰富和相对稳定的太阳能资源构建大型光伏系统，接入高压输电系统供给远距离负荷。

光伏建筑一体化是分布式光伏发电利用的一种形式。光伏建筑一体化的形式可分为两大类：一类是光伏组件与建筑结合（又称普通型光伏构件，BAPV），即光伏组件依附于建筑物上，建筑物主要作为光伏组件载体；另一类是光伏组件与建筑集成（又称建材型光伏构件，BIPV），即光伏组件与建筑集成后成为不可分割的建筑构件，可以代替部分建筑材料使用。光伏组件与建筑材料融为一体，采用特殊的材料和工艺手段，将光伏组件做成屋顶、外墙、窗户等形状，可以直接作为建筑材料使用，既能发电，又可作为建材，一举两得，能够进一步降低发电成本。

3. 混合光伏发电系统应用

混合光伏发电系统是指在光伏发电系统中引入几种不同的发电方式，为负载提供稳定的电源。混合光伏发电系统在实际应用中可以充分利用不同发电技术的优势。比如光伏发电系统不需要太多的维护，但是对天气的依赖性很大，稳定性较差。冬季，大风力发电区存在日照差异。混合发电系统可以由光伏发电系统和风力发电系统组成，在不太依赖天气的情况下有效控制负荷缺电率。例如风光互补系统可以将光伏发电、风电机组和蓄电池有效组合，可以有效地解决单一发电不连续问题，保证基本稳定的供电。渔光互补是将渔业养殖与光伏发电相结合，在鱼塘水面上方架设光伏阵列，在光伏组件下方水域进行鱼虾养殖，利用光伏阵列遮挡以减少水分蒸发，涵养水草、降低水温，从而有利于渔业生产，形成"上可发电、下可养鱼"的发电新模式，既促进一水两用，也提高了单位土地经济效益，实现了土地资源的节约、集约利用。

1.3.2　应用

1. 通信基站光伏发电系统

随着我国电信事业的迅速发展,通信网络的规模在不断扩大。而目前我国有些偏远地区的基站主要由农电、小水电来支持,甚至有些地区(如某些海岛、戈壁等边远地区)根本没有电力供应。因此对于分布面广,维护工作量大的通信基站来说,光伏发电系统就成为通信基站供电形式的最佳选择。通信基站光伏发电系统的基本组成如图 1 - 24 所示。

光伏阵列将太阳能转换为直流电,通过变换器为各部分负载供电。由于通信基站的通信设备大多都需要直流电源供电,因此通过光伏组件的串联或并联向负载供电。太阳能通信电源系统的储能单元一般采用铅酸密封阀控式蓄电池组成的电池组,主要作用是储备由太阳能转换来的电能,当光伏发电的电能不足时将电能释放出来供负载使用。通信基站光伏发电系统中的蓄电池,其运行温度随周围环境的变化而变化,并且安装地点不同,温差很大,因此要选用抗高低温特性好的蓄电池,同时选配的蓄电池组除具有储能的功能外,还应具备一定的系统稳压器的功能。为防止光伏阵列对蓄电池组过度充电和蓄电池对负载的过度放电,一般应设置相应的控制器,该控制器除了以上的功能外还应具备一些蓄电池的维护管理功能。柴油机组供电部分经变流、整流等环节,在主供电方式(太阳能供电)无法满足使用的情况下为负载供电。

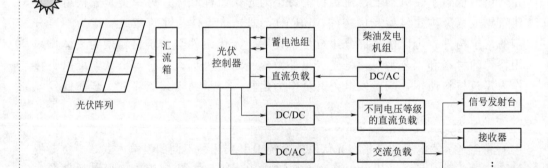

图 1 - 24　通信基站光伏发电系统

2. 户用电源

普通用户安装一个小型独立光伏电站,自发自用,不与电网连接。户用电源系统见图 1 - 25。在阳光照射强度、设备安装地点、居民日常用电负载等约束性条件确定的情况下,设计安装户用光伏发电系统,设计的内容涉及整个系统组成设备的确定选型。设计定型户用光伏发电系统的主要流程为:由于光伏发电系统的高效运行对安装场地的依赖程度高，需优先做好户用光伏发电系统设备最佳安装地点的选取工作，一般选择阳光照射强度大，照射时间较长的地方，比如无遮挡的地面或可靠承载的屋顶，主要考虑安装场地的承载能力和阴影遮挡问题来确定用户是否适合安装小型的光伏发电系统；若用户有适合安装光伏发电系统设备的场地，则可对居民日常用电负载量进行分析计算并结合当地的阳光照射强度与时长来确定光伏发电系统的适宜装机容量；梳理项目安装地点、用电负载需求、装机容量等情况出具初步规划建议书；进一步完成发电设备选型并编制项目工程指导性技术方案和现场施工安装方案。

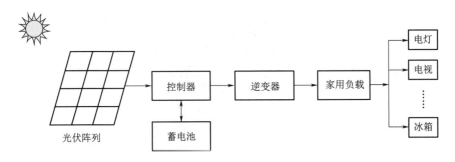

图 1-25　户用电源系统

3. 光伏温室滴灌系统

随着光伏发电的普及，现代农业中也应用到光伏发电技术，较为常见的光伏温室滴灌系统如图 1-26 所示。系统通过光照强度传感器实现温室外环境的光照强度数据采集，并将采集到的数据输入单片机进行处理，再根据光照强度数据调节温室光伏组件的朝向。光照过强时，棚内植物光合作用下降，光伏组件平铺为植物遮挡强光。光伏组件白天发电储存到蓄电池，夜间利用蓄电池储存电能对植物继续进行照明，提高植物的光合作用效率，进而促进植物生长。阴雨天气时，集水槽收集温室外雨水，将水储存在水箱中，系统通过温度传感器和土壤湿度传感器等传感模块监测植物生长的温度、土壤湿度等数据，当土壤湿度低于设定阈值时，系统将驱动水泵从水箱中抽水，及时进行滴灌处理。系统设置了一个控制终端，能够在 LCD 屏上显示温湿度、光强等数据。当遇到台风、暴雪等特殊天气时，控制终端通过按键关闭"光感通道"，开启手动模式，控制光伏组件的旋转和平铺，同时可以控制温室内的照明灯组。

4. LED 光伏照明系统

光伏组件和 LED 均由半导体材料构成，半导体材料技术的日益完善推动了太阳能和 LED 的进一步发展。将光伏发电和 LED 相结合，提出了一种独立式光伏照明系统的解决方案，设计了高效率的大功率白光 LED 驱动模块。系统在白天通过光伏组件将太阳能转换成电能存储起来，然后在晚上供给照明设备。该系统采用了阀控密封铅酸蓄电池（VRLA）作为电能存储设备，同时将大功率白光 LED 作为照明设备。充电管理模块对光伏阵列进行最大功率点跟踪（MPPT），并对蓄电池进行充电，LED 驱动模块采用蓄电池中的电能对大功率白光 LED 阵列进行驱动；

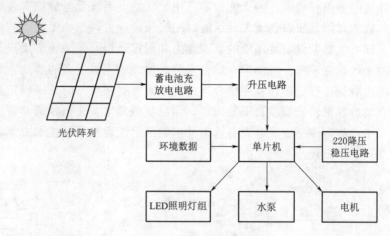

图 1-26　光伏温室滴灌系统

系统采用微控制器进行 MPPT 控制、蓄电池充电管理和 LED 驱动控制。LED 光伏照明系统如图 1-27 所示。

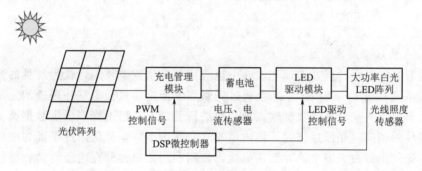

图 1-27　LED 光伏照明系统

采用的充电控制策略如下：在开始充电时先设定一个最大允许充电电流，例如 C/10（C 为蓄电池的容量），然后不断地检测蓄电池电流，只要充电电流不大于最大允许充电电流即可。与此同时，不断检测蓄电池电压，当该电压达到 2.4 V/单体电池，说明蓄电池已进入过充状态，此时应减小设定的最大充电电流，例如改为 C/20，并重复上述过程。一直到充电电流达到 C/100 时，表明蓄电池已达到 100% 充满状态。该充电控制方法采用电流控制，在任何充电阶段只要充电电流在最大允许值范围内，均可以采用 MPPT 充电控制方法。该方法在不超过最大允许充电电流的前提下，使光伏阵列向蓄电池充电输出最大功率，提高了光伏阵列的利用率。

LED 端电压的微小变化会引起较大的电流变化和亮度变化，故 LED 的驱动应尽可能地保持电流恒定。由于 LED 的工作电源由蓄电池提供，因此它在工作时输出的电压并非恒定，而是在一定范围内变化，所以要求驱动电路能够在较宽的输入电压范围内均能正常工作。同时系统通过照度传感器实时地自动采集当前环境光照度并反馈至控制器中，控制器根据检测到的当前环境光照度进行判断，然后调整输出占空比和 LED 亮度，从而维持照度的稳定。

5. 并网光伏发电系统

并网光伏发电系统分为集中式并网光伏发电系统和分布式并网光伏发电系统。分布式并网光伏发电系统是指在用户现场或靠近用户现场，采用光伏组件，将太阳辐射能直接转换为电能的发电系统。其特点在于分布式光伏发电系统通过并网逆变器和一些电力保护装置连接到电网上，其电力与电网电力混合在一起向负载供电，多余或不足的电力通过电网来调节。集中式并网光伏发电系统的特点在于光伏发电系统发的电逆变成交流后通过升压变压器直接被输送到高压电网上，由电网把电力统一分配到各个用户，大型光伏电站采用这种形式。分布式并网光伏发电系统的优点就是就地发电就地使用，很适合家庭、住宅小区和办公楼进行光伏利用，不但节省了长距离大容量的输电线缆和线损，而且可以就地解决故障。如图 1-28 所示的并网光伏发电系统不使用蓄电池，配置简单，施工方便，自身损耗电力少，采用并网发电方案考虑到并网系统在安装及使用过程中的安全及可靠性，在并网逆变器直流输入加装直流配电接线箱。并网逆变器采用三相四线制的输出方式。

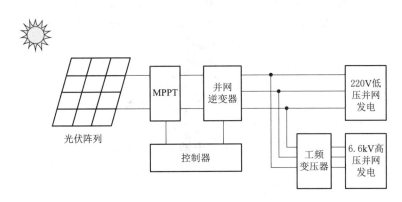

图 1-28　并网光伏发电系统

6. 风光互补发电系统

太阳光在白天强度较高，风强度较低，而在晚上，光照性较弱，但风强度较大；夏季太阳光照强度大而风强度低，冬季太阳光强度减弱风强度增加。因此，风能以及太阳能时间分布上的互补使得风光互补发电系统在资源利用上具有更好的互补性。风电系统借助风能带动发电机转变为电能，光伏发电系统是将太阳能转变为电能，风光互补系统结合两种系统的特点和优势，进而实现资源的最优化配置。风光互补发电系统如图 1-29 所示。

在风光互补发电系统中，风能和太阳能可以独立发电也可以混合共同发电，具体要采用哪种发电形式，主要取决于当地的自然资源条件和发电的综合成本这两方面。通常情况下，在风能资源较丰富的地区宜采用风能发电，而在光照较好的地区宜采用光伏发电。因此，根据风能和太阳能在时间和地域上的互补性，合理地将两者进行最佳匹配，可实现供电的可靠性。由于风能和太阳能的不稳定性和间歇性，供电时会出现忽高忽低、时有时无的现象。为了保证系统供电的可靠性，应该在系

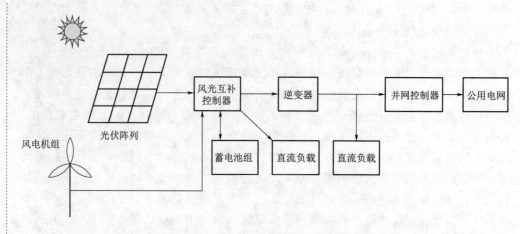

图 1-29　风光互补发电系统

统中设置储能环节，把风力发电系统或光伏发电系统发出的电能储存起来，以备供电不足时使用。目前，最经济方便的储能方式是采用铅酸蓄电池储能，在系统中蓄电池将电能转化成化学能储存起来，使用时再将化学能转化为电能释放出外，还起到能量调节和平衡负载的作用。控制部分主要是根据风力大小、光照强度及负载变化情况，不断地对蓄电池组的工作状态进行切换和调节。风光互补控制器，是整个系统中最重要的核心部件，对蓄电池进行管理与控制。一方面把调节后的电能直接送往直流或交流负载；另一方面把多余的电能送往蓄电池组储存起来，当发电量不能满足负载需要时，控制器把蓄电池储存的电能送给负载。在这个过程中，控制器要控制蓄电池不被过充或过放，保护了蓄电池的使用寿命，同时也保证了整个系统工作的连续性和稳定性。由于蓄电池输出的是直流电，它只能给直流负载供电。而实际生活和生产中，用电负载有直流和交流负载两种，当给交流负载供电时，必须将直流电转换成交流电提供给用电负载。逆变器就是将直流电转换为交流电的装置，它也是风光互补发电系统的核心部件之一，系统对其要求也很高。同时逆变器还具有自动稳压的功能，可有效地改善风光互补发电系统的供电质量。

课 后 习 题

1. 简述中国光伏产业发展现状及存在的主要问题。
2. 简述中国光伏产业的发展成就和发展趋势。
3. 了解光伏发电的发展历史。
4. 简述光伏发电系统的种类。
5. 光伏发电系统由哪几部分组成，简述各部分的作用。
6. 简述光伏发电与其他常规发电相比具有哪些特点。
7. 除光伏发电外，太阳能还有哪些利用形式。
8. 简述不同的光伏发电系统分别主要应用于什么方面。
9. 根据自己的理解来简述光伏发电技术在生活中的应用。

参 考 文 献

［1］ 尹淞．太阳能光伏发电主要技术与进展［J］．电力技术，2009（10）：2－6.

［2］ 王雨．光伏发电在我国农村及偏远地区的推广与利用研究［D］．北京：中国农业科学院，2012.

［3］ 蒋焱．我国光伏发电产业发展的问题与对策研究［D］．北京：华北电力大学，2012.

［4］ 张婷．独立式光伏发电系统的研究［D］．西安：陕西科技大学，2013.

［5］ 唐莉芸．光伏发电系统在绿色建筑中的应用及其节能研究［D］．广州：华南理工大学，2012.

［6］ 林静．光伏充放电控制器及其应用研究［D］．北京：北京交通大学，2014.

［7］ 付宏才，董晓，陈婷，等．云南农村家用太阳能光伏发电系统的设计与探讨［J］．机电产品开发与创新，2015，28（5）：11－13.

［8］ 刘佳．独立光伏发电系统在农村的应用［J］．农业网络信息，2012（3）：39－41.

［9］ 曾正，杨欢，赵荣祥，等．多功能并网逆变器研究综述［J］．电力自动化设备，2012，32（8）：5－15.

［10］ 李宁，李建闽，张建文，等．单相双向计量多功能智能电能表设计［J］．自动化仪表，2017，38（3）：70－74.

［11］ 易旷怡．太阳能光伏建筑一体化协同设计研究［D］．北京：北京交通大学，2013.

［12］ 康洪波，秦景，路一平，等．太阳能光伏通信电源的研究和设计［J］．电源技术，2010（7）：707－709.

［13］ 王玉忠．精准扶贫下的小型户用光伏发电系统［J］．电子世界，2018（18）：147－148.

［14］ 陈旭根，陈颖，房新月，等．基于光伏发电的温室滴灌系统设计［J］．吉首大学学报（自然科学版），2019，40（4）：52－55.

［15］ 艾叶，刘廷章，王世松．独立式LED太阳能光伏照明系统的设计［J］．电力电子技术，2010（2）：18－19.

［16］ 林进杰．40kW太阳能光伏并网发电系统设计［J］．中国培训，2016（16）：257－258.

［17］ 江明颖，鲁宝春，姜丕杰．风光互补发电系统研究综述［J］．电气传动自动化，2013，35（6）：11－13.

第2章 太阳辐射和太阳能资源评估

光伏发电系统是将太阳能转化为电能的系统，系统的设计、运行优化及评价取决于对太阳能资源特性及太阳辐射的认知。本章重点解决光伏开发利用中的太阳能资源评价和太阳辐射计算等问题，主要包括太阳位置的相关计算，太阳辐射的原理、观测和计算，最后介绍了太阳能资源分布特征和太阳能资源评估方法。

2.1 太阳相关概念和太阳位置

2.1.1 太阳的相关概念

光伏电站的宏观选址和规划

太阳是离地球最近的一颗恒星，也是太阳系的中心天体，它的质量占太阳系总质量的99.87%。太阳也是太阳系里唯一自己发光的天体，它给地球带来光和热。如果没有太阳光的照射，地面的温度将会很快地降低到接近绝对零度。由于太阳光的照射，地面平均温度才会保持在14℃左右，形成了人类和绝大部分生物生存的条件。除了原子能、地热和火山爆发的能量外，地面上大部分能源几乎全部直接或间接同太阳有关。

太阳是一个主要由氢和氦组成的炽热的气体火球，半径为$6.96×10^5$km（是地球半径的109倍），质量约为$1.99×10^{27}$t（是地球质量的33万倍），平均密度约为地球的1/4。太阳表面的有效温度为5762K，而内部中心区域的温度则高达几千万度。太阳的能量主要来源于氢聚变成氦的聚变反应，每秒有$657×10^9$kg的氢聚变生成$653×10^9$kg的氦，连续产生$390×10^{21}$kW能量。这些能量以电磁波的形式，以$3×10^5$km/秒的速度穿越太空射向四面八方。只有太阳总辐射的二十二亿分之一到达地球大气层上边缘（上界），由于穿越大气层时的衰减，最后约$85×10^{12}$kW到达地球表面，但这个数量相当于全世界发电量的几十万倍。

根据目前太阳产生的核能速率估算，氢的储量足够维持600亿年，而地球内部组织因热核反应聚合成氦，它的寿命约为50亿年，因此，从这个意义上讲，可以说太阳的能量是取之不尽、用之不竭的。

太阳的结构和能量传递方式如图2-1所示，简要说明：太阳的质量很大，在太阳自身的重力作用下，太阳物质向核心聚集，核心中心的密度和温度很高，使得核心能够发生原子核反应。这些核反应是太阳的能源，所产生的能量连续不断地向空间辐射，并且控制着太阳的活动。根据各种间接和直接的资料，认为太阳从中心到边缘可分为核反应区、辐射区、对流区和太阳大气。

1. 核反应区

在太阳半径 25％（即 $0.25R$）的区域内，是太阳的核心，集中了太阳一半以上的质量。此处温度大约 1500 万 K，压力约为 2500 亿大气压，密度接近 $158g/cm^3$。这部分产生的能量占太阳产生的总能量的 99％，并以对流和辐射方式向外辐射。氢聚合时放出伽马射线，这种射线通过较冷区域时，消耗能量，增加波长，变成 X 射线或紫外线及可见光。

2. 辐射区

在核反应区的外面是辐射区，所属范围 $(0.25 \sim 0.8)R$，温度下降到 13 万 K，密度下降为 $0.079g/cm^3$。在太阳核心产生的能量通过这个区域由辐射传输出去。

3. 对流区

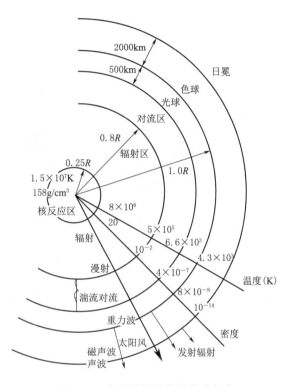

图 2-1 太阳结构和能量传递方式

在辐射区的外面是对流区（对流层），所属范围 $(0.8 \sim 1.0)R$，温度下降为 5000K。在对流区内，能量主要靠对流传播。对流层及其里面的部分是看不见的，它们的性质只能靠同观测相符合的理论计算来确定。

4. 太阳大气

大致可以分为光球、色球、日冕等层次，各层次的物理性质有明显区别。太阳大气的最底层称为光球，太阳的全部光能几乎全从这个层次发出。太阳的连续光谱基本上就是光球的光谱，太阳光谱内的吸收线基本上也是在这一层内形成的。光球的厚度约为 500km。色球是太阳大气的中层，是光球向外的延伸，一直可延伸到几千千米的高度。太阳大气的最外层称为日冕。日冕是极端稀薄的气体壳，可以延伸到几个太阳半径之远。严格说来，上述太阳大气的分层仅有形式的意义，实际上各层之间并不存在着明显的界限，它们的温度、密度随着高度是连续地改变的。

可见，太阳并不是一个一定温度的黑体，而是许多层不同波长放射、吸收的辐射体。不过，在描述太阳时，通常将太阳看作是温度为 6000K，波长为 0.3 ～ 3.0 μm 的黑色辐射体。

2.1.2 太阳位置的描述：太阳高度角和方位角的计算

众所周知，地球每天绕着通过南极和北极的地轴自西向东地自转一周。每转一周（360°）为一昼夜，一昼夜又分为24h，所以地球每小时自转15°。地球绕太阳运行示意图如图2-2所示。

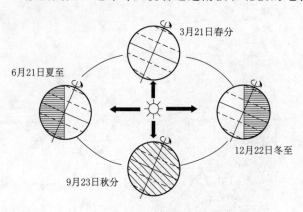

图2-2 地球绕太阳运行示意图

地球除了自转外，还绕太阳循着偏心率很小的椭圆形轨道（黄道）上运行，称为公转，其周期为一年。地球的自转轴与公转运行的轨道面（黄道面）的法线倾斜成23°27′的夹角，而且地球公转时其自转轴的方向始终不变，总是指向天球的北极。因此，地球处于运行轨道的不同位置时，阳光投射到地球上的方向也就不同，形成地球四季的变化。图2-2表示地球绕太阳运行的四个典型季节日的地球公转的行程图，图2-3表示对应于上述四个典型季节日地球受到太阳照射的情况。

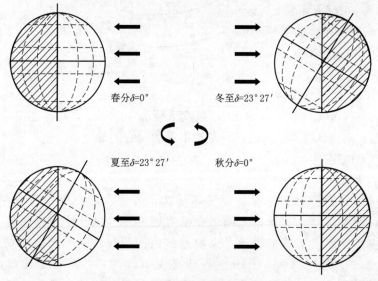

图2-3 地球受太阳光照影响

假设观察者位于地球北半球中纬度地区，我们可以对太阳在天球上的周年视运动情况做如下描述：

每年的春分日（3月21日），太阳从赤道以南到达赤道（太阳的赤纬 $\delta = 0°$），地球北半球的天文春季开始。在周日视运动中，太阳出于正东而没于正西，白昼和黑夜等长。太阳在正午的高度等于 $90° - \varphi$（φ 为观察者当地的地理纬度）。春分过后，太阳的升落点逐日移向北方，白昼时间增长，黑夜时间缩短，正午时太阳的高度逐日增加。夏至日（6月22日），太阳正午高度达到最大值 $90° - \varphi + 23°27'$，白昼最长，这时地球北半球天文夏季开始。夏至过后，太阳正午高度逐日降低，同时白昼缩短，太阳的升落又趋向正东和正西。

秋分日（9月23日），太阳又从赤道以北到达赤道（太阳的赤纬 $\delta = 0°$），地球北半球的天文秋季开始。在周日视运动中，太阳又出于正东而没于正西，白昼和黑夜等长。秋分过后，太阳的升落点逐日移向南方，白昼时间缩短，黑夜时间增长，正午时太阳的高度逐日减低。冬至日（12月22日），太阳正午高度达到最小值 $90° - \varphi - 23°27'$，黑夜最长，这时地球北半球天文冬季开始。冬至过后，太阳正午高度逐日升高，同时白昼增长，太阳的升落又趋向正东和正西，直到春分日（3月21日）太阳从赤道以南到达赤道。

在设计光伏发电应用系统时，需要利用太阳高度角、方位角、日照时间等变量，因而必须对地球绕太阳运行的基本规律及其相关的天文背景有一定了解。

以观察者为球心，以任意长度（无限长）为半径，其上分布着所有天体的球面为天球。图2-4所示即为一个天球。通过天球的中心（即观察者的眼睛）与铅直线相垂直的平面称为地平面；地平面将天球分为上下两个半球；地平面与天球的交线是个大圆，称为地平圈。

通过天球中心的铅直线与天球的交点分别称为天顶和天底。地球每天绕着它本身的极轴自西向东地自转一周；反过来说，假定地球不动，那么天球将每天绕着它本身的轴线自东向西地自转一周，我们称之为周日运动。在周日运动过程中，天球上有两个不动点，称为南天极和北天极，连接两个天极的直线称为天轴；通过天球的中心（即观察者的眼睛）与天轴相垂直的平面称为天球赤道面；天球赤道面与天球的交线是个大圆，称

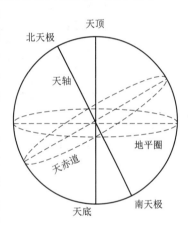

图2-4 天球示意图

为天赤道。通过天顶和天极的大圆称为子午圈。

根据天球上的极和圈（面）为基础可以定义多种天球坐标系，以便研究天体在天球上的位置和它们的运动规律。最常用的有地平坐标系和赤道坐标系；后者根据原点的不同又可细分为时角坐标系和赤道坐标系。

1. 库珀（Cooper）方程

太阳光线与地球赤道面的交角就是太阳的赤纬角，以 δ 表示。在一年当中，太阳赤纬每天都在变化，但不超过 $\pm 23°27'$ 的范围。夏天最大变化到夏至日的 $+23°27'$；冬天最小变化到冬至日的 $-23°27'$。太阳赤纬随季节变化，按照库珀（Cooper）方程，由式（2-1）计算，即

$$\delta = 23.45\sin(360 \times \frac{284 + n}{365}) \qquad (2-1)$$

式中：n 为一年中之天数，如：在春分，$n = 81$，则 $\delta = 0$，自春分日起的第 d 天的

太阳赤纬见式（2-2）：

$$\delta = 23.45 \sin \frac{2\pi d}{365} \qquad (2-2)$$

表 2-1 给出了各月每隔 4 日的太阳赤纬，这些数值在计算中十分有用。太阳赤纬见表 2-1。

表 2-1　　　　　　　　　　太　阳　赤　纬（δ）　　　　　　　　　单位：（°）

日期	月 份											
	1	2	3	4	5	6	7	8	9	10	11	12
1	-23.1	-17.3	-7.9	4.2	14.8	21.9	23.2	18.2	8.6	-2.9	-14.2	-21.7
5	-22.7	-16.2	-6.4	5.8	16.0	22.5	22.9	17.2	7.1	-4.4	-15.4	-22.3
9	-22.2	-14.9	-4.8	7.3	17.1	22.9	22.5	16.1	5.6	-5.9	-16.6	-22.7
13	-21.6	-13.6	-3.3	8.7	18.2	23.2	21.9	14.9	4.1	-7.5	-17.7	-23.1
17	-20.9	-12.3	-1.7	10.2	18.1	23.4	21.3	13.7	2.6	-8.9	-18.8	-23.3
21	-20.1	-10.9	-0.1	11.6	20.0	23.4	20.6	12.4	1.0	-10.4	-19.7	-23.4
25	-19.2	-9.4	1.5	12.9	20.8	23.4	19.8	11.1	-0.5	-11.8	-20.6	-23.4
29	-13.2		3.0	14.2	21.5	23.3	19.0	9.7	-2.1	-13.2	-21.3	-23.3

2. 太阳角的计算

如图 2-5 所示，指向太阳的向量 $\vec{S}$ 与天顶 Z 的夹角定义为天顶角，用 θ_Z 表示；向量 $\vec{S}$ 与地平面的夹角定义为太阳高度角，用 h 表示；$\vec{S}$ 在地面上的投影线与南北方向线之间的夹角为太阳方位角，用 γ 表示。太阳的时角用 ω 表示，它定义为：在正午时 $\omega = 0$，每隔一小时增 15°，上午为正，下午为负。例如：上午 11 时，$\omega = +15°$；上午 8 时，$\omega = 15° \times (12-8) = 60°$；下午 1 时，$\omega = -15°$；下午 3 时，$\omega = -15° \times 3 = -45°$。

（1）太阳高度角。太阳高度角是指某地太阳光线与通过该地与地心相连的地表切面的夹角。

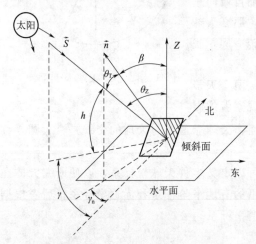

图 2-5　太阳角的定义

太阳高度角 h 为

$$\sin h = \sin\varphi\sin\delta + \cos\varphi\cos\delta\cos\omega \qquad (2-3)$$

式中　φ——地理纬度；

　　　δ——太阳赤纬；

　　　ω——太阳时角。

正午时，$\omega = 0$，$\cos\omega = 1$。式（2-3）可简化为

$$\sin h = \sin\varphi\sin\delta + \cos\varphi\cos\delta = \cos(\varphi - \delta) \qquad (2-4)$$

则
$$\sin h = \sin[90 \pm (\varphi - \delta)]$$

正午时，若太阳在天顶以南，即 $\varphi > \delta$，取 $\sin h = \sin[90 - (\varphi - \delta)]$。

从而有，$h = 90 + \varphi - \delta$，在南北回归线内，当正午时太阳正对天顶，则有 $\varphi = \delta$，从而，$h = 90°$。

（2）太阳方位角。太阳方位角即太阳所在的方位，指太阳光线在地平面上的投影与当地经线的夹角，可近似地看作是垂直于地面上的直线在阳光下的阴影与正南方的夹角。

太阳方位角计算为

$$\cos\gamma = \frac{\sin h\sin\varphi - \sin\delta}{\cos h\cos\varphi} \qquad (2-5)$$

也可计算为

$$\sin\gamma = \frac{\cos\delta\sin\delta}{\cos h} \qquad (2-6)$$

根据地理纬度、太阳赤纬及观测时间，利用上式中的一个可以求出任何地区、任何季节某一时刻的太阳方位角。

（3）日照时间。太阳在地平线的出没瞬间，其太阳高度角 $h = 0$。若不考虑地表曲率及大气折射的影响，根据式（2-3），可得出日出日没时角表达式，见式（2-7）

$$\cos\omega_s = -\tan\varphi\tan\delta \qquad (2-7)$$

式中：ω_s 为日出或日没时角，以度表示，正为日没时角；负为日出时角。对于北半球，当 $-1 \leqslant -\tan\varphi\tan\delta \leqslant 1$，有

$$\omega_s = arc(-\tan\varphi\tan\delta) \qquad (2-8)$$

日出日落时间计算的计算示例

求出时角后，日出日没时间用 $t = \dfrac{\omega}{15}$ 求出。一天中的日照时间由式（2-9）给出，即

$$N = 2\frac{\omega}{15} \qquad (2-9)$$

2.1.3 地球接收到的太阳能

2.1.3.1 太阳常数的引入

太阳常数指在日地平均距离（一天文单位）处，与太阳光束方向垂直的单位面积上，单位时间内所接受到的太阳总辐射能。所使用的单位为 W/m^2，或卡/平方厘米/分钟（$cal/cm^2/min$）。太阳常数表征的是到达大气顶（大气层上界）的总太阳能量（即包含整个太阳光谱）值。

地球的平均半径只有 $6.37 \times 10^3 km$，相对于日地平均距离（$1.495 \times 10^8 km$）来说，几乎可以视为一个点，它与直径为 $1.39 \times 10^9 m$ 的太阳形成 $32'$ 的平面张角，其立体角 Ω_s 为

$$\Omega_{\mathrm{s}} = \frac{\pi R_{\mathrm{s}}^2}{D_{\mathrm{s-e}}^2} \qquad (2-10)$$

式中：R_{s} 为太阳半径；$D_{\mathrm{s-e}}$ 为日地距离。

日地距离示意图如图 2 - 6 所示。

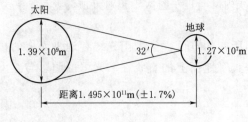

图 2 - 6　日地距离示意图

地球大气层上界表面上单位立体角中的太阳辐照度为

$$I_{\mathrm{s}} = \sigma T_{\mathrm{s}}^4 \quad (\mathrm{m^2}\text{球面度}) \qquad (2-11)$$

式中：σ 为斯蒂芬 - 波耳兹曼常数，$5.66 \times 10^{-8} \mathrm{W/(m^2 \cdot K^4)}$；$T_{\mathrm{s}}$ 为太阳表面平均温度，K。

故大气层上界立体角与太阳光线垂直的单位面积上的太阳辐照度为

$$I_{\mathrm{sc}} = \sigma T_{\mathrm{s}}^4 \frac{\pi R_{\mathrm{s}}^2}{D_{\mathrm{s-e}}^2} \qquad (2-12)$$

由式（2 - 12）可知，σ、R_{s}、T_{s} 都是常数，故 I_{sc} 仅是 $D_{\mathrm{s-e}}$ 的函数，因地球绕太阳运行的椭圆轨道的长短轴偏心率仅为 3%，即日地距离一年中也只是略微变化，所引起的 I_{sc} 的变化仅为年平均值的 ±3.5%，故将 I_{sc} 视为常数来定义，即定义在日地平均距离处地球大气层上界垂直于太阳光线的表面上，单位面积、单位时间内所接收到的太阳能辐射能量为太阳常数。国际上经过实测后公认的太阳常数值为

$$I_{\mathrm{sc}} = 1367 \mathrm{W/m^2} \qquad (2-13)$$

当然，太阳本身的活动也会引起太阳辐射能的波动。但多年来，世界各地的观察结果表明，太阳活动峰值年的辐射量与太阳活动宁静年相比只有 2.5% 左右的增大。所以，可以认为太阳常数就是地球上所接收到的太阳辐照度的最大极限值。

2.1.3.2　太阳辐射光谱

太阳由多种气体混合而成，氢气占主要部分。当太阳经过大规模热核聚变反应将氢气转化为氦气时，根据爱因斯坦的著名公式 $E = mc^2$，物质转化成了能量。作为反应结果之一，太阳表面温度维持在约 5800K。能量从太阳均匀地辐射向各个方向，这与普朗克黑体辐射公式吻合。每单位面积的能量密度 ω_λ（$\mathrm{W/m^2}$）是波长 λ（m）的函数，计算公式为

$$\omega_\lambda = \frac{2\pi hc^2 \lambda^{-5}}{\mathrm{e}^{\frac{hc}{\lambda kT}} - 1} \qquad (2-14)$$

式中：$h = 6.63 \times 10^{-34} \mathrm{Ws^2}$（普朗克常数）；$c = 3.00 \times 10^8 \mathrm{m/s}$（真空中的光速）；$k = 1.38 \times 10^{-23} \mathrm{J/K}$（玻尔兹曼常数）；$T$ 为黑体温度，K。

由式（2 - 14）可得出每单位波长光线在太阳表面的能量密度（$\mathrm{W/m^2}$）。当这些能量穿越 1500 万 km 后到达地球，地外能量密度总量降低到 $1367 \mathrm{W/m^2}$，即太阳常数。

图 2 - 7 为不同温度下的黑体辐射光谱。在较低温度下几乎所有的光谱均处在可见光范围以外的红外光范围内，然而温度在 5000K 时，可见光谱范围内的光线混合，得到了太阳特有的白色光。在较高温度下光线向蓝色偏移，在较低温度下

光线向红色偏移。例如，白炽灯的灯丝典型工作温度约2700K，因此发出近似于2700K的黑体光谱特性。根据光源的色温，摄影器材必须通过补偿来获得真彩色，除非使用了适当的滤光器。地外太阳光谱表明，太阳可以合理近似为一个黑体辐射器。

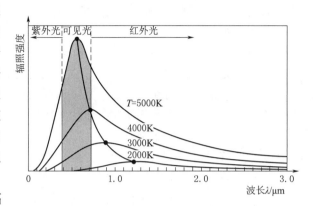

图2-7 不同温度下的黑体辐射光谱

太阳辐射是一种电磁波辐射，既有波动性，也有粒子性，主要波长范围为 $0.15 \sim 4\mu m$，而地面和大气辐射的主要波长范围则为 $3 \sim 120\mu m$。在气象学中，根据波长的不同，通常把太阳辐射称为短波辐射，而把地面和大气辐射称为长波辐射。太阳辐射的光谱依波长划分波段：波长小于 $0.4\mu m$ 为紫外波段；介于 $0.4 \sim 0.75\mu m$ 为可见光波段；波长大于 $0.75\mu m$ 的则为红外波段。在可见光谱的波长范围内，不同波长的电磁辐射会使人眼产生不同的颜色感觉。

以辐射能量为纵坐标，波长为横坐标所绘制的太阳光谱能量分布曲线如图2-8所示。由图2-8可知，尽管太阳辐射的波长范围较宽，但是绝大部分的能量却集中在 $0.22 \sim 4.0\mu m$ 的波段内，占总能量的99%。其中，可见光波段约占43%，波段约占48.3%，紫外波段约占8.7%。能量分布最大值所对应的波长则为 $0.475\mu m$，属于蓝绿光。

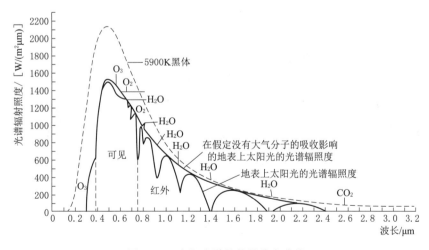

图2-8 太阳光谱的能量分布曲线

2.1.3.3 太阳辐射在大气中的传播与衰减

太阳辐射在穿越大气层时，由于受到大气中空气分子、云以及气溶胶粒子等的吸收、反射和散射作用，使到达地面的太阳辐射有了明显的减弱，另外，由于大气密度随着高度变化，使得原本沿直线传播的太阳辐射在经过大气层时发生多次折射，偏离了原本的直线传播。

1. 大气反射、吸收和散射

大气反射是太阳辐射穿过大气时，被大气中的云层和较大尘埃将其一部分反射到宇宙空间去，从而削弱到达地面的太阳辐射的现象。大气反射是大气层对太阳辐射削弱作用的主要手段。大气的反射作用对太阳辐射的波长没有选择性，反射光呈白色。在参与大气反射的物质中，云层最为重要，其反射强度随云状、云厚而不同，云层愈厚反射愈强，一般情况下云的平均反射率为50%～55%。

大气吸收是太阳辐射穿过大气时，大气中的各成分对太阳辐射产生吸收作用，被吸收的能量转变为热能、离化能或其他形式的能量的现象。大气吸收是有选择性的吸收，大多数太阳辐射中的紫外辐射被大气中的臭氧等氧氮分子所吸收，太阳辐射中的红外辐射主要被大气中的二氧化碳和水汽吸收，大气吸收主要位于太阳光谱能量较小的区域内，对太阳辐射中的可见光的吸收很少，而可见光在整个太阳辐射中所占的能量比重最高，故而大气吸收对太阳辐射的削弱作用较小。

大气散射是太阳辐射在传过大气时，同大气分子或气溶胶等发生相互作用，使入射能量以一定规律在各方向重新分布的现象。太阳辐射通过大气时遇到空气分子、尘粒、云滴等质点时，都要发生散射。但是散射并不像大气吸收那样把辐射能转变为其他能量，而只是改变辐射方向，使太阳辐射以质点为中心向四面八方传播开来。大气对辐射的散射削弱作用的大小取决于两个因素，即单位体积中散射颗粒物的多少以及每个散射粒子的散射截面。经过散射之后，有一部分太阳辐射就无法到达地面，对地面接收太阳辐射起到一定的削弱作用。

如图2-9所示大气层和地面对太阳辐射的削弱作用，平均而言，每年入射地球的太阳辐射约30%由地球和大气反射和散射回太空，约19%被大气选择性吸收，约51%被地面接收。

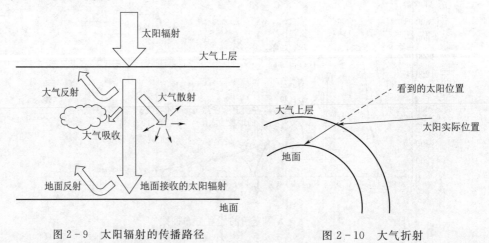

图2-9 太阳辐射的传播路径　　　　　图2-10 大气折射

2. 地面反射

在到达地面的太阳辐射中，有一部分被地面反射回大气，称为地面反射辐射。地面反射的大小主要决定于表面的组成和特征，以及入射辐射的光谱分布和太阳高度角。一般来说，深色土壤的反射能力比浅色土壤小，潮湿土壤的反射能力比干燥土壤小，粗糙表面的反射能力比平滑表面小，冰雪面的反射能力最大；随着太阳高度角的增大，反射能力减小；地面对太阳辐射长波的反射能力大于对短波的反射能力。

3. 大气折射

太阳辐射并不是沿直线的路径射向地面的，当太阳光穿过大气层时，沿直线传播的太阳光因空气密度随着高度变化而产生偏折的现象成为大气折射（图 2-10）。因大气层的空气受重力的作用密度是随高度升高而降低的，所以太阳光射入大气层后相当于从光疏介质射入光密介质将发生折射，且折射方向是偏向与法线方向的，这也是早晨和傍晚太阳看起来比较大的原因。另外空气流动也会改变大气密度从而影响传播路径，所以即使光竖直射入也会发生一定的偏折。

2.1.3.4　影响地面太阳辐照度的因素

1. 太阳高度

由于地球大气层对太阳辐射有吸收、反射和散射作用，因此，红外线、可见光和紫外线在光射线中所占的比例也随着太阳高度的变化而变化。当太阳高度为 90°时，在太阳光谱中，红外线占 50%，可见光占 46%，紫外线占 4%；当太阳高度为5°时，红外线占 72%，可见光占 28%，紫外线则为近于 0%。

一天中，太阳高度是不断变化的，同时，在一年中也是不断变化的。对于某处地平面来说，太阳高度较低时，光线穿过大气的路程较长，辐射能衰减就较多。同时，又因为光线以较小的角投射到该地平面上，所以到达地平面的能量就较少。反之，则较多。

2. 大气质量

大气质量就是太阳辐射通过大气层的无量纲路程，将其定义为太阳光通过大气层的路径与太阳光在天顶方向时射向地面的路径之比。太阳辐射能受到衰减作用的大小，与太阳辐射穿过大气路程的长短有关。路程越长，能量损失得就越多；路程越短，能量损失得越少。

3. 大气透明度

在大气层上界与光线垂直的平面上，太阳辐射度基本上是一个常数。但是在地球表面上，太阳辐照度却是经常变化的。这主要是由于大气透明程度不同所引起的。大气透明度是表征大气对于太阳光线透过程度的一个参数。在晴朗无云的天气，大气透明度高，到达到面的太阳辐射能就多。天空云雾很多或风沙灰尘很大时，大气透明度很低，到达地面的太阳辐射能就较少。可见，大气透明度是与天空中云量的多少以及大气中所含灰尘等杂质的多少密切相关的。

4. 地理纬度

太阳辐射能量是由低纬度向高纬度逐渐减弱的。假定不同纬度地区的大气透明度是相同的，在这样的条件下，高纬度地区的阳光需要经过的大气层的路程比低纬度地区的路程长，则接收到的太阳辐射能量较少。例如，地处高纬度的俄罗斯圣彼得堡（北纬 60°），每年 1cm² 的面积上，只能获得 335kJ 的热量，而在我国首都北京，地处中纬度（北纬 39°67′），则可得到 586kJ 的热量，在低纬度的撒哈拉沙漠地区则可得到 921kJ 的热量。

5. 日照时间

日照时间也是影响地面太阳辐照度的一个重要因素。日照时间越长，地面所获得的太阳总辐射量就越多。

6. 海拔

海拔越高，大气透明度越好，从而太阳的直接辐射量也就越高。我国西藏高原地区，由于平均海拔高达 4000m 以上，且大气洁净、空气干燥、纬度又低，因此太阳总辐射量多介于 $6000\sim8000MJ/m^2$，且直接辐射比重大。此外，日地距离、地形、地势等对太阳辐照度也有一定的影响。在同一纬度上，盆地温度要比平川高，阳坡气温要比阴坡高等。

2.1.4 太阳能的跟踪

2.1.4.1 太阳跟踪的意义

太阳能跟踪

系统

太阳能跟踪系统就是指在太阳光照的有效时间内，保持太阳光线的入射角垂直照射到采集器（光伏组件、太阳能集热器等）的采光面上，以获取最大太阳辐射量的装置。

由于地球表面光照能量密度低，光伏电站一般占地面积巨大，耗费大量土地资源。因此，提高光伏组件对光照资源的获取水平极为重要。传统光伏发电常采用固定式支架，即将组件安装在倾斜的支架上，保持固定的朝向。在一天时间里，随着太阳从东到西运动，入射光线与光伏组件法线的夹角也在不断变化，早晚时期夹角较大，也造成了较大的光照资源浪费。采用太阳能跟踪系统是解决上述问题的常用手段。相比于传统固定式支架，安装在跟踪支架上的光伏组件可以随着跟踪轴旋转，在一天时间内跟踪太阳的运动轨迹，减小光线的入射夹角，提高光照能量的利用率。

太阳跟踪技术是提高太阳能接收效率的最好方式，有研究表明，采用自动跟踪的方式可以提高接收效率达 40%。

表 2-2～表 2-4 分别为某地采用固定式、单轴式和双轴式支架类型各月收集到的平均太阳辐射量对比。

表 2-2　　　　　　　　　　**固定式安装方式各月平均日辐射量**

单位：〔(kW·h)/m²〕/天

向南倾角	月　　份												全年平均
	1	2	3	4	5	6	7	8	9	10	11	12	
0°	3.2	4.3	5.5	7.1	8.0	8.6	7.6	7.1	6.1	4.9	3.6	3.0	5.7
纬度-15°	4.4	5.4	6.4	7.5	8.0	8.1	7.5	7.5	6.8	6.0	4.9	4.2	6.4
纬度	5.1	6.0	6.7	7.4	7.5	7.3	6.9	7.1	7.0	6.5	5.6	4.9	6.5
纬度+15°	5.5	6.2	6.6	6.9	6.6	6.3	6.0	6.4	6.0	6.7	5.9	5.5	6.3
90°	4.9	5.0	4.5	3.7	2.7	2.3	2.4	3.1	4.2	5.1	5.1	4.8	4.0

表 2－3　　　　　　单轴式跟踪不同倾角安装方式各月平均日辐射量

单位：［（kW·h）/m²］/天

主轴倾角	月　份												全年平均
	1	2	3	4	5	6	7	8	9	10	11	12	
0°	4.7	6.2	7.8	9.9	11.0	11.4	10.0	9.6	8.6	7.1	6.3	4.4	8.0
纬度−15°	5.6	7.1	8.5	10.3	11.1	11.3	10.0	9.8	9.2	8.0	6.3	5.3	8.5
纬度	6.2	7.5	8.7	10.3	10.7	10.8	9.6	9.6	9.3	8.4	6.8	5.8	8.6
纬度+15°	6.5	7.7	8.6	9.9	10.1	10.1	9.0	9.2	9.1	8.5	7.1	6.2	8.5

表 2－4　　　　　　　双轴式跟踪安装方式各月平均日辐射量

单位：［（kW·h）/m²］/天

跟踪方式	月　份												全年平均
	1	2	3	4	5	6	7	8	9	10	11	12	
双轴全跟踪	6.6	7.7	8.7	10.4	11.2	11.6	10.1	9.8	9.3	8.5	7.1	6.3	8.9

2.1.4.2　常见的跟踪方式

常见的光伏组件安装支架包括固定倾角支架、单轴跟踪支架、双轴跟踪支架。固定倾角支架在光伏系统项目中应用最广泛，其成本低廉、结构简单、安装方便。无论是在风载荷较高的情况下还是在地震多发地区，品质合格的固定倾角支架都能承受较大的机械应力而不必担心结构部件受损的问题。在整个电站寿命期间所需要的运行维护费用也是最少的。但是在高纬度地区，不同季节太阳运行高度角以及方位角的变化范围较大，使用固定倾角支架的光伏系统在部分季节的发电效率相对较低。

三种类型支架特点总结见表 2－5。

表 2－5　　　　　　　　三种类型支架特点总结

支架类型	安装成本	运维费用	支架稳定性	系统能耗	发电量提高
固定式	低	低	很好	低	—
平单轴	较高	高	一般	较低	15%～20%
斜单轴	较高	高	一般	较低	25%～30%
双轴	高	高	较差	较高	30%～40%

光伏跟踪装置根据系统旋转自由度不同，可划分为单自由度跟踪系统和双自由度跟踪系统，前者对应平单轴系统以及斜单轴系统等，统称单轴系统。后者一般为双轴系统。

1. 单轴跟踪系统

单轴跟踪系统支架机械结构简单，具体又可划分为南北轴向跟踪支架和东西轴向跟踪支架。使用较多的是东西轴向跟踪支架，即支架跟踪轴为东西轴线方向安装，组件可以南北方向旋转跟踪太阳，以达到入射光线与组件法线夹角最小，组件表面光照强度最大，提高系统发电量。在低纬度地区，采用平单轴或是斜单轴支架对于发电量的提升相差不大，但是前者首次造价更为低廉，运行更加可靠，因此被广泛采用。且平单轴支架便于使用联动装置构成跟踪阵列，简化系统结构，为后续运维降低成本。平单轴跟踪如图 2-11 所示。

平单轴支架因只有一个旋转自由度且跟踪轴与地平面平行，因此在中高纬度地区使用时由于太阳光入射夹角较大，光照资源无法得到充分利用。

2. 斜单轴跟踪系统

斜单轴跟踪支架在高纬度地区具有平单轴支架无可比拟的优势。斜单轴系统跟踪轴一般与南北方向轴线重合，但与地平面保持固定夹角（在北半球为北高南低，南半球则为南高北低），夹角大小与安装地点纬度大致相当或略小。因高纬度地区太阳一年四季内高度角都较低，因此跟踪轴南北方向保持一定倾角有利于减小组件上光线入射夹角，相比平单轴系统能大幅度提高发电量。斜单轴跟踪如图 2-12 所示。

图 2-11　平单轴跟踪

图 2-12　斜单轴跟踪

然而斜单轴支架结构较为复杂，受制于材料强度、支架制造水准及安全稳定要求，支架跟踪轴长度不宜过长，导致斜单轴跟踪方式成本较平单轴跟踪方式高。

3. 双轴跟踪系统

普通的单轴跟踪系统因为只具备一个旋转自由度，因此无法准确跟踪太阳运动轨迹，造成入射光线与光伏组件的法线方向一直存在夹角，系统无法获取到最大的太阳能。而双轴跟踪装置具有两套动力系统装置，因此具备两个旋转自由度，理论上可以让光伏组件实时无差跟踪太阳运动轨迹，始终保持正对太阳的状态，最大化利用光照资源。双轴跟踪如图 2-13 所示。

然而双轴跟踪系统首次建造成本很高，且后期维护成本大，结构与跟踪算法也相对复杂，尤其是难以构筑联动阵列，目前

图 2-13　双轴跟踪

尚未大规模商业化推广。目前国内双轴支架系统使用以科研项目和工程示范性项目为主。基于各类型系统的优缺点，目前光伏跟踪以单轴跟踪为主导。

4. 视日轨迹跟踪法

视日运行轨迹跟踪（又称天文历法跟踪），属于主动式跟踪。其跟踪原理为依据当地的时刻、纬度等信息，根据这些信息，先计算出一年中每一天内的某时刻太阳高度角和方位角的理论值，运行控制程序调整光伏组件的高度角和方位角，完成对太阳的实时跟踪。其控制流程如图 2-14 所示。

图 2-14　视日轨迹跟踪法流程图

此跟踪控制的优点是可以实现全天候跟踪，控制方法简单、不受天气等外在环境的影响，不需要人为的干预，其可靠性比较高，属于开环控制；缺点是产生累积误差，需要定期校正。另外，要求机械结构加工有足够高的精度，而且仪器的安装正确与否关系极为密切。

5. 光电跟踪法

光电跟踪属于被动式闭环跟踪控制。其跟踪原理为：依据太阳入射光线的方向，利用光电传感器，如光敏电阻，光敏二极管、三极管，硅光电管等检测光线与光伏阵列的夹角是否垂直，如果不垂直，控制系统就发出驱动信号，调整光伏阵列，使其正对太阳，实现准确跟踪。在安装使用过程中，光敏元件通常安装在遮光挡板的旁边，调整挡板的位置，光敏元件的光敏处于全部阴影区域。当太阳运动，位置发生变化时，光敏元件产生与光照强度和光照面积成正比的光电流输出。与太阳实际位置相比较的输出，经处理器及控制电机，控制传动机构调整光伏阵列，使其对准太阳入射方向。光电传感器跟踪法流程图如图 2-15 所示。

此跟踪方法的优点是能实时跟踪太阳，跟踪精度比较高；缺点是受天气条件的影响比较大，比如多云天气时，感光元件长时间段接收不到太阳光时，可能引起执行机构的误操作，跟踪精度受到影响，系统工作稳定性不高。

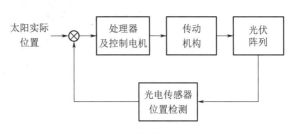

图 2-15　光电传感器跟踪法流程图

2.2　太阳辐射原理及测量

2.2.1　太阳辐射概念

辐射指太阳、地球和大气辐射的总称。通常称太阳辐射为短波辐射，地球和大

太阳辐射的
测量

气辐射为长波辐射。观测的物理量主要是辐照度，或称辐射通量密度或辐射强度，标准单位 W/m^2。结合光伏发电系统的实际应用，本节仅介绍光伏系统应用中经常测定的几种辐射量。

（1）太阳直接辐射。从日面及其周围一小立体角内发出的辐射称为太阳直接辐射，表现为太阳以平行光线的形式直接投射到地面上。太阳直接辐射的强弱和太阳高度角、大气透明度、云况、海拔高度等因素有关。太阳高度角越大，单位面积的太阳直接辐射量越大；大气透明度越小，太阳直接辐射越少；云层越密，太阳直接辐射越少；海拔越高的地方，太阳辐射越强。

（2）太阳散射辐射。太阳辐射通过大气时，受到大气中气体、尘埃、气溶胶等的散射作用，从天空的各个角度到达地表的一部分太阳辐射，为太阳散射辐射，测量时定义为太阳辐射被空气分子、云和空气中的各种微粒分散成无方向性的、但是不改变其单色组成的辐射。太阳散射辐射强弱取决于太阳辐射的入射角、大气条件（云量、水汽、砂粒、烟尘等粒子的多少），同时也受地面反射率的影响。其随太阳高度的加大而减小；当天空的浑浊程度加大，即太阳通过的路径受到了阻挡，太阳散射辐射的程度加大；地面反射率增加，散射辐射也加大。

光伏组件接收到的直接辐射和散射辐射如图 2-16 所示。

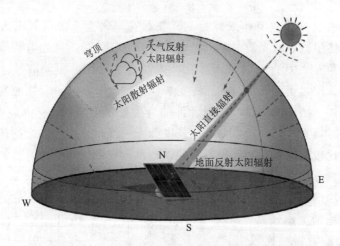

图 2-16　光伏组件接收到的直接辐射和散射辐射

（3）太阳总辐射。太阳总辐射指地平面接收的太阳直接辐射和散射辐射之和。太阳高度角、大气透明度、海拔和天气状况等都是影响太阳总辐射的因素：太阳总辐射与太阳高度角呈正相关；大气透明度差，到达地面的太阳直接辐射减少，从而减少太阳总辐射；大气质量越大，到达地面的太阳总辐射就越少；海拔越高，地面接收到的太阳总辐射就越强；云越厚越多，太阳直接辐射越弱。

（4）反射太阳辐射。反射太阳辐射指反射的太阳总辐射，分为地表反射太阳辐射和大气反射太阳辐射。大气能削弱到达地面的太阳辐射，其中的反射作用是大气中的云层和尘埃，具有反光镜的作用，可以把投射其上的太阳辐射的一部分又反射回宇宙空间；而散射作用是太阳辐射在大气中遇到空气分子或微小尘埃时，太阳辐射中的一部分便以这些质点为中心向四面八方散射开来，改变了太阳辐射的方向。地球表面在吸收太阳辐射的同时，又将其中的大部分能量以辐射的方式传送给大气。地面的辐射能力主要决定于地面本身的温度。由于辐射能力随辐射体温度的增高而增强，白天地面温度较高，地面辐射较强；夜间地面温度较低，地面辐射较弱。地面的辐射除部分透过大气奔向宇宙外，大部分被大气中水汽和二氧化碳所吸收。

（5）地球辐射。地球辐射又称长波辐射和热红外辐射，由地球（包括地面和大气）放射的电磁辐射。地面长波辐射大部分被云体和大气层吸收，一小部分透过大气层直射太空；大气（包括云）同时也向太空放出长波辐射，这两者之和组成由地气系统进入宇宙空间的热辐射就统称为地球辐射。它表示地气系统由于放出热辐射而冷却。在地球辐射中，由地面向上发射的长波辐射称为地面辐射或地面射出辐射，大气发射的长波辐射称为大气辐射，大气向下发射的长波辐射称为大气逆辐射。地球辐射的辐射源是地球，其波长范围约为 $4\sim120\mu m$，为长波辐射。辐射能量的 99% 集中在 $3\mu m$ 以上的波长范围内。地球辐射的最长波长约为 $9.7\mu m$。

（6）净辐射。净辐射指向下和向上（太阳和地球）辐射之差。将地面的短波辐射和长波辐射的收入与支出相抵，地表的净收入或净支出的辐射量就是净辐射。地面净辐射的大小及其变化特征是由短波辐射之差和长波辐射之差两部分决定的，凡能影响这两部分的因素，都同样影响整个地气系统的辐射平衡：昼夜变化、季节变换、地理纬度、地面性质以及大气中的温湿状况、大气成分和云量云状的不同而不同，其数值可正可负，正值代表地面收入的辐射能量超过支出的辐射能量。负值则相反，代表支出的辐射能量超过收入的辐射能量。因此，地面净辐射是收入和支出各分量综合影响的结果。当天空云量和大气中水分增加时，太阳总辐射的减少使辐射平衡量减少，而有效辐射的减少却又使辐射平衡量增加，因此必须注意在不同条件下分量的转化。

2.2.2　太阳辐射的基本定律

光伏系统发电量与其接收到的太阳辐射量成正比，光伏系统的设计、运行过程保证太阳辐射的有效接收尤为重要。光伏系统获得的太阳辐射量受到诸多因素影响，包括当地的地理位置、海拔、大气成因和污染程度、一年的季节变化、太阳位置的变化、太阳辐射中直射辐射的比例、地面的发射系数等。为实现太阳辐射的准确计算需要了解和掌握太阳辐射的基本定律。太阳辐射有三条基本定律，分别是直散分离原理，布格-朗伯定律和余弦定律。

1. 直散分离原理

大地表面（即水平面）和光伏阵列面（即倾斜面）上所接收到的辐射量均符合直散分离原理，即总辐射等于直接辐射和散射辐射之和。不过，地面所接收到的辐射量没有地面反射分量，而光伏阵列所接受到的辐射量包括地面反射分量。另外，假定散射辐射和地面反射都是各向同性的，光伏阵列面上所接收到的散射辐射与光

伏阵列所对应的视天空有关，而光伏阵列面所接收到的地面反射与光伏阵列所对应的视地表有关，即

$$Q_P = S_P + D_P \qquad (2-15)$$
$$Q_T = S_T + D_T + R_T \qquad (2-16)$$

式中：Q_P 为水平地面接收到的总辐射；S_P 为水平地面接收到的直接辐射；D_P 为水平地面接收到的散射辐射；Q_T 为倾斜面接收到的总辐射；S_T 为倾斜面接收到的直接辐射；D_T 为倾斜面接收到的散射辐射；R_T 为倾斜面接收到的地面反射。

2. 布格-朗伯定律

太阳辐射通过某种介质时，会因为介质的吸收和散射面减弱。辐射受介质衰减的一般规律可由布格朗伯定律确定，在不考虑波长和大气不均匀性的情况下，其近似的数学表达式为

$$S'_D = S_0 F^m \qquad (2-17)$$

式中：S_0 为太阳常数，等于 1350W/m^2；S'_D 为直接辐射强度；F 为大气透明度；m 为大气质量。

3. 余弦定律

任意倾斜面的辐照度同该表面法线与入射线方向之间夹角的余弦成正比，即余弦定律

$$S'_T = S'_D \cos\theta \qquad (2-18)$$
$$S'_P = S'_D \cos\alpha \qquad (2-19)$$

式中：S'_P 为水平面上的直射光强；S'_D 为直射光强；S'_T 为倾斜方阵面上的直射光强；θ 为直射太阳光入射角；α 为太阳高度角。

倾斜方阵面上各种辐射光强 Q'_T 可计算为

$$Q'_T = S'_T + D'_T + R'_T \qquad (2-20)$$

式中：S'_T 为倾斜方阵面上的直射光强；D'_T 为倾斜面上的散射光强；R'_T 为倾斜面上的反射光强。

其中的倾斜面上散射光强 D'_T 可计算为

$$D'_T = D'_P (1 + \cos Z)/2 \qquad (2-21)$$

式中：D'_P 为水平面上的散射光强；Z 为光伏阵列倾角。

其中的倾斜面上反射光强 R'_T 可计算为

$$R'_T = \rho Q'_P (1 - \cos Z)/2 \qquad (2-22)$$

式中：ρ 为地面反射率；Q'_P 为水平面上的总辐射光强。

不同地面状况的反射率见表 2-6。

表 2-6　　　　　　　　　不同地面状况的反射率　　　　　　　　　%

地面类型	反射率	地面类型	反射率	地面类型	反射率
积雪	70~85	浅色草地	25	浅色硬土	35
沙地	25~40	落叶地面	33~38	深色硬土	15
绿草地	16~27	松软地面	12~20	水泥地面	30~40

由于我国日射观测站稀少，并且区域分布不均匀，所以目前还没有全国范围内法向直射辐射累积数据，中国气象局风能太阳能资源中心以现有气象台站辐射观测数据、卫星观测数据以及其他相关气象观测资料为基础，对我国的太阳能法向直接辐射资源分布特征进行了分析和宏观评估。总体而言，我国西北地区、华北北部区域、青藏高原的太阳能资源丰富，其中青藏高原大部分、内蒙古中西部、新疆东部部分地区，直接辐射最为丰富，年辐射量超过 1800kW·h/m²，西藏南部及内蒙古西部部分地区年辐射量超过 2000 kW·h/m²。相比而言，中部和东部的直射辐射则显得非常少，西南地区在以重庆为中心的四周范围内，包括四川东部，贵州北部，湖南西部，湖北南部等地区的年辐射量在 600 kW·h/m² 以下，其他的中部和东部地区基本辐射量也低于 1000 kW·h/m²，而我国大面积的剩余区域辐射量都在 1000～1800 kW·h/m² 的范围内，直射辐射资源状况良好。

2.2.3　太阳辐射的观测

　　太阳辐射通常需要采用辐射表来测量。不同辐射需要考虑被测变量的种类、视场的大小、光谱响应范围和主要用途等来选择不同的观测仪器，辐射仪器的分类见表 2－7。

表 2－7　　　　　　　　　　　　　辐 射 仪 器 的 分 类

仪器分类	被测参数	主要用途	视场角（球面度）
总辐射表	总辐射、直接辐射、散射辐射	标准仪器、工作仪器	2π
直接辐射表	直接辐射	二等标准仪器、工作仪器	0.005～0.025
天空辐射表	散射辐射、反射辐射	标准仪器、工作仪器	2π
地球（长波）辐射表	向上的长波辐射、向下的长波辐射	标准仪器、工作仪器	2π
净全辐射表	净全辐射	工作仪器	2π

2.2.3.1　太阳总辐射表

　　太阳总辐射表（图 2－17）可测量水平总辐射，它由来自天空的散射辐射和来自太阳的直接辐射组成。在被遮挡住直射阳光时，太阳总辐射表会测量散射辐射。直接辐射则使用直接辐射表进行测量，该设备安装在自动太阳跟踪器上并始终指向太阳中心位。

　　总辐射表按感应面的情况分为全黑型和黑白型两类。全黑型的性能通常优于黑白型。不过，最新研究发现，全黑型仪器具有零点偏大、夜间为负的弊端，目前仍在努力克服中。所有种类的总辐射表都是相对仪器，均必须直接或间接地同标准仪器进行较正才可得到较好的测量精度。

　　测量太阳能总辐射的仪器包括总辐射表和采集器，总辐射表由感应件、玻璃罩和附件组成。总辐射表结构如图 2－18 所示。传感器的热电堆探测器的表面涂有高吸收率的黑色涂层，该涂层为非常稳定的黑色吸收材料，热电偶的热接点处于黑片的下方，冷接点处于白片的下方，为了防止环境对其性能的影响，整个感应面密封在一个半球形玻璃罩中（双层石英玻璃），罩是经过精密的光学冷加工磨制而成的视场角为 180°精密仪器。为了保持罩内空气的干净，玻璃管内存放有干燥剂。

总辐射表的设计基于热电效应原理，感应元件采用绕线电镀式多接点热电堆，其表面涂有高吸收率的黑色涂层，热接点在感应面上，而冷结点则位于机体内，冷热接点产生温差电势。在线性范围内，输出信号与辐照度成正比，从而换算成辐射强度。当总辐射表倾斜放置时，用来测量斜面上的辐照度；当翻转过来安放时，测量地面反射的太阳总辐射；在遮去直接日射的情况下，测量散射日射。

如图 2-19 所示，在两种导体或半导体组成的闭合回路中，如果两个对接点的温度不同，回路中将产生一个电动势，即塞贝克电势。当闭合回路确定后，塞贝克电势的大小就仅与两接点的温度差有关。这种现象被称为热电效应。两种导体组成的回路被称为热电偶，这两种导体被称为热电极，产生的电动势则被称为热电动势。热电偶的两个工作端分别被称为热端和冷端。

图 2-17　总辐射表

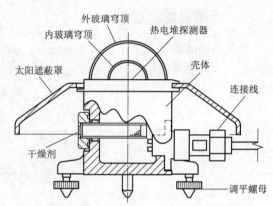

图 2-18　总辐射表结构图

如图 2-20 所示为热电型传感器的结构图，传感器由感应面和热电堆组成。感应面为薄金属片，往往被涂上吸收率高、光谱响应好的无光黑漆。热电堆紧贴感应面，工作端位于感应面下部，参考端位于隐蔽处。当感应面吸收辐射能时，传感器表面的黑色涂层吸收辐射能而增热，使下部的热电堆两端形成温度差，热电堆产生电动势。当辐照度越强，热电堆两端的温差就越大，输出的电动势也就越大，它们的关系基本是线性的。

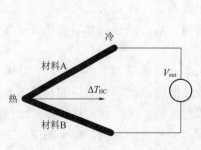

图 2-19　热电效应示意图

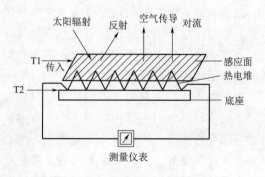

图 2-20　热电型传感器的结构

2.2.3.2 太阳直接辐射表

　　直接辐射表是目前较为广泛运用的太阳辐射测量仪器。直接辐射表必须跟自动跟踪装置配合使用，如图 2-21、图 2-22 所示。直接辐射表由光栏、内筒、热电堆（感应面）、干燥筒等组成。感应部件是热电堆，其表面涂有高吸收率的黑色涂层。在线性范围内产生的温差电势与太阳直接辐照度成正比。自动跟踪装置是由底板、纬度架、电机等组成。电机是动力源，用户可根据要求选择直流电机或交流电机作为动力源。感应部分外遮有镀铬的防护罩，遮光筒的 α 角为 $10°$，内有数层光阑，遮光筒前沿有一个小孔，对准太阳时，光点恰好落在后面屏蔽的黑点上，热电偶堆的引线直接与灵敏电流计连接。

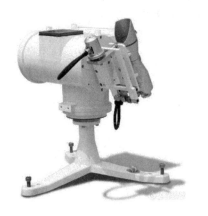

图 2-21　直接辐射表

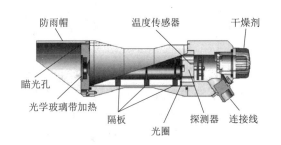

防雨帽　　温度传感器　　干燥剂

瞄光孔

光学玻璃带加热

隔板　　光圈　　探测器　连接线

图 2-22　直接辐射表结构图

　　直接辐射表的工作原理如下：太阳的直接辐射投到黑色的涂层上，使热电堆增热，与此同时，焊在钢圈上的接点却在阴影下面未被阳光增热。观测时先把引线与电流计接通，对准太阳光读出仪器遮蔽时的读数 N，再打开遮光筒的盖子，使太阳辐射落到感应面上，读下电流读数 N_0，则太阳直接辐射强度为

$$S = K[(N + \Delta N) - (N_0 - \Delta N_0)] \tag{2-23}$$

式中：N 和 ΔN_0 分别为电流计在 N 和 N_0 刻度上的订正值，常数 K 是通过与绝对日射表的平行对比得到的。

　　定义的太阳直接辐射为太阳直接投射到地面上的辐射，但观测的太阳直接辐射为太阳日盘的直接辐射与太阳周围（半径不大于 $2.5°$）的天空散射辐射（即环日辐射）之和。因为太阳的张角约为 $0.5°$，如果用一个圆筒将大于 $0.5°$ 张角的散射辐射挡住，这时仪器的露光孔就很难对准太阳，观测起来很不方便。所以直接辐射表进光筒一般具有如下特征：进光孔孔径半张角 α（世界气象组织建议 $2.5°$）；环日辐射占太阳直接辐射 $2\%\sim6\%$；在使用不同孔径角的仪器或彼此对比时，必须计算各自环日辐射的贡献，并加以修正。

2.2.3.3 天空辐射表

　　天空辐射表（图 2-23）可以测定地平面上方的太阳直接辐射、天空散射辐射和地面反射辐射，由总辐射表和遮光环组成，总辐射表安装在支架平台上，其高度应正好使辐射感应平面（黑体）位于遮光环中心，感应部分由黑片和白片组成田字形方格阵，辐射强度正比于黑白片下热电堆的电动势。感应面上有一个半球形防风保护玻璃罩，仪器上方可伸出一块对感应平面视角为 10° 的遮光环。遮光环的作用是保证从日出到日落能连续遮住太阳直接辐射。它由遮光环圈、标尺、丝杆调整螺旋、支架、底盘组成。其除了能遮住太阳直接辐射和太阳周围的天空辐射之外，还遮住了一个环形带的天空散射，因此测量的散射辐射偏小，需要校正。遮光环圈固定在标尺的丝杆调整螺旋上，标尺上刻有纬度刻度与赤纬刻度。标尺与支架固定在底盘上，应根据架设地点的地理纬度而固定。

图 2-23　天空辐射表

当支架遮光环遮去阳光，仪器只能测到天空散射辐射；除去遮光环则能测到水平面上太阳辐射和散射的总和；反转仪器使感应面向下，则能测到反射辐射。用于遥测的天空辐射表装上遮日环，遮日环以辐射表感应面为中心，直径约 30cm，环宽约 5cm，根据当地纬度和日期，适当调节它的倾角，在一天任何时刻都能遮住太阳的直接辐射。

2.2.3.4　长波辐射表

长波辐射表（图 2-24）又称地球辐射表，可以测量来自天空和地面 3.5~50μm 红外射线，以电压的形式输出，在仪器的上方用一个硅制半球罩隔绝短波辐射，在半球罩的内表面采用真空沉积干涉滤光片，平均透射比大于 40%。

长波辐射表由硅制弧形滤光罩、感应元件（热电堆）、热敏电阻、表体、遮光板、干燥剂窗口等部件组成。感应元件由快速响应的绕线电镀式多结点热电堆组成，感应面涂有高吸收无光黑色涂层，涂层吸收辐射能，产生的热量通过热电堆，使其温度变化并转化为电压信号。长波辐射表的腔体内有一热敏电阻嵌入热电堆边缘冷结点处，以便监测表体内的温度。特殊设计的弧形硅制外罩内表面沉积有干涉滤光膜，用于截止太阳短波辐射。这种弧形滤光罩最大的特点是涂层均匀性优于半球罩，能确保窗口均匀透过，并且其视角可达 180°，具有良好的余弦响应。

长波辐射表罩体的外侧镀有一层特殊材料的涂层，以避免风、雨等环境影响，提供良好的保护，并防止反射性能增加透射率。同时也可以将罩体吸收的太阳短波辐射有效地传输掉。即使在全光照射下，其罩体发热影响的误差也很小。在测量时无需加遮光盘、也不需要在罩体内增设热敏电阻用公式计算罩体发热补偿。长波辐射表结构如图 2-25 所示。

专业词汇

总辐射（GHI）：水平面上180°视场角接收到的太阳辐射总量，其数值包括了直接辐射和散射辐射。

图2-24 长波辐射表

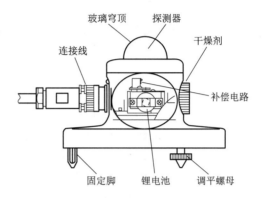

图2-25 长波辐射表结构

Total Radiation (GHI)：the total amount of solar radiation received from above by a horizontal surface (180deg view). This value includes Direct Normal Irradiance (DNI) and Diffuse Horizontal Irradiance (DHI).

直接辐射（DNI）：沿着太阳法线方向，单位面积按收到的太阳辐射总量。

Direct Normal Irradiance (DNI)：the total amount of solar radiation received per unit area by a surface that is always held perpendicular to the rays that come in a straight line from the direction of the sun at its current position in the sky.

倾角辐射（GTI）：特定倾斜面上接收到的直射辐射和散射辐射之和，是计算固定倾角光伏电站的能量的重要指标。

Global Tilt Irradiance (GTD)：the total amount of direct and diffuse radiation received from above by a tilted surface. GTD is an approximate value for the energy yield calculation of fixed installed tilted PV panels.

分光谱辐射：光谱响应是光伏组件最重要的参数之一，表示不同波长太阳辐射与短路电流密度之间的对应关系，可以帮助了解光伏组件在真实环境中光谱响应。

Solar Spectrum Irradiance：Spectral response (SR) is one of the most important parameters in photovoltaic (PV) device characterization. It is defined as the ratio of the wavelength dependent photo-generated current density to the incident photon flux and can help to know the SR in the real condition.

散射辐射（DHI）：太阳辐射遇到气体分子、尘埃等产生散射，以漫射形式到达地球表面的辐射能量。

Diffuse Horizontal Irradiance (DHI)：the amount of radiation received by a horizontal surface that does not arrive on a direct path from the sun，but has been scattered by molecules and particles in the atmosphere and comes equally from all directions.

空气温度：表示空气冷热程度的物理量，简称温度，以摄氏度（℃）表示，零度以下为负值。

Air Temperature：A physical quantity that indicates the degree of cooling and heating of the air in units of（℃），and the value below zero is negative.

空气湿度：表示空气中的水汽含量和潮湿程度。

Air Humidity：Indicates the moisture content and humidity in the air.

气压：作用在单位面积上的大气压力。即气体对某一点施加的流体静力压强，它来源于大气层中空气的重力。单位为千帕（kPa）。

Air Pressure：The atmospheric pressure acting on a unit area. That is，the hydrostatic pressure exerted by the gas on a certain point，and it comes from the gravity of the air in the atmosphere. The unit is kilopascals（kPa）.

风速：空气微团相对于地球某一固定地点的运动速率，单位为米每秒（m/s）。

Wind Speed：the velocity of air micro-masses relative to a fixed location on the earth，in units of（m/s）.

风向：风的来向，单位为度（°），通常以十六方位表示，静风以 C 表示。

Wind Direction：the direction of the wind is in（°）. It is usually indicated by 16 bearings，and calm wind is indicated by C.

2.3　太阳辐射的理论计算

2.3.1　大气透明度和大气质量

太阳辐射计算的理论计算示例

1. 大气透明度

在设计光伏发电系统时，必须掌握到达该地区的太阳辐射能，即掌握该地区太阳辐射的年、月总量。由于太阳辐射观测站很稀疏，靠观测站提供的资料远不能满足需要。所以借助理论计算是十分必要的。可利用式（2-24）计算太阳辐射通过大气后的强度，即

$$I = I_{sc} F^m \tag{2-24}$$

式中：F 为大气透明度；m 为大气质量。

大气透明度的定义：太阳辐射能在通过大气层时会产生一定衰减，表征大气对辐射衰减程度的一个重要参数就是大气透明度。根据布克-兰贝特（Bonguer-Lambert）定律，当波长为 λ 的太阳辐射 I_0，λ 经过 $\mathrm{d}m$ 厚的大气层后，辐射衰减量为

$$\mathrm{d}I_\lambda = -a_\lambda I_{0,\lambda} \mathrm{d}m \tag{2-25}$$

式中：a_λ 为大气消光系数。

将式（2-25）积分，得

$$I_\lambda = I_{0,\lambda} e^{-a\lambda m} \tag{2-26}$$

或

$$I_\lambda = I_{0,\lambda} P_\lambda^m \tag{2-27}$$

式中：P_λ 为单色光谱的透明度或"透明系数"；$I_{0,\lambda}$ 为波长为 λ 的辐射的初始强度；I_λ 为通过大气的波长为 λ 的太阳辐射强度。

设投射到地表法向单色光的光谱辐射强度为 $I_{n,\lambda}$，则

$$I_{n,\lambda} = rI_{0,\lambda} P_\lambda^m \tag{2-28}$$

对全色太阳光，只要将上式对整个波长从 0→∞ 积分便可得到

$$I_n = \int_0^\infty rI_{0,\lambda} P_\lambda^m \mathrm{d}\lambda \tag{2-29}$$

设整个太阳辐射光谱范围内单色透明度的平均值为 P_m，可把 P_m 拿到积分号外，使式（2-29）改写成

$$I_n = P_m^m \int_0^\infty rI_{0,\lambda} \mathrm{d}\lambda \tag{2-30}$$

由此得

$$F_m = \left(\frac{I_n}{rI_{sc}}\right)^{1/m} \tag{2-31}$$

大气透明度 F_m 与大气质量 m 有着复杂的关系，它表征大气对太阳辐射能的衰减程度。

2. 大气质量

"大气质量"是一个无量纲量，它是太阳光线穿过地球大气的路径与太阳光线在天顶角方向时穿过大气路径之比，并假定在标准大气压（101325Pa）和气温 0℃时，海平面上太阳光线垂直入射的路径为 1。显然，地球大气上界的大气质量为零。当天顶角为 60°时，$m=2$。大气质量示意图见图 2-29。

如图 2-26 所示，A 为地球海平面上一点，O、O' 为大气上界的点。太阳在天顶位置时，太阳光线路程 OA 为大气质量。太阳位于 S' 点时，大气质量为

$$m(h) = \frac{O'A}{OA} = \sec\theta_Z = \frac{1}{\sin h} \tag{2-32}$$

式（2-32）是从三角函数关系推导出来的，是以地表为水平面忽略了大气的曲率及折射因素的影响。当 $h \geqslant 30°$时，按式（2-32）计算值与大气质量的观测值非常接近，

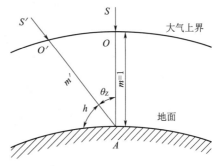

图 2-26 大气质量示意图

其精度达 0.01；但当 $h<30°$时，由于折射和地面曲率的影响增大，式（2-42）计算结果不准确。在光伏系统工程计算中为

$$m(h) = [1229 + (614\sin h)^2]^{1/2} - 614\sin h \tag{2-33}$$

在中国日射观测站，当 $h<20°$，采用表 2-8 查算 m 值。

温度对 m 影响，一般可以忽略不计；对于海拔较高的地区，应对大气压力进行

订正，即

$$m(z,h) = m(h) \frac{P(z)}{760} \tag{2-34}$$

式中：z 为观测地点的海拔；$P(z)$ 为观测地点的大气压。

表2-8   大 气 质 量

h 的整数部分	h 的小数部分									
	0.0	0.1	0.2	0.3	0.4	0.5	0.6	0.7	0.8	0.9
1	27.0	26.0	25.0	24.5	24.0	23.0	22.0	21.0	20.7	20.4
2	20.0	19.5	19.0	18.5	18.7	18.0	17.5	16.5	16.0	15.7
3	15.9	15.0	14.7	14.4	14.0	14.0	13.8	13.3	13.0	12.7
4	12.5	12.3	12.0	11.8	11.6	11.6	11.4	11.0	10.8	10.6
5	10.4	10.2	10.0	9.9	9.7	9.7	9.6	9.4	9.2	9.0
6	8.9	8.7	8.6	8.5	8.4	8.4	8.3	8.1	8.0	7.9
7	7.8	7.7	7.6	7.5	7.4	7.4	7.3	7.2	7.1	7.0
8	6.9	6.8	6.8	6.7	6.6	6.6	6.5	6.4	6.4	6.3
9	6.2	6.1	6.1	6.0	6.0	6.0	5.9	5.8	5.8	5.8
10	5.7	5.7	5.6	5.6	5.6	5.6	5.5	5.4	5.4	5.3
11	5.2	5.2	5.1	5.0	5.0	5.0	4.9	4.9	4.8	4.8
12	4.8	4.7	4.7	4.7	4.6	4.6	4.6	4.5	4.5	4.4
13	4.4	4.4	4.4	4.3	4.3	4.3	4.3	4.2	4.2	4.1
14	4.1	4.1	4.1	4.0	4.0	4.0	4.0	3.9	3.9	3.9
15	3.8	3.8	3.8	3.8	3.7	3.7	3.7	3.7	3.6	3.6
16	3.6	3.6	3.5	3.5	3.5	3.5	3.4	3.4	3.4	3.4
17	3.4	3.4	3.3	3.3	3.3	3.3	3.3	3.3	3.2	3.2
18	3.2	3.2	3.2	3.2	3.1	3.1	3.1	3.1	3.1	3.1
19	3.0	3.0	3.0	3.0	3.0	3.0	3.0	2.9	2.9	2.9

2.3.2 水平面上的太阳辐射计算

1. 垂直于太阳光线的地表上的直接辐射强度

由上一节可知，P 与 m 相关。为了简化，通常将大气透明度订正到某一给定的大气质量，例如将 P_m 订正到 $m=2$ 的透明度 P_2，这时，计算垂直于太阳光表面上的直接辐射强度为

$$I_{b,n} = r I_{sc} P_2^m \tag{2-35}$$

对于大多数地区而言，直接根据日射观测资料来确定 P_2 是可能的。只要近似地确定 P_2 值，利用式（2-35）便可计算出到达地表法线方向入射的太阳辐射强度。

2. 水平面上的直接辐射

前面已经分析了到达地表与太阳光线垂直的表面上太阳辐射强度，借此，不难

求出水平面上的直接太阳辐射。如图 2-27 所示，AB 面代表水平面，AC 面代表垂直于太阳光线的表面。

由 $\triangle ABC$ 有

$$AC = AB\sin h \qquad (2-36)$$

由于太阳直接入射到 AC 和 AB 平面上的能量是相等的，如以 H 表示，则

$$I_{b,n} = \frac{H}{AC}, I_{H,n} = \frac{H}{AB} \qquad (2-37)$$

从而

$$I_{H,b} = I_{b,n}\sin h = I_{b,n}\cos\theta_z \qquad (2-38)$$

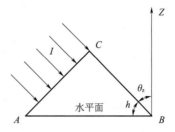

图 2-27 直接太阳辐射强度与
太阳高度角的关系

式中：$I_{H,b}$ 为水平面上太阳直接辐射强度，显然 $h=90°$ 时，地表面获得最大太阳辐射强度。联立上式，得到

$$I_{H,b} = rI_{sc}P_m^m\sin h \qquad (2-39)$$

将式（2-39）从日出日没时间为上下限对时间进行积分，则水平面上直接太阳辐射量为

$$H_{H,b} = \int_0^t rI_{sc}P_m^m\sin h\mathrm{d}t = rI_{sc}\int_0^t P_m^m(\sin\phi\sin\delta + \cos\phi\cos\delta\cos\omega)\mathrm{d}t \qquad (2-40)$$

式（2-40）中，若 dt 用时角表示：$\mathrm{d}t = (T/2\pi)\mathrm{d}\omega$，则式（2-40）变为（2-41）：

$$H_{H,b} = \frac{T}{2\pi}rI_{sc}\int_{-\omega}^{\omega_0} P_m^m(\sin\phi\sin\delta + \cos\phi\cos\delta\cos\omega)\mathrm{d}\omega \qquad (2-41)$$

式中：T 为昼夜长，24h。

实际上，由于 P_m^m 很复杂，不便直接积分，所以通常的办法是按小时计算，而每个小时内的直接太阳辐射量可根据其平均太阳高度角查表通过计算求得。

设某一小时平均太阳高度为 $\overline{h_i}$，这样，第 i 小时内水平面上的直接太阳辐射量为

$$H_{H,b} = 60rI'_{b,n}\sin\overline{h_i} \qquad (2-42)$$

假定一天内从日出到日落共 N 个小时，则水平面上直接太阳辐射日总量由式（2-43）决定：

$$H_{H,b} = \sum_{i=1}^N H_{b,n,i} = \sum_{i=1}^N 60rI'_{b,n}\sin\overline{h_i} \qquad (2-43)$$

知道了日总量，月总量和年总量通过计算不难求出。

2.3.3 斜面上的太阳辐射强度计算

2.3.3.1 斜面上的太阳总辐射强度

斜面上的太阳总辐射强度 I_θ 由三部分组成，即直射辐射强度 $I_{D\theta}$、散射辐射强度 $I_{d\theta}$ 和地面反射辐射强度 $I_{R\theta}$，用公式表达为

$$I_\theta = I_{D\theta} + I_{d\theta} + I_{R\theta} \qquad (2-44)$$

1. 斜面上的直射辐射强度

根据图 2-28，太阳能总辐射强度不变时，有

$$I_{DN}AC = I_{D\theta}AB = I_{DH}AB' \tag{2-45}$$

由三角函数关系可得

$$I_{D\theta} = I_{DH} \times \frac{\cos\theta_T}{\sin\alpha_s} = I_{DN}\cos\theta_T \tag{2-46}$$

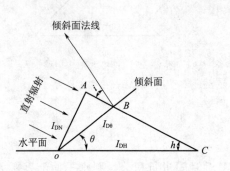

图2-28　斜面上直射辐射强度与入射角的关系

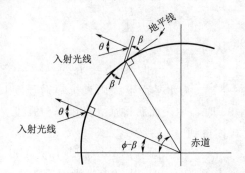

图2-29　纬度、入射角、天顶角关系图

由图 2-29 可知，斜面上的直射辐射强度可用太阳光线在垂直平面上的太阳直射辐射强度 I_{DN} 与入射角 θ_T 求得，也可用水平面上的太阳直射辐射强度 I_{DH} 与入射角 θ_T、高度角 α_s 求得。

太阳光的入射角 θ_T 的余弦为

$$\cos\theta_T = (\sin\varphi\cos\beta - \cos\varphi\sin\beta\cos\gamma_s)\sin\delta + (\cos\varphi\cos\beta + \sin\varphi\sin\beta\sin\gamma_s)\cos\delta\cos\omega +$$
$$\sin\beta\sin\gamma_s\cos\delta\sin\omega \tag{2-47}$$

故倾斜面上太阳直射辐射强度可表示为

$$I_{D\theta} = I_{DN}[(\sin\varphi\cos\beta - \cos\varphi\sin\beta\cos\gamma_s)\sin\delta + (\cos\varphi\cos\beta + \sin\varphi\sin\beta\sin\gamma_s)\cos\delta\cos\omega +$$
$$\sin\beta\sin\gamma_s\cos\delta\sin\omega)] \tag{2-48}$$

式中：φ 为地理纬度；δ 为太阳赤纬角；θ_T 为太阳辐射入射角；β 为斜面与水平面的夹角；γ_s 为斜方位角；ω 为时角。

对于朝正南的太阳能收集装置，$\gamma_s = 0$，则有

$$I_{D\theta} = I_{DN}[\sin(\varphi - \beta)\sin\delta + \cos(\varphi - \beta)\cos\delta\cos\omega] \tag{2-49}$$

2. 斜面上的散射辐射强度

若天空为各向同性的散射辐射时，可利用角系数互换定律，即

$$A_{sky}F_{sky-c} = A_cF_{c-sky} \tag{2-50}$$

则到达斜面上单位面积的散射辐射强度为

$$I_{d\theta} = I_{dH}A_{sky}F_{sky-c} = I_{dH}F_{c-sky} \tag{2-51}$$

式中：$I_{d\theta}$ 为斜面上单位面积的散射辐射强度；I_{dH} 为水平面上的散射辐射强度；A_{sky} 为半球天空的面积；A_c 为斜面的面积；F_{sky-c}、F_{c-sky} 为角系数，或称为形状系数。

倾角为 β 的平面，对于天空的角系数是斜面看得见天空的面积（投影）占整个天空半球面积（投影）的百分数为

$$F_{c-sky} = \frac{\frac{\pi r^2}{2} + \frac{\pi r^2}{2}\cos\beta}{\pi r^2} = \cos^2\frac{\beta}{2} \qquad (2-52)$$

式中：r^2 为半球天空的半径。

代入式（2-52）可得

$$I_{d\theta} = I_{dH}\cos^2\frac{\beta}{2} \qquad (2-53)$$

3. 地面上的反射辐射强度

地面的反射辐射强度是各向同性的，根据角系数互换定律，有

$$A_G F_{G-c} = A_c F_{c-G} \qquad (2-54)$$

$$I_{R\theta}A_c = p_G(I_{DH} + I_{dH})A_G F_{G-c} \qquad (2-55)$$

而在封闭空间中

$$F_{c-G} + F_{c-sky} = 1 \qquad (2-56)$$

所以

$$I_{R\theta} = p_G(I_{DH} + I_{dH})[1 - \cos^2(\beta/2)] \qquad (2-57)$$

式中：p_G 为地面反射率；$I_{R\theta}$ 为地面上的反射辐射强度。

2.3.3.2 水平面上太阳辐射转化斜面上太阳辐射

要将水平面上太阳辐射转化成斜面上太阳辐射，首先必须将太阳总辐射进行直、散分离。据太阳辐射观察分析，散射日总量月平均值与太阳总辐射的总量月平均值之比和地平面上总辐射与大气上界太阳辐射日总量月平均值之比具有很好的相关性。散射辐射回归方程可表示为

$$\overline{K_d} = \frac{\overline{I_{dH}}}{\overline{I_H}} = 1.390 - 4.027\overline{K_T} + 5.531\overline{K_T^2} - 3.108\overline{K_T^{-3}} \qquad (2-58)$$

式中：$\overline{K_d}$ 为水平面上散射和总辐射的日总量平均值之比；$\overline{K_T}$ 为水平面上总辐射与大气层上界总辐射的日总量月平均值之比；$\overline{I_{dH}}$ 为水平面上散射的日总量月平均值（气象台提供）；$\overline{I_H}$ 为水平面上总辐射的日总量月平均值（气象台提供）；$\overline{I_0}$ 为大气层上界水平面上总辐射的日总量月平均值（可查表）。

由 $\overline{I_H}$ 和 $\overline{I_0}$ 可得到 $\overline{K_T}$，代入式（2-58）得到 $\overline{K_d}$，这就可得 $\overline{I_{dH}}$。从而可知水平面上直接辐射的日总量月平均值为

$$\overline{I_{DH}} = \overline{I_H} - \overline{I_{dH}} \qquad (2-59)$$

引入斜面系数 R_b，有

$$R_b = \frac{I_{D\theta}}{I_{DH}} = \frac{斜面上的直接辐射强度}{水平面上的直接辐射强度} \qquad (2-60)$$

则斜面上的直接辐射强度为

$$I_{D\theta} = R_b I_{DH} \qquad (2-61)$$

R_b 可由式（2-62）求出，即

$$R_b = \frac{\sin(\varphi-\beta)\sin\delta + \cos(\varphi-\beta)\cos\delta\cos\omega}{\sin\varphi\sin\delta + \cos\varphi\cos\delta\cos\omega} \qquad (2-62)$$

斜面上的散射辐射强度和地面反射幅度由 2.3.3.1 节可以求出，所以，斜面上

与水平面上太阳总辐射强度的平均比值为

$$\overline{R} = \frac{\overline{I_\theta}}{\overline{I_H}} = \frac{\overline{I_\theta}}{\overline{I_H}}R_b + \frac{\overline{I_\theta}}{\overline{I_H}} \times \frac{1+\cos\beta}{2} + \rho\left(\frac{1-\cos\beta}{2}\right) \qquad (2-63)$$

斜面上的太阳总辐射强度为

$$\overline{I_\theta} = \overline{I_D}\,\overline{R_b} + \overline{I_\theta} \times \frac{1+\cos\beta}{2} + \rho(\overline{I_D} + \overline{I_d})\left(\frac{1-\cos\beta}{2}\right) \qquad (2-64)$$

式中：ρ 为地面反射率。

2.3.3.3　工程中常用的计算太阳辐射的方法

2.3.3.2 节介绍了利用大气透明度的方法估算地面直接太阳辐射。实际上对于确定的地点，我们通常可以知道该地点全年各月水平面上的平均太阳辐射资料（总辐射量、直接辐射量或散射辐射量），因此工程中常利用采用以下方法计算斜面上的太阳辐射并选择最佳倾角。

确定朝向赤道倾斜面上的太阳辐射量，通常采用 Klein 提出的计算方法：倾斜面上的太阳辐射总量 H_t 由直接太阳辐射量 H_{bt}、散射辐射量 H_{dt} 和地面反射辐射量 H_{rt} 三部分所组成

$$H_t = H_{bt} + H_{dt} + H_{rt} \qquad (2-65)$$

对于确定的地点，已知全年各月水平面上的平均太阳辐射资料（总辐射量、直接辐射量或散射辐射量），可以算出不同倾角的斜面上全年各月的平均太阳辐射量。下面介绍相关公式和计算模型。

计算直接太阳辐射量 H_{bt} 引入参数 R_b，R_b 为倾斜面上直接辐射量 H_{bt} 与水平面上 H_b 直接辐射量之比，即

$$R_b = \frac{H_{bt}}{H_b} \qquad (2-66)$$

式（2-66）中倾斜面与水平面上直接辐射量之比 R_b 的表达式为

$$R_b = \frac{\cos(\varphi-s)\cos\delta\sin h_s' + \left(\frac{\pi}{180}\right)h_s'\sin(\varphi-s)\sin\delta}{\cos\varphi\cos\delta\cos h_s + \left(\frac{\pi}{180}\right)h_s\sin\varphi\sin\delta} \qquad (2-67)$$

式中：s 为光伏阵列倾角；δ 为太阳赤纬；h_s 为水平面上日落时角；h_s' 为倾斜面上日落时角；φ 是光伏发电系统所处的纬度。

倾斜面上日落时角 h_s' 的表达式为

$$h_s' = \min\{h_s, \cos^{-1}[-\tan(\varphi-s)\tan\delta]\} \qquad (2-68)$$

对于天空散射辐射量计算可采用 Hay 模型。Hay 模型认为倾斜面上天空散射辐射量是由太阳光盘的辐射量和其余天空穹顶均匀分布的散射辐射量两部分组成，可表达为

$$H_{dt} = H_d\left[\frac{H_b}{H_0}R_b + 0.5\left(1 - \frac{H_b}{H_0}\right)(1 + \cos s)\right] \qquad (2-69)$$

式中：H_b 和 H_d 分别为水平面上直接和散射辐射量。

H_0 为大气层外水平面上太阳辐射量，其计算公式为

$$\overline{H_0} = \frac{24}{\pi}I_{sc}\left[1 + 0.033\cos\left(\frac{360n}{365}\right)\right]\left[\cos\varphi\cos\delta\sin h_s + \left(\frac{2\pi h_s}{360}\right)\sin\varphi\sin\delta\right]$$

$$(2-70)$$

式中：I_{sc} 中为太阳常数可以取 $I_{sc} = 1367 \text{ W/m}^2$。

对于地面反射辐射量 H_{rt}，其公式为

$$H_{rt} = 0.5\rho H(1 - \cos s) \qquad (2-71)$$

式中：H 为水平面上总辐射量；ρ 为地物表面反射率。

一般情况下，地面反射辐射量很小，只占 H_t 的百分之几。地面与水面的反射率见表 2-9、表 2-10。

表 2-9　　　　　　　　　各 种 地 面 的 反 射 率

地面状态	反射率/%	地面状态	反射率/%
干燥黑土	14	森林	4～10
湿黑土	8	干砂地	18
干灰色地面	25～30	湿砂地	9
湿灰色地面	10～12	新雪	81
干草地	15～25	残雪	46～70
湿草地	14～26		

表 2-10　　　　　　　　水面对直接太阳辐射的反射率

入射角/(°)	0	10	20	30	40	50	60	70	80	85	90
反射率/%	2.0	2.0	2.1	2.1	2.5	3.4	6.0	13.4	34.8	58.4	100.0

这样，求倾斜面上太阳辐射量的公式可改为

$$H_t = H_b R_b + H_d\left[\frac{H_b}{H_0}R_b + 0.5\left(1 - \frac{H_b}{H_0}\right)(1 + \cos s)\right] + 0.5\rho H(1 - \cos s)$$

$$(2-72)$$

根据上面的计算公式就可以将水平上的太阳辐射数据转化成斜面上太阳辐射数据，基本的计算步骤如下：

(1) 确定所需的倾角 s 和系统所在地的纬度 φ。

(2) 找到按月平均的水平面上的太阳能辐射资料 H。

(3) 确定每个月中有代表性的一天的水平面上日落时间角 h_s 和倾斜面上的日落时间角 h_s'，这两个几何参量只和纬度和日期有关。

(4) 确定地球外的水平面上的太阳辐射，也就是大气层外的太阳辐射 H_0，该参量取决于地球绕太阳运行的轨道。

(5) 计算倾斜面与水平面上直接辐射量之比 R_b。

(6) 计算直接太阳辐射量 H_{bt}。

(7) 计算天空散射辐射量 H_{dt}。

(8) 确定地物表面反射率 ρ，计算地面反射辐射量 H_{rt}。

(9) 将直接太阳辐射量 H_{bt}、天空散射辐射量 H_{dt} 和地面反射辐射量 H_{rt} 相加得

到太阳辐射总量 H_t。

2.3.4　光伏阵列不同运行方式的数学模型

光伏阵列可以固定向南安装，可以安装成不同的对日跟踪系统，如全跟踪、东西向跟踪、水平轴跟踪、极轴跟踪等。要计算不同运行方式下光伏发电系统的输出发电量，必须首先建立不同情况下系统的数学模型。从上面的定律可以知道。我们所需要的光伏阵列倾斜面上所接收到的辐射量 Q、S_T、D_T、R_T 的数学表达式：

光伏阵列接收到的日直接辐射量为

$$S_T = 2\int_\omega^0 S'_T \mathrm{d}\omega = 2\int_\omega^0 S_0 F^m \cos\theta \mathrm{d}\omega \qquad (2-73)$$

光伏阵列接收到的日散接辐射量为

$$D_T = 2\int_\omega^0 D'_T \mathrm{d}\omega = 2\int_\omega^0 D'_P(1+\cos Z')/2\mathrm{d}\omega \qquad (2-74)$$

光伏阵列接收到的日地面反射辐射量为

$$R_T = 2\int_\omega^0 R'_T \mathrm{d}\omega = 2\int_\omega^0 \rho Q'_P(1-\cos Z')/2\mathrm{d}\omega \qquad (2-75)$$

由上面的公式可以计算出每天光伏阵列面上所接收到的辐射量。公式中水平面散射辐射强度 D'_P 和水平面总辐射强度 Q'_P 可以通过将日辐射量离散得到。式（2-75）中太阳光的入射角 θ 和光伏阵列任意时刻的倾角 Z' 随光伏阵列的运行方式的不同而变化。

实际电站中光伏阵列的跟踪计算可以分别利用地平坐标系和赤道坐标系。

2.3.4.1　地平坐标安装

θ 地平坐标以地平面为参照系，如果是 2 维的跟踪系统，则跟踪 2 个变量：太阳的高度角和方位角。地平坐标系 $\cos\theta$ 的通式为

$$\cos\theta = \cos Z' \sin\alpha + \sin Z' \cos(\gamma - \beta) \qquad (2-76)$$

式中：γ 为光伏阵列任一时刻方位角；β 为太阳方位角。

地平坐标安装如图 2-30 所示。

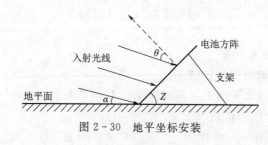

图 2-30　地平坐标安装

（1）固定安装时，光伏阵列向南安放，方阵倾角始终不变，则有 $Z' = Z$，$\gamma = 0$，代入式（2-76）得

$$\cos\theta = \cos Z \sin\alpha + \sin Z \cos\alpha \cos(-\beta) \qquad (2-77)$$

（2）东西跟踪时，光伏阵列的倾角不变，只跟踪太阳的方位角，则有 $Z' = Z$，$\gamma = \beta$；代入通式可得

$$\cos\theta = \cos Z \sin\alpha + \sin Z \cos\alpha \qquad (2-78)$$

（3）全跟踪时，光伏阵列始终跟踪太阳的高度角和方位角，则有 $Z' = 90° - \alpha$，$\gamma = \beta$ 代入通式可得

$$\cos\theta = \cos Z \sin\alpha + \sin Z \cos\alpha = \sin(\alpha + Z) \qquad (2-79)$$

即入射角 θ 为 0 时，始终准确跟踪太阳。

2.3.4.2 赤道坐标安装

赤道坐标以地球贯穿南极和北极的地轴和地球的赤道平面为参考系，光伏电池必须安装在一根与地轴平行的主轴上（主轴的倾角调整到当地纬度即与地轴平行），如果是双轴跟踪系统一般是太阳赤纬角和时角，跟踪是靠调节光伏阵列与主轴的夹角（太阳赤纬角）和主轴的旋转角（时角）来实现的。赤道坐标全跟踪和极轴跟踪示意图如图2-31所示。

在赤道坐标系统中，光伏阵列的主轴总是与地轴平行，即总有 $Z=\varphi$，φ 为当地纬度。

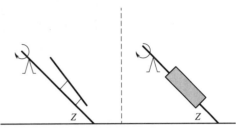

图2-31 赤道坐标全跟踪（左）和极轴跟踪（右）示意图

赤道坐标系的数学模型为

$$\cos Z' = \sin\varphi\sin z + \cos\varphi\cos z\cos\Omega \tag{2-80}$$

$$\sin Z'\sin\gamma = \sin\Omega\cos z \tag{2-81}$$

$$\sin Z'\cos\gamma = -\cos\varphi\sin z + \sin\varphi\cos z\cos\Omega \tag{2-82}$$

式中：Z 为光伏阵列主轴向南的倾角；Z' 为任一时刻光伏阵列的倾角；Ω 为赤道坐标系中光伏阵列主轴的旋转角；z 为光伏阵列与主轴的夹角。

1. 固定安装的模型

光伏阵列向南安放，旋转角等于零，方位角向南等于零，方阵倾角固定，则有：$\Omega=0$，$\gamma=0$；$Z'=Z-z$，代入通式得

$$\cos\theta = \cos(Z-z)\sin\alpha + \sin(Z-z)\cos\alpha\cos\beta \tag{2-83}$$

考虑到地平坐标系中光伏阵列的向南倾角 Z 就是赤道坐标系中的 $Z-z$，则固定安装时，地平坐标系和赤道坐标系的 $\cos\theta$ 的数学表达式是一致的。

2. 极轴跟踪的模型

不跟踪太阳赤纬角，光伏阵列与主轴的夹角 $z=0$，光伏阵列的旋转角始终等于时角，于是有：$\Omega=\omega$，$Z=\varphi$，得

$$\cos Z' = \cos\varphi\cos\omega \tag{2-84}$$

$$\sin Z'\sin\gamma = \sin\omega \tag{2-85}$$

$$\sin Z'\cos\gamma = \sin\varphi\cos\omega \tag{2-86}$$

联立式（2-84）～式（2-86）可得 $\cos\theta=\cos\delta$，由此可知，赤道坐标极轴跟踪的误差就是赤纬角的误差 $\cos\delta$，误差最大值在夏至和冬至，与全跟踪相比最大误差仅有8%，全年的平均误差只有4%。由于这种跟踪方式很容易控制，只需要主轴按照时钟速度匀速旋转即可，所以许多光热和光伏发电系统都采用此种跟踪方式。

3. 全跟踪的模型

进行全跟踪时有：$\Omega=\omega$，$Z=\varphi$，$z=\delta$，得

$$\cos Z' = \sin\varphi\sin\delta + \cos\varphi\cos\delta\cos\omega \tag{2-87}$$

实际上，式（2-87）就是太阳高度角的正弦表达式，由此可知全跟踪时有：$Z'=90°-\alpha$，于是

$$\sin\gamma = \sin\omega\cos\delta/\cos\alpha \qquad (2-88)$$

$$\sin Z'\cos\gamma = -\cos\varphi\cos\delta + \sin\varphi\cos\delta\cos\omega \qquad (2-89)$$

进行坐标变换，得到 $\gamma = \beta$，联立上式，可得 $\cos\theta = 0$，阳光的入射角始终与光伏阵列的法线重合，光伏阵列始终正对阳光。由此可见，无论是地平坐标系还是赤道坐标系都可以做到准确跟踪太阳，只不过跟踪的参数不同而已。

2.4 太阳能资源和太阳能资源评估

2.4.1 太阳能资源分布与特点

华北电力大学太阳能中心研发的中国太阳能资源数据平台

太阳向宇宙空间发射的辐射能中，有 20 亿分之一能够达到地球的大气，经过大气的吸收和反射，约有 47% 的辐射能量到达地球表面，其功率约为 800000 亿 kW，也就是说太阳每秒照射到地球上的能量就相当于燃烧 500 万 t 煤释放的热量。到达地球的太阳辐射能数量巨大，每个国家均可接收到其中一部分，所接受的数量多少具有差异。最北方的国家和南美洲南端，每年日照时间仅有数百 h；而阿拉伯半岛的绝大部分和撒哈拉大沙漠，每年日照时间则高达 4000h。地球表面某一地区的太阳辐照能的多少与当地的地理纬度、海拔高度及气候等一系列因素有关。通常以全年的总辐照量来表示，采用单位：MJ/（m^2·年）或 kW·h/（m^2·年）。许多场合为了直观反映日照情况，使用全年日照小时数这一单位。

全世界太阳能辐射强度和日照时间最佳的区域包括北非、中东地区、美国西南部和墨西哥、南欧、澳大利亚、南非、南美洲东海岸和西海岸以及中国西部地区等。

中国地处北半球，国土跨幅从南到北，自西至东，距离都在 5000km 以上。绝大部分地区位于北纬 45° 以南。中国拥有丰富的太阳辐射能资源，其中约 600 万 km^2 的国土上太阳能的年辐照总量超过 16.3×10^2 kW·h/（m^2·年），约相当于 1.2×10^4 亿 t 标准煤。全国年日照小时数在 2000h 以上，太阳能年辐照总量超过 1630kW·h/（m^2·年）的地区约占全国总面积的 2/3。各个地区全年总辐照量的分布大体上在 930～23.3 ×10^2 kW·h/（m^2·年），由于受地理纬度和气候等的限制，各地分布不均。

我国幅员辽阔，有着丰富的太阳能资源。据估算，我国陆地表面每年接受的太阳辐射能约为 50×10^{18} kJ。从全国太阳年辐射总量的分布来看，西藏、青海、新疆、内蒙古南部、山西、陕西北部、河北、山东、辽宁、吉林西部、云南中部和西南部、广东东南部、福建东南部、海南岛东部和西部以及台湾西南部等广大地区的太阳辐射总量很大。

按接受太阳能辐射量的大小，全国大致上可分为四类地区。我国太阳能资源的划分见表 2-11。

2.4.2 获取太阳能资源数据的方法

太阳能资源数据的来源包括美国国家航空航天局 NASA 数据、METEONORM 气象软件、中国国家气象局数据、项目现场已经有光伏电站观测站的数据等。

表 2 - 11　　　　　　　　　　　我国太阳能资源的划分

类别	特　征	范　围
Ⅰ类地区	太阳能资源最丰富的地区,年辐照度在1750kW·h/ (m²·年)以上,其中西藏地势高,透明度好,太阳能资源仅次于撒哈拉大沙漠,太阳能资源居世界第二位	青藏高原、甘肃北部、宁夏北部和新疆南部
Ⅱ类地区	太阳能资源很丰富的地区,年辐照度在 1400～ 1750kW·h/(m²·年)	河北北部、山西北部、陕西北部、西藏东南部、青海东部、甘肃中部、宁夏南部、内蒙古中部、辽宁西部、山东北部、云南、新疆
Ⅲ类地区	太阳能资源丰富的地区,年辐照度在 1050～ 1400kW·h/(m²·年)	河南、山东南部、长江中下游地区、福建、广东、广西、吉林、黑龙江、陕西南部
Ⅳ类地区	太阳能资源一般的地区,年辐照度在 1050kW· h/(m²·年)以下	四川、贵州部分地区

1. NASA 气象数据库

NASA 气象数据库是一个可以免费查询全球任意位置气象数据的服务网站,主要包括辐射、温度、降雨、风速。其分辨率为 0.5°,通过输入经纬度和时间段获取数据。

从 NASA 获取太阳能资源数据的步骤如下:

(1) 打开相应的地图软件,输入想要获取太阳能资源数据的地理信息,获取该地区的经纬度信息。

(2) 打开 NASA 网址 (https: //eosweb. larc. nasa. gov/),输入该地区的经纬度坐标,提交查询就可以获得该地区的太阳能资源数据。

2. METEONORM 气象数据库

数据来源于 Global Energy Balance Archive、世界气象组织 WMO/OMM 和瑞士气象局等机构,包含有全球 7750 个气象站的辐射数据,我国 98 个气象辐射观测站中的大部分均被该软件的数据库收录。另外该软件还提供其他无气象辐射观测资料的任意地点的通过插值等方法获得的多年平均各月的辐射量。

从 METEONORM 软件获取太阳能资源数据的步骤 (软件版本 METEONORM7.0) 如下:

(1) 打开相应的地图软件,输入想要获取太阳能资源数据的地理信息,获取该地区的经纬度信息。

(2) 打开 METEONORM 软件,在 User defined 一栏下选择 Add new,输入该地区的经纬度信息后并点击 Save 将地理位置信息命名并保存。

(3) 在 Available locations 一栏下找到已经保存的地理位置信息名称,双击使其移动到 Select locations 一栏,点击 Next,经过 Modification 和 Data 两栏对需要的数据参数进行调整,在 Output Format 一栏选择输出 PVsyst。

(4) 结果输出后在 Data table 一栏可以得到各月的太阳辐照度资源。

METEONORM 获取太阳能辐照度数据结果图如图 2 - 32 所示。

3. PVsyst 软件

获取 NASA 和 METEONORM 数据库的太阳能资源数据可以通过登录 NASA 气象

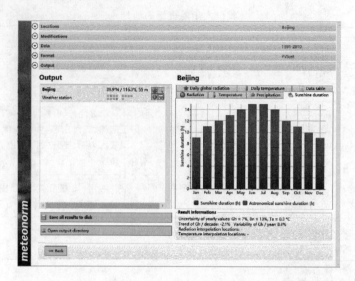

图 2 - 32　METEONORM 获取太阳能辐照度数据结果图

网站和下载相应的 METEONORM 软件得到，也可以通过 PVsyst 软件导出。PVsyst 软件可以依据不同的光伏发电系统以及光伏组件类型分别设定环境参数：日辐射量、温度、经纬度及建筑物相对高度等，以计算出光伏发电系统的总发电量。PVsyst 软件可以直接连接到 NASA 和 METEONORM 数据库从而获得相应的太阳能资源数据。

PVsyst 软件获取太阳能资源数据的步骤（软件版本 PVsyst 6.4.3）如下：

（1）打开 PVsyst 软件，选择"Databases"模块。在 Databases 模块中选择 Geographical Sites，进入设置界面。

（2）可以看到 Geographical Sites 设置界面里已有部分城市的信息，点击 Export 可将该地区太阳能资源数据导出。

（3）若没有需要查询的地区，则在 New 创建页面输入该地区的名称、国家、地区；气象条件中依次输入该地区的纬度、经度、海拔和时区。并在 meteo data impot 一栏下选择后数据来源，可选 NASA 网站或者 METEONORM 数据库。然后点击 Import 即可得到该地区的太阳能资源数据。

PVsyst 软件获取太阳能辐照度数据结果图如图 2 - 33 所示。

4. RETScreen 软件

RETScreen Expert 是一款集成式软件平台，使用详尽而全面的原型来对工程进行评估，并纳入了一些组合与分析能力。RETScreen Expert 集成了一定数量的数据库来辅助用户，包括从 6700 个地面基站的全球气候条件数据和 NASA 卫星数据、基准数据、成本数据、工程数据、水文数据和产品数据。

RETScreen Expert 软件获取太阳能资源数据的步骤为：打开 RETScreen Expert 软件进入其中文模块，在地点一选择气候数据的地点处选择需要获取太阳能资源数据的地理位置，即可计算得出所需要的数据。RETScreen Expert 软件获取太阳能辐照度数据结果如图 2 - 34 所示。

以北京地区为例，通过 NASA 气象数据库和 METEONORM 气象数据库获得的太阳

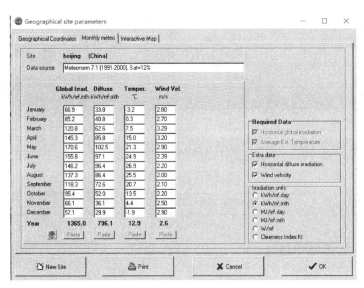

图 2-33　PVsyst 软件获取太阳能辐照度数据结果图

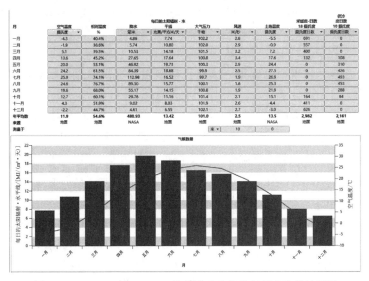

图 2-34　RETScreen Expert 软件获取太阳能辐照度数据结果图

能数据以及通过 SCADA 实时采集到的太阳能数据结果见表 2-12。

表 2-12　　　　　　北京地区不同来源的太阳能数据比较　　　　辐照量单位：kW·h/m²

月份	SCADA 采集	METEONORM 数据库	NASA 数据库
1	82.0	66.9	86.5
2	106.0	85.3	103.3
3	157.1	121.7	146.0
4	184.7	145.4	172.5
5	220.3	170.3	191.3

月份	SCADA 采集	METEONORM 数据库	NASA 数据库
6	190.6	155.3	171.6
7	160.2	145.0	159.0
8	162.7	137.0	144.8
9	129.5	117.6	127.8
10	123.4	95.3	113.8
11	67.4	66.6	84.6
12	77.5	57.0	76.6
年总辐照量	1661.4	1363.4	1577.8

2.4.3　太阳能资源评估

太阳能资源评估是从太阳能总辐射、日照时数及可照时数等方面来分析某区域太阳能资源的丰富程度、可利用价值、日最佳利用时段及资源稳定程度等时空分布特征。太阳能资源评估对太阳能电站选址规划，太阳能电站的设计以及太阳能电站的并网运行有着重要意义。

太阳能资源评估过程中数据的基本要求如下：

（1）数据应包括水平面总辐射、法向直接辐射、水平面直接辐射、水平面散射辐射、日照时数、日照百分率。

（2）空间代表性：太阳能资源数据地理位置与评估目标位置应属于同一气候区，两地之间距离不宜超过 100km；对于地形复杂地区，两地地形应无明显差异。

（3）时间代表性：太阳能资源数据应能够反映最近 10 年以上的太阳能资源变化特征，至少应包括太阳能资源各要素的逐月数据，宜包括逐日、逐时或逐分钟数据。

太阳能资源数据分为短期实测数据和长序列数据。

（1）短期实测数据。短期实测数据指观测时间在 1～10 年内的太阳能资源实测数据，应包括太阳能资源各要素至少 1 年的连续、完整数据，数据记录应至少包括小时值，小时值的有效数据完整率应不低于 95％，且连续缺测时间不宜超过 3 天。

（2）长序列数据。长序列数据指时间序列在 10 年以上、至少具备水平面总辐射逐月值的数据，月值数据有效完整率应达到 100％。长序列数据通常以 30 年为宜，特殊情况下达不到要求时，应至少收集 10 年数据。

若评估目标附近无符合要求的辐射观测站，则可将附近达到空间代表性要求的、具备日照时数的气象观测站作为参证站，根据其记录的长序列日照百分率数据计算逐月水平面总辐射。计算公式为

$$GHR_m = EHR_m(a + bs) \tag{2-90}$$

式中：GHR_m 为月水平面总辐照量；EHR_m 为月地外水平面太阳辐射量；s 为参证站实测的月日照百分率；a、b 为经验系数，可根据距离参证站最近的国家级辐射站的实测数据，采用统计学方法计算得到。

月水平面总辐射量经验公式系数 a、b 的计算方法为：选择离计算点最近的太阳辐射观测站，作为计算参考点。根据参考点历年观测的月水平面总辐射和月日照百分率，计算系数 a 和 b，分别为

$$a = \overline{y} - b\,\overline{s'_1} \tag{2-91}$$

$$b = \frac{\sum_{i=1}^{n}(s'_{1i} - \overline{s'_1})(y_i - \overline{y})}{\sum_{i=1}^{n}(s'_{1i} - \overline{s'_1})^2} \tag{2-92}$$

式中：s'_{1i} 为参考点逐年月日照百分率，%；$\overline{s'_1}$ 为参考点月日照百分率的平均值，%；y_i 为参考点逐年水平面总辐射月辐照量与地外太阳辐射月辐照量的比值，无量纲数；$\overline{y}$ 为参考站点历年水平面月辐照量与地外太阳辐射月辐照量比值的平均值，无量纲数；n 为观测资料的样本数，无量纲数。

2.4.3.1　太阳能资源数据的检验

数据检查应包括完整性检查和合理性检查。完整性检查：数据数量应等于预期记录的数据数量。数据的时间顺序应符合预期的开始时间、结束时间，中间应连续。合理性检查：从气候学界限值、内部一致性、变化范围三个方面对太阳能资源各要素的数据合理性进行检查。若太阳能资源各要素的数据超出参考值或不符合内部一致性关系，则应对当时的天气现象和自然地理环境进行回查。若有极端情况发生，则应对数据的合理性进一步判断，若无极端情况发生，则判断该数据不合理。

（1）太阳能资源各要素的气候学界限参考值见表 2-13。

表 2-13　　　　　　太阳能资源各要素的气候学界限参考值

序号	要素名称	指标	气候学界限
1.1	水平面总辐射	小时平均辐照度 GHI_h	平原地区：$0 \leqslant GHI_h \leqslant 1400\text{W/m}^2$；高山或地表反射较强地区：$0 \leqslant GHI_h \leqslant 1600\text{W/m}^2$；白天 GHI_h 不能为 0
		日辐照量 GHR_d	$0 \leqslant GHR_d \leqslant (1+20\%) \times GHR_{d,max}$ $GHR_{d,max}$ 为水平面总辐射日最大可能辐照度
1.2	法向直接辐射	小时平均辐照度 GNI_h	$0 \leqslant GNI_h \leqslant 1374\text{W/m}^2$；白天 GNI_h 可为 0
		日辐照量 GNR_d	$0 \leqslant GNR_d \leqslant GNR_{d,max}$ $GNR_{d,max}$ 为水平面总辐射日最大可能辐照度
1.3	水平面散射辐射	小时平均辐照度 GIF_h	平原地区：$0 \leqslant GIF_h \leqslant 1200\text{W/m}^2$；高山或地表反射较强地区：$0 \leqslant GIF_h \leqslant 1400\text{W/m}^2$；白天 GIF_h 不能为 0
		日辐照量 $GIFR_d$	$0 \leqslant GIFR_d \leqslant GNR_{d,max}$
1.4	日照时数	小时累计值 H_h	$0 \leqslant H_h \leqslant 1\text{h}$；白天 H_h 可为 0
		日累计值 H_d	$0 \leqslant H_h \leqslant H_{0d}$；$H_{0d}$ 为日可照时数

（2）内部一致性检查方法。

1）水平面直接辐照度 DHI 与法向直接辐照度 DNI 之间的转换关系为

$$DHI = DNI\sin H_A = DNI\cos\theta_Z \tag{2-93}$$

式中：H_A 为太阳高度角；θ_Z 为太阳天顶角。

2）DNI 与 DHI 的大小关系为：当 $\varphi \leqslant 23.5°$ 时，$DHI \leqslant DNI$；当 $\varphi > 23.5°$ 时，$DHI < DNI$。φ 为北半球纬度。

3）水平面总辐射 GHI 与水平面直接辐照度 DHI、水平面散射辐射 DIF 的关系为：理论上，$GHI = DHI + DIF$，实际测量，$|GHI - (DHI + DIF)| \leqslant GHI \times 10\%$。

（3）变化范围检查。GHI、DNI 和 DHI 在 1h 内的变化范围 $[0W/m^2，800W/m^2]$。

2.4.3.2　太阳能资源数据的订正

1. 代表年时间序列确定

分析长序列数据的年际变化曲线，结合当地的气候变化特点，挑选最近 10 年以上、年际变化较小的时间区间作为代表年时间序列确定的时间区间。采用气候平均法或典型气象年法确定代表年时间序列。

气候平均法是对 1 年中每个时刻（时段）的太阳能资源各要素求平均，将平均值作为 1 年完整时间序列数据，或将最接近平均值的真实值挑选出来组成 1 年完整时间序列数据。气候平均法适用于仅具备太阳能资源各要素长序列数据的情况。对 1 年中每个时刻（月）的太阳能资源各要素序列求平均值 μ，将每个时刻（月）的平均值 μ 进行组合，作为 1 年完整时间序列数据。μ 的计算公式为

$$\mu = \frac{\sum_{i=1}^{N} X_i}{N} \tag{2-94}$$

式中：X_i 为第 i 个要素值；N 为要素序列的有效样本数。

典型气象年法，即 TMY（Typical Meteorological Year）方法，综合考虑影响待评估区域大气环境状况的太阳辐射、气温、相对湿度、风速、气压以及露点温度等气象要素，计算各气象要素的长期累积分布。函数和逐年逐时刻累积分布函数，赋予各气象要素合理的权重系数，挑选与所选时刻（时段）的长期累积分布函数最接近的典型时刻，组成 1 年完整时间序列数据。典型气象年法适用于既具备太阳能资源各要素长序列数据，也具备气温、相对湿度、风速、气压以及露点温度等气象要素长序列数据的情况。

分别计算太阳辐射、气温、相对湿度、风速、气压以及露点温度等各气象要素的长期累积分布函数和逐年逐时刻（月）累积分布函数值，计算公式为

$$S_n(x) = \frac{k - 0.5}{N} \tag{2-95}$$

式中：$S_n(x)$ 为 x 处长期累积分布值；k 为要素 x 在增序时间序列中的排序；N 为样本总数。

分别计算太阳辐射、气温、相对湿度、风速、气压以及露点温度等各气象要素的 Finkelstein-Schafer 统计值，简称 C_{fs}，计算公式为

$$C_{fs} = \frac{\sum_{i=1}^{n_d} \delta_i}{n_d} \tag{2-96}$$

式中：δ_i 为各要素长期累积分布值与逐年各月累积分布值的绝对值差；n_d 各分析月内的天数。

在获得各月气象要素每个月份的 C_{fs} 后，按一定权重系数 W_{Fi} 把 C_{fs} 各汇总成一个参数 W_s，计算公式为

$$W_s = \sum_{i=1}^{KK} W_{Fi} \times C_{fs} \tag{2-97}$$

式中：KK 为气象要素个数。

选取 W_s 最小值对应的太阳能资源要素值作为该时刻（月）的代表值，组成 1 年完整时间序列数据。生成典型气象月各构成气象要素的权重系数参考值见表 2 - 14 所示。

表 2 - 14　　　　　生成典型气象月各构成气象要素的权重系数参考值

气象要素	具体指标	权重系数	权重系数
气温	日平均气温	2/24	2/24
	日最低气温	1/24	1/24
	日最高气温	1/24	1/24
露点温度	日平均露点温度	2/24	4/24
	日最高露点温度	1/24	—
	日最低露点温度	1/24	—
风速	日平均风速	2/24	2/24
	日最大风速	2/24	2/24
太阳辐射	水平面总辐射	12/24	12/24

2. 短期实测数据代表年订正

当评估目标附近具备现场短期实测数据时，可采用如下两种方法订正为代表年数据。

（1）比值法。计算现场短期实测数据与长序列数据中的同期数据之间每个时刻（时段）的比值，用该比值对代表年时间序列中每个时刻（时段）的值进行订正。

（2）相关法。建立现场短期实测数据与长序列数据中的同期数据之间的相关关系，用相关关系对代表年时间序列进行订正。

2.4.3.3　太阳能资源辐射评估的内容

太阳能资源评估应从区域太阳能资源分布特征、日照时数和日照百分率变化特性、太阳能资源总量及丰富程度等级、太阳能资源时间变化特征及稳定度和太阳能资源直射比等级等多个维度对太阳能资源进行分析。具体评估内容如下：

（1）区域太阳能资源分布特征。分析评估目标所在区域的太阳能资源总体分布特征及主要成因，说明评估目标的太阳能资源在该区域中的丰富程度。

（2）日照时数和日照百分率变化特性。分析评估目标的日照时数和日照百分率年际变化、年变化特征，说明其总体变化趋势。

（3）太阳能资源总量及丰富程度等级。采用代表年数据，计算评估目标的年水

平总辐射量，按照表 2-15 评价太阳能资源的丰富程度。

表 2-15　年水平总辐照量（GHR）等级

等级名称	分级阈值/(MJ/m²)	分级阈值/(kW·h/m²)	等级符号
最丰富	$GHR \geqslant 6300$	$GHR \geqslant 1750$	A
很丰富	$5040 \leqslant GHR < 6300$	$1400 \leqslant GHR < 1750$	B
丰富	$3780 \leqslant GHR < 5040$	$1050 \leqslant GHR < 1400$	C
一般	$GHR < 3780$	$GHR < 1050$	D

（4）太阳能资源时间变化特征及稳定度等级。

1）年际变化特征。采用长序年值数据，分析太阳能资源各要素年际变化特征，说明其总体变化趋势及可能原因，分析对当地太阳能资源开发利用可能的影响。

采用代表年各月数据，将月辐照量除以当月日数转换为月平均辐照量，分析太阳能资源各要素年变化特征，计算水平面总辐射稳定度，按照表 2-16 评价稳定度等级。

表 2-16　水平面总辐射稳定度（GHRS）等级

等级名称	分级阈值	等级符号
很稳定	$GHRS \geqslant 0.47$	A
稳定	$0.36 \leqslant GHRS < 0.47$	B
一般	$0.28 \leqslant GHRS < 0.36$	C
欠稳定	$GHRS < 0.28$	D

注：GHRS 表示水平面总辐射稳定度，计算 GHRS 时，首先计算代表年各月平均水平面总辐照量，然后求最小值与最大值之比。

2）日变化特征。采用短期实测数据中分钟值或小时值，分析太阳能资源各要素日变化特征，说明各种典型天气条件下的辐照度变化范围；统计水平面总辐射各辐照度区间出现的时次及其能量占比，说明辐照度分布特征。

（5）太阳能资源直射比等级。采用代表年数据，计算年水平面直接辐照量、年水平散射辐照量和直射比，按照表 2-17 评价直射比等级。

表 2-17　太阳能资源直射比等级

等级名称	分级阈值	等级符号	等级说明
很高	$DHRR \geqslant 0.6$	A	直接辐射主导
高	$0.5 \leqslant DHRR < 0.6$	B	直接辐射较多
中	$0.35 \leqslant DHRR < 0.5$	C	散射辐射较多
低	$DHRR < 0.35$	D	散射辐射主导

注：DHRR 表示直射比，计算 DHRR 时，首先计算代表年水平面直接辐照量和总辐照量，然后求二者之比。

课 后 习 题

1. 计算北京地区冬至、夏至日的日出时间、日落时间和日照时数。

2. 利用不同的气象数据库资料，分别对北京、乌鲁木齐和成都进行简单的太阳能资源评估。

3. 计算北京地区各月理论辐照量以及理论年总辐照量，并绘制月理论辐照量曲线。

参 考 文 献

[1] WOOLFSONM. The origin and evolution of the solar system [J]. Astronomy & Geophysics, 2000, 41 (1): 1—12.

[2] 喜文华. 太阳能实用工程技术 [M]. 兰州：兰州大学出版社，2001.

[3] 陈载璋，等. 天文学导论 [M]. 北京：科学技术出版社，1983.

[4] 郭廷玮，刘鉴民. 太阳能的利用 [M]. 北京：科学技术出版社，1987.

[5] 亚陆光，顾国彪，贺德馨，孔力，陈勇. 可再生能源发电工程 [M]//中国电气工程大典委员会. 中国电气工程大典：第 7 卷. 北京：中国电力出版社，2010.

[6] 王正行. 近代物理学 [M]. 北京：北京大学出版社，1995.

[7] 汪俊杰. 基于支架参数自适应的单轴光伏跟踪系统算法研究 [D]. 杭州：浙江大学，2019.

[8] 刘耀武. 斜单轴间歇式太阳能跟踪系统的设计 [D]. 西安：西安工程大学，2018.

[9] 吴静. 太阳自动跟踪系统的研究 [D]. 重庆：重庆大学，2008.

[10] 姜春霞. 太阳能跟踪伺服系统非线性特性及补偿研究 [D]. 长春：中国科学院研究生院（长春光学精密机械与物理研究所），2015.

[11] 王炳忠，潘根娣. 我国的大气透明度及其计算 [J]. 太阳能学报，1981 (01)：15 - 24.

[12] 施钰川. 太阳能原理与技术 [M]. 西安：西安交通大学出版社，2009.

[13] 杨金焕，于化丛，葛亮. 太阳能光伏发电应用技术 [M]. 北京：电子工业出版社，2009.

[14] 邱小林，等. 太阳能科学工程 [M]. 南昌：江西高校出版社，2015.

[15] 日本太阳能学会. 太阳能的基础和应用 [M]. 刘鉴民，译. 上海：上海科学技术出版社，1982.

[16] Klein S A. Calculaton of monthly average insolation on tilted surfaces [J]. Solar Energy. 1997, 19 (4): 325 - 329.

[17] 涂济民. 太阳能系统工程 [M]. 昆明：云南大学出版社，2015.

[18] 中国气象局. 太阳能资源评估方法：QX/T 89—2018 [S]. 北京：气象出版社，2018.

第 3 章　光伏电池工作原理及其伏安特性

本章对半导体的载流子浓度、光伏 pn 结的形成及其伏安特性进行了细致地介绍。在对光伏 pn 结伏安特性了解的基础上，详述了光伏电池的工作原理，然后从载流子输运的角度分析了光电流 J_{ph} 和暗电流 J_{dark}，明确了其物理图像。而后根据耗尽近似，定量地分析了光伏电池不同区域光生载流子的浓度和电流，通过对不同区域电流进行叠加得到了光伏电池的伏安特性表达式，进一步深化了对光伏电池光电流 J_{ph} 和暗电流 J_{dark} 的理解，并对光伏电池的等效电路进行了重点地论述，接着对光伏电池伏安特性进行了细致地讨论。本章还对光伏电池分类进行了说明，最后介绍了晶体硅光伏电池的制造过程。

3.1　pn 结及其电流电压特性

3.1.1　半导体的载流子浓度

1. 本征半导体的载流子浓度

本征半导体是指晶格完整且不含杂质的半导体晶体[1]。图 3-1 为本征 Si 的二维晶格示意图。当温度 T 在绝对零度，本征半导体中所有电子都束缚在共价键中，半导体没有导电性和导热性。当温度 T 升高，束缚电子从晶格热振动中获得动能后，有一些打破共价键的束缚，成为共有化电子，同时在价带留下一个空穴。温度 T 越高，越

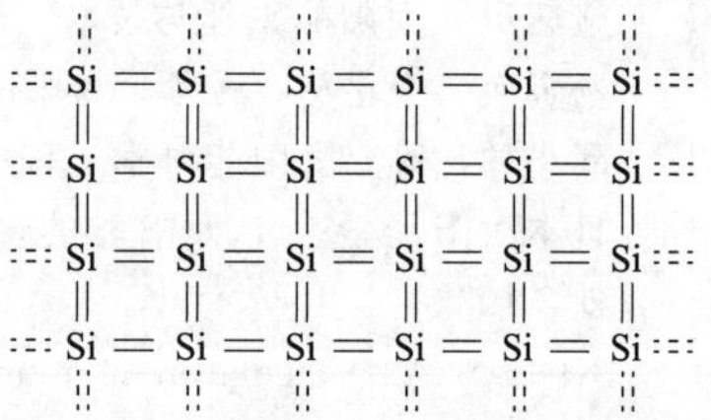

图 3-1　本征 Si 的二维晶格示意图

多的电子成为共有化电子，本征半导体的导电性能越好。对于确定的半导体材料而言，在温度 T 条件下，本征半导体中究竟有多少电子和空穴？

由于电子和空穴成对激发，导带中的电子浓度应等于价带中的空穴浓度，即 $n_0 = p_0$。若设 n_i 为本征载流子浓度，则 $n_i = n_0 = p_0$，则本征载流子浓度为

$$n_i^2 = n_0 p_0 = N_C N_V e^{-\frac{E_g}{k_B T}} \tag{3-1}$$

对任何处于热平衡状态的半导体材料，不管掺杂与否，电子浓度与空穴浓度的乘积永远等于其本征载流子浓度的平方。式（3-1）是半导体材料是否处于热平衡状态的标志。

若本征半导体的费米能级为 E_i（eV），则本征半导体的费米能级为

$$E_i = \frac{1}{2}(E_c + E_v) - \frac{1}{2}k_B T \ln\left(\frac{N_C}{N_V}\right) \tag{3-2}$$

由 N_c 和 N_v 定义式可知

$$E_F = \frac{1}{2}(E_c + E_v) - \frac{3}{4}k_B T \ln\left(\frac{m_e^*}{m_h^*}\right) \tag{3-3}$$

显然，如果半导体材料的电子有效质量和空穴有效质量相等（ $m_e^* = m_h^*$ ），本征能级 E_i 在带隙中央；如果 $m_e^* < m_h^*$ ，本征能级 E_i 略高于带隙中央；如果 $m_e^* > m_h^*$ 本征能级 E_i 略低于带隙中央。对确定的本征半导体材料，本征能级 E_i 和本征载流子浓度 n_i 都是确定的，表 3-1 给出了常见半导体材料 Si、Ge 和 GaAs 的本征载流子浓度（ $T = 300K$ ）。

表 3-1　　　　　　$T=300K$ 时半导体材料 Si、Ge 和 GaAs 的常用参数表

导体	E_g/eV	m_e^*	m_h^*	N_C	N_V	$n_i/(1/cm^3)$ 理论值	$n_i/(1/cm^3)$ 测量值
Si	1.12	$1.08m_0$	$0.59m_0$	2.8×10^{19}	1.1×10^{19}	9.65×10^9	1.5×10^{10}
Ge	0.67	$0.56m_0$	$0.37m_0$	1.05×10^{19}	5.7×10^{18}	2.0×10^{13}	2.4×10^{13}
GaAs	1.42	$0.068m_0$	$0.47m_0$	4.5×10^{19}	8.1×10^{18}	2.25×10^6	1.1×10^7

此外，本征半导体载流子浓度的另一表达式为

$$n_i = N_c e^{\frac{E_i - E_c}{k_B T}} \tag{3-4}$$

2. n 型半导体的载流子浓度

在本征半导体中引入一定的杂质形成杂质半导体。杂质半导体又可以分为 n 型半导体和 p 型半导体。n 型半导体，也称电子型半导体，即导带电子浓度远大于价带空穴浓度的杂质半导体。如在硅或锗晶体中掺入少量磷或锑。图 3-2 为 Si 中掺 P 形成 n 型半导体的示意图，图 3-3 为 n 型半导体的能级结构。

由图 3-2 可见，Si 晶体中，每个 Si 原子与周围四个最近邻 Si 原子形成 4 个共价键，掺杂具有 5 个价电子的 P 原子后，P 原子取代了晶格中部分 Si 原子的位置，其中 4 个价电子会与周围最近邻的 Si 原子形成稳定的共价键，而多余的一个电子仅受到 P 原子很弱的库仑力束缚，一般只有几个到几十个 meV 的能量便可使 P 原子电离，使多余的这个电子离开 P 原子形成导带电子，P 原子形成正离子。P 原子由于向本征半导体提供电子，因此被称为施主。掺杂浓度越大，则导带电子数目越多，材料导电性能越好。因此，n 型半导体的电子为多子，空穴为少子。但是在 n 型半导体中，施主离子与少量空穴的正电荷严格平衡导带电子电荷。因此，单独的 n 型半导体是电中性的。

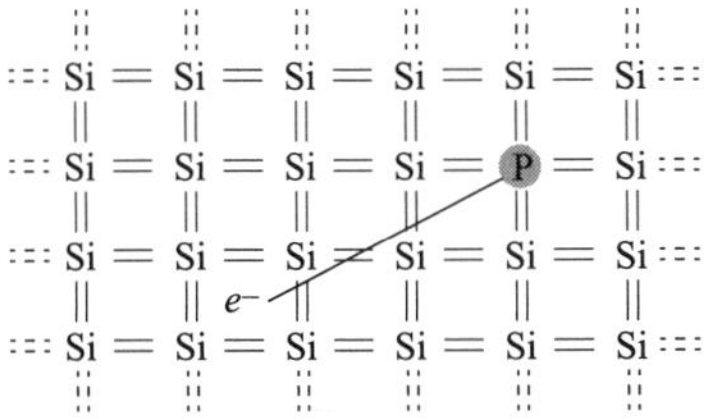

图 3-2　Si 中掺 P 形成 n 型半导体的示意图 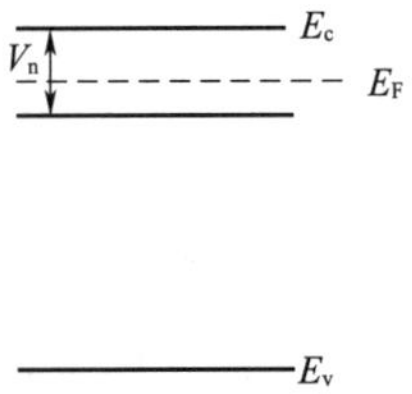　　　　图 3-3　n 型半导体的能级结构

从能带的角度来看，施主杂质形成的能级称为施主能级（E_d，eV），施主能级 E_d 位于带隙内，接近导带底 E_c。$T = 0K$ 时，所有的施主电子仍然位于施主能级上，没有进入导带，所以 n 型半导体的电子费米能级（E_F^n，eV）位于导带底 E_c 和施主能级 E_d 之间。

导带底与施主能级之差即为施主电离能（E_e，eV），施主电离能一般只有几 meV 到几十 meV。室温下，几乎所有的施主电子都会被电离，进入导带。

$$E_d = E_c - E_n \tag{3-5}$$

$$E_e = \frac{m_e^* \, \varepsilon_0^2}{m_0 \, \varepsilon_s^2} R_y \tag{3-6}$$

式中：ε_0 为真空介电常数；ε_s 为半导体介电常数；R_y 为里德伯波常数，取值 13.6eV。

对比本征激发与施主电离能可知（以 Si 为例，本征激发所需能量为 13.6eV，而施主电离能仅为数十 meV），电子由施主能级激发到导带远比由价带激发到导带容易。因此，室温下，施主杂质浓度 N_d（cm^{-3}）一般比本征载流子浓度 n_i 大很多，即 $N_d \gg n_i$。由此可见，n 型半导体的导电能力几乎都是依靠施主杂质掺杂浓度决定，通过改变施主杂质浓度 N_d 可以改变载流子浓度 n_0 和 p_0。

在本征半导体中，掺入施主杂质。热平衡条件下，电子浓度 n_0 为

$$n_0 = n_i + N_d \approx N_d \tag{3-7}$$

根据式（3-1）可知

$$p_0 = \frac{n_i^2}{N_d} \tag{3-8}$$

最后得到电子浓度，即

$$n_0 = N_C e^{\frac{E_F - E_C}{k_B T}} = N_C e^{\frac{E_F - E_i + E_i - E_C}{k_B T}} = N_C e^{\frac{E_i - E_C}{k_B T}} e^{\frac{E_F - E_i}{k_B T}} = n_i e^{\frac{E_F - E_i}{k_B T}} \tag{3-9}$$

可进一步求出 n 型半导体的电子费米能级，即

$$E_F = E_i + k_B T \ln\left(\frac{n_0}{n_i}\right) = E_i + k_B T \ln\left(\frac{N_d}{n_i}\right) \tag{3-10}$$

在杂质半导体中，费米能级的位置不但反映了半导体的导电类型，而且还反映了半导体的掺杂水平。对于 n 型半导体，费米能级位于禁带中线以上，N_d 越大，费米能级位置越靠近导带底。注意，此书所介绍的掺杂半导体，如果未经明确指出为缓变掺杂，都是指均匀掺杂半导体材料，即载流子均匀分布在半导体材料内，上述公式不适用于缓变掺杂半导体材料。

若半导体材料处于准热平衡状态，则载流子浓度发生变化，费米能级亦发生变化，因此可进一步将式（3-10）修改为

$$n = n_i e^{\frac{E_F^n - E_i}{k_B T}} \tag{3-11}$$

由式（3-11）可以求得不论是热平衡状态还是准热平衡状态条件下，半导体材料的电子浓度。

3. p 型半导体费米能级

p 型半导体：也称空穴型半导体，即价带空穴浓度远大于导带电子浓度的杂质半导体。如在硅或锗晶体中掺入少量 B 或 In。图 3-4 为 Si 中掺 B 形成 p 型半导体

的示意图，图 3-5 为 p 型半导体中空穴的激发示意图。

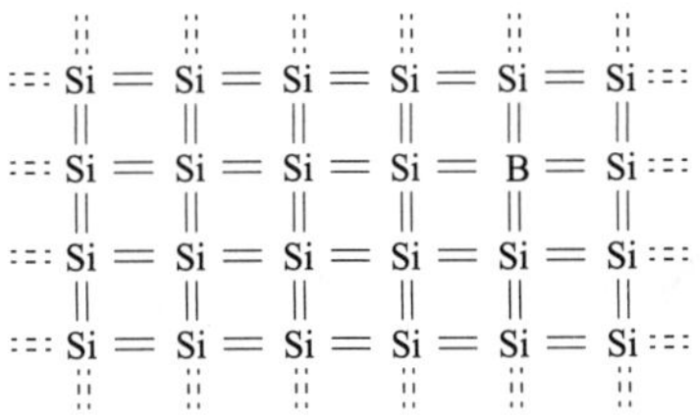

图 3-4　Si 中掺 B 形成 p 型半导体的示意图 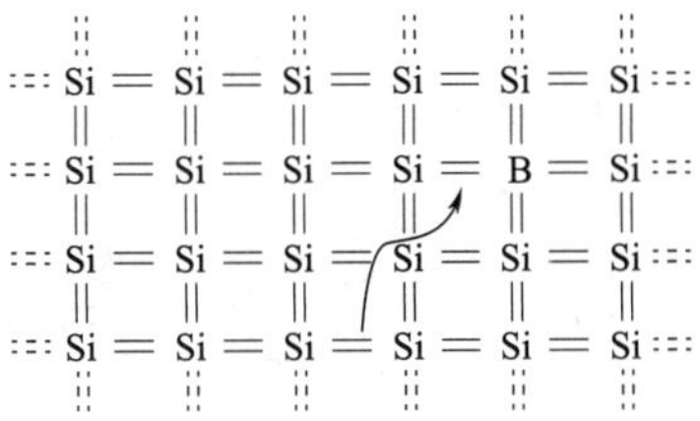　　图 3-5　p 型半导体中空穴的激发示意图

本征 Si 半导体经过掺杂，最外层只有 3 个价电子的 B 原子取代了晶格中部分 Si 原子的位置，在具有 4 个共价键的 Si 晶体中，会缺少一个电子。B 原子容易得到 1 个相邻共价键的价电子，成为负离子。失去电子的相邻共价键继续从别的共价键得到价电子，在价带中产生了 1 个运动的空穴。B 原子由于向本征半导体提供空穴，因此被称为受主杂质。掺杂浓度越高，则空穴数目越大，材料导电性能越好。因此，p 型半导体的电子为少子，空穴为多子。但是，在 p 型半导体中，受主离子与少量电子的负电荷严格平衡空穴电荷。因此，单独的 p 型半导体也是电中性的。

从能带的角度来看，受主杂质形成的能级称为受主能级（E_a，eV），位于带隙内，接近价带顶 E_v。$T=0K$ 时，所有的价电子仍然位于价带内，没有进入受主能级（E_a，eV），所以 p 型半导体的电子费米能级（E_F^p,eV）位于价带顶 E_v 和受主能级 E_a 之间。

受主能级和价带顶能级之差即为受主电离能 E_h，受主电离能一般只有几 meV 到几十 meV。同 n 型半导体一样，室温下，受主杂质浓度 N_a 一般比本征载流子浓度 n_i 大很多，即 $N_a \gg n_i$，p 型半导体的导电能力几乎都是依靠受主杂质掺杂浓度决定，即

$$E_a = E_v + E_h \qquad (3-12)$$

$$p_0 = n_i + N_a \approx N_a \qquad (3-13)$$

$$n_0 = \frac{n_i^2}{N_a} \qquad (3-14)$$

此外，综合得到

$$p_0 = N_v e^{\frac{E_v - E_F}{k_B T}} = N_v e^{\frac{E_v - E_i + E_i - E_v - E_F}{k_B T}} = N_v e^{\frac{E_v - E_i}{k_B T}} e^{\frac{E_i - E_F}{k_B T}} = n_i e^{\frac{E_i - E_F}{k_B T}} \qquad (3-15)$$

故 p 型半导体的空穴费米能级为

$$E_F = E_i - k_B T \ln\left(\frac{p_0}{n_i}\right) = E_i - k_B T \ln\left(\frac{N_a}{n_i}\right) \qquad (3-16)$$

对于 p 型半导体，费米能级位于禁带中线以下，N_a 越大，费米能级位置越接近价带顶。

若半导体材料处于准热平衡状态，则载流子浓度发生变化，费米能级亦发生变化，因此可进一步将式（3-15）修改为

$$p = n_i e^{\frac{E_i - E_F^p}{k_B T}} \qquad (3-17)$$

因此，不管半导体材料是否处于热平衡状态，式（3-12）和式（3-18）、式（3-19）为计算载流子浓度的通用公式。

$$n = n_i e^{\frac{E_F^n - E_i}{k_B T}} \tag{3-18}$$

$$p = n_i e^{\frac{E_i - E_F^p}{k_B T}} \tag{3-19}$$

由上式可见，如果半导体材料和温度 T 都确定了，载流子浓度 n、p 只和费米能级 E_F 有关。

4. 补偿半导体

补偿半导体是掺杂半导体中的一种，即在半导体中既掺有施主（载流子浓度 N_d）、又掺有受主（载流子浓度 N_a）的半导体。考虑室温下，杂质全部电离及杂质的补偿作用，若 $N_d > N_a$，则为 n 型半导体材料，电子浓度 n_0 为

$$n_0 = N_d - N_a \tag{3-20}$$

空穴浓度及费米能级的计算方法如前文所示。

若 $N_d < N_a$，则为 p 型半导体材料，空穴浓度 p_0 为

$$p_0 = N_a - N_d \tag{3-21}$$

5. 简并半导体与非简并半导体

如果对半导体施以重掺杂，则其中 n 型半导体的 E_F^n 将与 E_c 重合或高于 E_c，可以认为电子费米能级 E_F^n 和导带底 E_c 发生简并；p 型半导体的 E_F^p 将与 E_v 重合或低于 E_v，可以认为空穴费米能级 E_F^p 和价带顶 E_v 发生简并。重掺杂的半导体成为简并半导体。因此，根据掺杂浓度的高低，半导体材料还可以分为简并半导体和非简并半导体。

重掺杂的简并半导体与非简并半导体的性质有极大的不同。简并半导体表现出了相当的金属特性，其能带不符合抛物带近似理论，载流子分布函数不符合麦克斯韦-玻尔兹曼分布，但是可以用费米-狄拉克分布描述。由于光伏电池材料通常达不到如此高的掺杂浓度，故本书中并不着重介绍该部分内容。

3.1.2　pn 结的形成

在同一块 p 型（或 n 型）半导体晶片上，采用特殊制作工艺（如扩散法、合金法、离子注入法、薄膜生长法等），把 n 型（或 p 型）杂质掺入其中，经过载流子的扩散，在它们的交界面处就形成了 pn 结，而结的两边分别具有 n 型和 p 型的导电类型。图 3-6 为 pn 结基本结构示意图。pn 结形成的物理过程可以通过两种方式来解释，一种是从载流子运动的角度来分析，另一种则是基于能带的角度来分析。

1. 从载流子运动角度分析

从载流子浓度的角度来分析 pn 结的形成，需要首先掌握漂移运动和扩散运动。

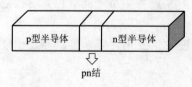

图 3-6　pn 结基本结构示意图

在没有电场作用时，半导体载流子是不规则的热运动，因而不形成电流；当有电场时，半导体中的载流子将产生定向运动，称为漂移运动。扩散运动则是由于材料内部载流子分布不均匀而引起的。

n型半导体电子为多子而空穴为少子，p型半导体中空穴为多子而电子为少子。n型半导体电子与p型半导体中相互接触时，由于它们之间存在着载流子的浓度梯度，在该浓度梯度的驱使下，n区中的电子向p区扩散，p区中的空穴向n区扩散。电子离开n区后，在n区一侧出现了由施主离子形成的正电荷区，这些施主离子由于受到周围原子和电子的相互作用力，处于稳定状态，不可移动；同理，空穴离开p区后，在p区一侧出现了由不可移动的受主离子形成的负电荷区。通常我们把这些由电离施主和电离受主形成的区域称为空间电荷区，又称为耗尽区或者势垒区。这些电荷形成了一个由n区指向p区的电场，我们称为内建电场。该内建电场会促使少数载流子做漂移运动，进而产生了漂移电流，其电流方向与扩散电流方向相反。因此内建电场起到了阻碍多子扩散、促进少子漂移的作用。

　　p型半导体和n型半导体形成之初，扩散运动强于漂移运动，使空间电荷区不断加宽，内建电场也随之增强；而这又使得漂移运动增强，阻碍空间电荷区继续变宽，最后当这两种运动达到动态平衡时，内建电场不再变化，空间电荷区的宽度稳定。当pn结达到动态平衡时，从n区向p扩散的过去多少数目的电子，同时也将从p区漂移回同样数目的电子；此情况同样适用于空穴。因此处于热平衡状态的pn结，没有电流通过，我们称此时为处于热平衡状态下的pn结。图3-7为pn结空间电荷区及内建电场示意图。

　　2. 从能带角度分析

　　从能带的角度来分析pn结的形成，需要进一步强调费米能级的物理意义，即载流子在 $T>0\mathrm{K}$ 时，占据概率为1/2的能级。可想而知，当两个费米能级高低不同的材料接触时时，必将引起电子或者空穴的移动，最终使两材料具有统一的费米能级，此时系统处于平衡状态。

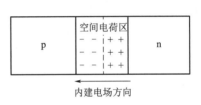

图3-7　pn结空间电荷区及内建电场示意图

　　图3-8为n型半导体和p型半导体接触前的能带示意图，图3-9为pn结能带结构示意图。由图3-8、图3-9可见，n型半导体的费米能级接近导带底部，p型半导体的费米能级接近价带顶部。当n型半导体与p型半导体接触时，电子将从费米能级高的n区流向费米能级低的p区，空穴从费米能级低的p区流向n区；这样流动的结果使得 $E_{\mathrm{F_n}}$ 与n区能带一起下降，$E_{\mathrm{F_p}}$ 与p区能带一起上升，最终使得 $E_{\mathrm{F_n}}=E_{\mathrm{F_p}}$。此时，pn结费米能级统一，pn结处于热平衡状态。若所用半导体材料是理想的、高纯度的、不存在界面态，则内建电压 V_{bi} 只存在pn结内部，pn结可以看作由三个区域组成：①p型电中性区；②空间电荷区，又称耗尽区；③n型电中性区。

3.1.3　pn结重要参数的计算及载流子分布

　　1. pn结接触电势差与势垒高度

　　由接触电势差的定义可知，当两种功函数不同的材料接触后会产生电势差，其

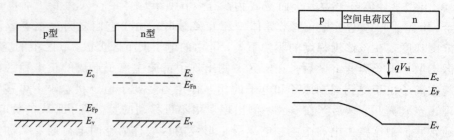

图 3-8　n 型和 p 型半导体接触前的能带示意图　　　图 3-9　pn 结能带结构示意图

大小由两种材料的费米能级决定。功函数，又称功函或逸出功，是指把一个电子从固体内部恰好移到此物体表面所需的最少的能量，是使电子脱离固体束缚的最小势能，其定义式为

$$\varphi = E_{vac} - E_F \tag{3-22}$$

式中：E_{vac} 为真空能级，是指真空中静止电子的能量。

由于 p 型和 n 型半导体接触前的费米能级分别为

$$E_F^n = E_i + k_B T \ln \frac{n_0}{n_i} = E_i + k_B T \ln \frac{N_d}{n_i} \tag{3-23}$$

$$E_F^p = E_i - k_B T \ln \frac{p_0}{n_i} = E_i - k_B T \ln \frac{N_a}{n_i} \tag{3-24}$$

即接触前存在功函数差，即 pn 结的势垒高度 $\Delta\varphi$ 为

$$\Delta\varphi = (E_{vac} - E_F^n) - (E_{vac} - E_F^p) = E_F^n - E_F^p \tag{3-25}$$

将式（3-23）、式（3-24）代入式（3-25）得到

$$\Delta\varphi = k_B T \ln\left(\frac{N_a N_d}{n_i^2}\right) \tag{3-26}$$

接触并形成 pn 结后，能带弯曲实现了费米能级的统一，内建电场 F 平衡了 E_{Fn} 和 E_{Fp} 的移动，空间电荷区两端的电压 V_{bi} 为内建电压。内建电压 V_{bi} 和内建电场 F 的大小为

$$V_{bi} = \frac{1}{q}\nabla\varphi = \frac{k_B T}{q}\ln\left(\frac{N_a N_d}{n_i^2}\right) \tag{3-27}$$

$$F = \frac{1}{q}\nabla E_{vac} \tag{3-28}$$

2. 空间电荷区电场、电势的分布及耗尽宽度的计算

空间电荷区电场和电势的分布对 pn 结特性有重要的影响，也是进行太阳电池设计的关键问题之一。计算空间电荷区电场和电势的分布是以耗尽近似理论为基础。所谓耗尽近似是指：内建电场只存在于空间电荷区，空间电荷区没有自由载流子，内建电场完全由掺杂离子引起；电中性区没有内建电场，多子浓度仍处于热平衡状态，少子浓度的变化引起电流 J 变化。图 3-10 为根据耗尽近似对 pn 结建立坐标描述。由图可见，区域 $w_n < x < x_n$ 为 n 型电中性区，区域 $-w_p < x < w_n$ 为空间电荷区，区域 $-x_p < x < -w_p$ 为 p 型电中性区，$x = 0, w_n$ 和 $-w_p$ 均为理想界面，可根据界面电势和电场特点给出边界条件。图 3-11 为耗尽近似条件下，空间电荷

区电荷分布示意图。

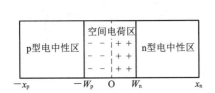

图 3-10 耗尽近似条件下坐标的设定

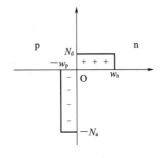

图 3-11 耗尽近似条件下空间
电荷区的电荷分布示意图

对于各向同性的均匀半导体材料，泊松方程描述了材料内部电荷分布对于其电势的影响，即

$$\nabla^2 \varphi = \frac{q}{\varepsilon_s}(-\rho_{fixed} + n - p) \tag{3-29}$$

式中：ε_s 为半导体介电常数；ρ_{fixed} 为固定电荷密度，即

$$\rho_{fixed} = -N_a + N_d \tag{3-30}$$

因此，对于处于热平衡状态的 pn 结，电势 φ 的微分方程可分区域表达为

$$\begin{cases} \dfrac{d^2 \varphi}{dx^2} = \dfrac{q}{\varepsilon_s} N_a, \; -w_p < x < 0 \\ \dfrac{d^2 \varphi}{dx^2} = -\dfrac{q}{\varepsilon_s} N_d, \; 0 < x < w_n \end{cases} \tag{3-31}$$

根据式（3-28）可知，内建电场大小为真空能级的梯度，是关于位置的函数，其定义式为

$$F = -\frac{d\varphi}{dx} \tag{3-32}$$

对式（3-32）进行积分，进一步写出空间电荷区电场分布方程为

$$\begin{cases} \dfrac{d\varphi}{dx} = \dfrac{qN_a}{\varepsilon_s}(x + C_1), \; -w_p < x < 0 \\ \dfrac{d\varphi}{dx} = -\dfrac{qN_d}{\varepsilon_s}(x - C_2), \; 0 < x < w_n \end{cases} \tag{3-33}$$

现只需根据耗尽近似，列出已知条件和边界条件即可。

（1）已知条件。

1）空间电荷区的电场完全由掺杂离子引起，即

$$\begin{cases} \rho_d = -N_a, \; -w_p < x < 0 \\ \rho_a = N_d, \; 0 < x < w_n \end{cases} \tag{3-34}$$

2）空间电荷区没有自由载流子，即

$$n = 0, p = 0 \tag{3-35}$$

（2）边界条件。

1）pn 结界面是理想的，不存在界面态，所以内建电场 F 和电势 φ 在界面处连续。

$$\begin{cases} \lim\limits_{x \to +0} \varphi = \lim\limits_{x \to -0} \varphi \\ \lim\limits_{x \to +0} \dfrac{\mathrm{d}\varphi}{\mathrm{d}x} = \lim\limits_{x \to -0} \dfrac{\mathrm{d}\varphi}{\mathrm{d}x} \end{cases} \tag{3-36}$$

2）内建电势完全分布在空间电荷区上，得到边界条件为

$$\begin{cases} \varphi = 0, x = -w_\mathrm{p} \\ \varphi = V_\mathrm{bi}, x = w_\mathrm{n} \end{cases} \tag{3-37}$$

3）p 型和 n 型电中性区没有内建电场 F，所以得到边界条件为

$$F = -\frac{\mathrm{d}\varphi}{\mathrm{d}x} = 0, x = -w_\mathrm{p}, w_\mathrm{n} \tag{3-38}$$

根据边界条件式（3-38），电势 φ 和本征能级 E_i 的关系，得到

$$C_1 = w_\mathrm{p}, C_2 = -w_\mathrm{n} \tag{3-39}$$

故空间电荷区电场分布方程为

$$\begin{cases} \dfrac{\mathrm{d}\varphi}{\mathrm{d}x} = \dfrac{qN_\mathrm{a}}{\varepsilon_\mathrm{s}}(x + w_\mathrm{p}), -w_\mathrm{p} < x < 0 \\ \dfrac{\mathrm{d}\varphi}{\mathrm{d}x} = -\dfrac{qN_\mathrm{d}}{\varepsilon_\mathrm{s}}(x - w_\mathrm{n}), 0 < x < w_\mathrm{n} \end{cases} \tag{3-40}$$

根据边界条件式（3-36），得到

$$\frac{q}{\varepsilon_\mathrm{s}} N_\mathrm{a} w_\mathrm{p} = \frac{q}{\varepsilon_\mathrm{s}} N_\mathrm{d} w_\mathrm{n} \tag{3-41}$$

进一步对式（3-40）进行积分，得到

$$\begin{cases} \varphi = \dfrac{qN_\mathrm{a}}{2\varepsilon_\mathrm{s}}(x + w_\mathrm{p})^2 + C_3, -w_\mathrm{p} < x < 0 \\ \varphi = -\dfrac{qN_\mathrm{d}}{2\varepsilon_\mathrm{s}}(x - w_\mathrm{n})^2 + C_4, 0 < x < w_\mathrm{n} \end{cases} \tag{3-42}$$

根据边界条件式（3-36）和式（3-37），得到

$$\begin{cases} \varphi = \dfrac{qN_\mathrm{a}}{2\varepsilon_\mathrm{s}}(x + w_\mathrm{p})^2, -w_\mathrm{p} < x < 0 \\ \varphi = -\dfrac{qN_\mathrm{d}}{2\varepsilon_\mathrm{s}}(x - w_\mathrm{n})^2 + V_\mathrm{bi}, 0 < x < w_\mathrm{n} \end{cases} \tag{3-43}$$

$$\frac{q}{2\varepsilon_\mathrm{s}} N_\mathrm{a} w_\mathrm{p}^2 = -\frac{q}{2\varepsilon_\mathrm{s}} N_\mathrm{d} w_\mathrm{n}^2 + V_\mathrm{bi} \tag{3-44}$$

根据式（3-41）和式（3-44）得到

$$w_\mathrm{p} = \frac{1}{N_\mathrm{a}} \sqrt{\frac{2\varepsilon_\mathrm{s} V_\mathrm{bi}}{q\left(\dfrac{1}{N_\mathrm{a}} + \dfrac{1}{N_\mathrm{d}}\right)}} \tag{3-45}$$

$$w_\mathrm{n} = \frac{1}{N_\mathrm{d}} \sqrt{\frac{2\varepsilon_\mathrm{s} V_\mathrm{bi}}{q\left(\dfrac{1}{N_\mathrm{a}} + \dfrac{1}{N_\mathrm{d}}\right)}} \tag{3-46}$$

则空间电荷区耗尽宽度 w_{dr} 为

$$w_{dr} = w_p + w_n = \sqrt{\frac{2\varepsilon_s}{q}\left(\frac{1}{N_a} + \frac{1}{N_d}\right)V_{bi}} \tag{3-47}$$

将式（3-46）和式（3-47）分别代入式（3-40）和式（3-43）得到内建电场 F 和电势 φ 的空间分布。显然，内建电场 F 是电荷分布的积分，是位置 x 的一次函数；电势 φ 是内建电场 F 的积分，是位置 x 的二次函数，如图 3-12～图 3-14 所示。

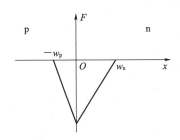

图 3-12 空间电荷区电场分布

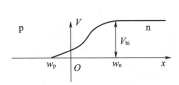

图 3-13 空间电荷区电势分布

3. 空间电荷区实际载流子的分布

根据耗尽近似，处于热平衡状态的 pn 结，其 n 和 p 电中性区多数载流子浓度的分布可由式（3-48）和式（3-49）描述。

$$n_{n0} = N_c e^{\frac{E_F - E_C}{k_B T}} = n_i e^{\frac{E_F - E_i}{k_B T}} \tag{3-48}$$

$$p_{p0} = N_v e^{\frac{E_v - E_F}{k_B T}} = n_i e^{\frac{E_i - E_F}{k_B T}} \tag{3-49}$$

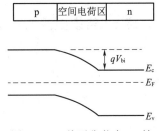

图 3-14 热平衡状态 pn 结
电势能的空间分布

那么热平衡状态 pn 结空间电荷区的载流子浓度正如耗尽近似所述为零吗？实际上，对空间电荷区而言，各处电势分布确定了，实际载流子的分布也就确定了。

假设 p 区电势为 0，那么空间电荷区的电势能随着位置的函数为

$$E(x) = -qV(x) \tag{3-50}$$

pn 结的内建电压为 qV_{bi}，如图 3-13 所示。对于非简并材料，按照玻尔兹曼统计分布，空间电荷区内任意一点 x 处的电子浓度 $n(x)$ 为

$$n(x) = N_c e^{[E_F - E(x)]/k_B T} \tag{3-51}$$

由于 $n_0 = N_c e^{(E_F - E_c)/k_B T}$，且 $E_c = -qV_{bi}$，则有

$$n(x) = n_0 e^{[E_c - E(X)]/k_B T} = n_0 e^{[qV(x) - qV_{bi}]/k_B T} \tag{3-52}$$

式中：$n(x)$ 为空间电荷区电子的浓度。

在空间电荷区的两个边界：①当 $x = w_n$ 时，$V(x) = V_{bi}$，$n(w_n) = n_0$；这里，$n(w_n)$ 就是 n 型区多数载流子——电子的浓度 n_{n_0}。②当 $x = -w_p$ 时，$V(x) = 0$，$n(-w_p) = n_0 e^{-qV_{bi}/k_B T}$；这里，$n(-w_p)$ 就是 p 区中少数载流子——电子的浓度 n_{p_0}。

同理，对于非简并材料，按照玻尔兹曼统计分布，空间电荷区内任一点 x 处的空穴浓度 $p(x)$ 为

$$p(x) = p_0 \mathrm{e}^{[qV_{bi} - qV(x)]/k_B T} \qquad (3-53)$$

在空间电荷区的两个边界：①当 $x = w_n$ 时，$V(x) = V_{bi}$，$p(w_n) = p_0$；这里，$p(w_n)$ 就是 n 型区少数载流子——空穴的浓度 p_{n0}。②当 $x = -w_p$ 时，$V(x) = 0$，$p(-w_p) = p_0 \mathrm{e}^{qV_{bi}/k_B T}$；这里，$p(-w_p)$ 就是 n 区中多数载流子——空穴的浓度 p_{p0}。

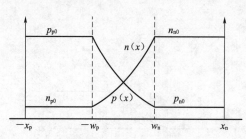

图 3-15　热平衡状态 pn 结中的载流子分布

综上分析，对空间电荷区而言，一旦各处电势分布 $V(x)$ 确定，实际载流子的分布也就确定。空间电荷区电子和空穴的浓度表达式分别为式（3-52）和式（3-53）。如图 3-15 所示。在室温情况下，虽然空间电荷区中杂质基本都已经电离，但其绝大部分位置处的载流子浓度比 n 型电中性区和 p 型电中性区的多数载流子浓度小得多，也就是基本接近耗尽了。

3.1.4　理想 pn 结模型及其电流电压特性

上节重点讲述了 pn 结形成的物理过程及热平衡状态下 pn 结空间电荷区载流子浓度分布、电场和电势分布。如果给 pn 结施加电压，使之处于非平衡状态，pn 结将会呈现怎样的性质？下面我们做一下定性的介绍（注意，此处所述均为小注入状态）。

3.1.4.1　pn 结的单向导电性

1. 正向偏压下 pn 结势垒的变化及载流子的运动

处于热平衡状态的 pn 结，空间电荷区内载流子浓度很低，电阻很大；p 型和 n 型电中性区的载流子浓度很高，电阻很小。因此，当给 pn 结施加正向电压（即电源正极接 p 区，负极接 n 区）时，外加偏压基本施加在势垒区。正向偏压在势垒区产生了与内建电场的方向相反的电场，所以削弱了势垒区的内建电场。因而，势垒区空间电荷相应减少，势垒区的宽度相应减小，同时势垒高度也从 qV_{bi} 降低至 $q(V_{bi} - V)$。

处于热平衡状态的 pn 结，载流子的扩散电流 J_{diff} 与漂移电流 J_{drift} 完全相等，因而无净电流通过 pn 结。对 pn 结施加正向偏压后，势垒区电场强度减弱，漂移运动被削弱。此时，扩散运动强于漂移运动（$J_{diff} > J_{drift}$），即产生了由电子从 n 区指向 p 区，空穴从 p 区指向 n 区的净扩散电流。由于此时是多子的注入，当 pn 结被施加正向偏压时，可以产生很大的正向电流 J_F。

2. 反向偏压下 pn 结势垒的变化及载流子的运动

当 pn 结被施加反向电压时，即电源正极接 n 区，负极接 p 区时，反偏电压施加在势垒区的电场方向与内建电场的方向相同，势垒区的电场被增强，空间电荷区

宽度增大，势垒高度由 qV_{bi} 增高至 $q(V_{bi}+V)$。

当 pn 结被施加反向电压时，势垒区的电场被增强，载流子的漂移运动得到加强，使得漂移流大于扩散流（$J_{diff} < J_{drift}$），产生了空穴从 n 区向 p 区以及电子从 p 区向 n 区的净漂移流。这时，少子不断地被抽取出来，因而其浓度比平衡情况下的少子浓度还要低。由于此时为少子的扩散运动，势垒区少子浓度已经很低，所以通过 pn 结的反向电流 J_R 很小。

综上，当 pn 结被施加正向偏压时，形成很大的正向扩散电流，pn 呈现低电阻状态，pn 结导通；当 pn 结被施加反向偏压时，形成很小的少子反向扩散电流，pn 结呈现高电阻状态，pn 结截止。因此，pn 结具有单向导电性。

3. 外加电压下，pn 结中的费米能级

在外加电压的情况下，pn 结的 n 区和 p 区都有非平衡载流子注入。由于耗尽层几乎耗尽，电阻很大，而耗尽层之外的区域载流子浓度较高，电阻很小。当对 pn 结外加正向电压时，正向偏压基本全部作用在耗尽层（空间电荷区）。这时空间电荷区本身的平衡条件被打破。由于正向偏压削弱了空间电荷区的内建电场，使扩散电流大于漂移电流，产生了从 n 区向 p 区的电子净电流和从 p 区向 n 区的空穴净电流。这些非平衡电子和空穴分别在空间电荷区两侧边界聚集，并以扩散的方式分别向 p 区和 n 区运动。在它们扩散运动的同时，逐渐复合，直至完全消失。这个扩散过程发生在几个扩散长度的区域内。当外加偏压持续作用时，这个扩散过程也将稳定地持续下去。由于非平衡电子和空穴的出现，在这些扩散区域必须分别采用电子准费米能级 E_F^n 和空穴准费米能级 E_F^p 来描述它们。

正向偏压情况下，在空穴扩散区（n 区），电子浓度高，且浓度的相对变化量很小。因此，该区域电子准费米能级 E_F^n 可以看成不变。同时虽然该区域的空穴浓度很低，但是其相对浓度变化很大（准热平衡状态，少子浓度变化很大）。因而空穴准费米能级 E_F^p 也变化很大。此时，对于空穴准费米能级 E_F^p 可以直观的描述为：从 p 区到耗尽层与 n 区边界，E_F^p 不变，为直线；从耗尽层与 n 区边界到 n 区的这段扩散区，E_F^p 逐渐向电子准费米能级 E_F^n 靠近，最终相交，为斜线。

在电子扩散区（p 区），空穴浓度高，且浓度的相对变化量很小，因此该区域电子准费米能级 E_F^p 可以认为不变。同时，该区域电子浓度很低，但是其相对变化很大，因而电子准费米能级 E_F^n 也变化很大。此时，对于电子准费米能级 E_F^n 可以直观的描述为：从 n 区到耗尽层与 p 区边界，E_F^n 不变，为直线；从耗尽层与 p 区边界到 p 区的这段电子扩散区，E_F^n 逐渐向空穴准费米能级 E_F^p 靠近，最终相交，为斜线。当正向偏压为 V 时，n 区的 E_F^n 比 p 区的 E_F^p 高 qV，pn 结的 E_F^n 和 E_F^p 分布曲线如图 3-16 所示。

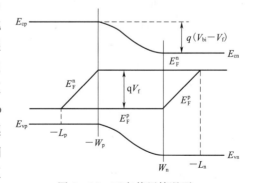

图 3-16 正向偏压情况下，
pn 结中的费米能级空间分布

对于反向偏压情况，反向偏压也基本全部作用在耗尽层。这时耗尽层本身的平衡条件被打破。由于反向偏压增强了空间电荷区的内建电场，使漂移电流大于扩散电流。这时，耗尽区两边界处的少数载流子被强电场扫入两边。具体而言，耗尽区与 n 区边界的空穴被扫入 p 区，同时 n 区内部的空穴又扩散到耗尽层边界，接着这些空穴又被扫入 p 区，最终这个过程达到稳定。通过这个过程，从耗尽层边界到 n 区附近的一段区域也形成了扩散区。在 n 区附近，空穴为少子，浓度很低，因而扩散电流很小。同样，耗尽区与 p 区边界的电子被扫入 n 区，同时 p 区内部的电子又扩散到耗尽层边界，接着这些电子又被扫入 n 区，最终此过程到达稳定。在 p 区附近，电子为少子，浓度也很低，因而扩散电流很小。在反向偏压情况下，少子不断被抽出，当反偏电压较大时，耗尽层边界处的少子浓度接近零。这时，如果再增加反偏电压，扩散电流不再增加。因此，在反向偏压下，通过 pn 结的电流很小，并且很快趋向饱和。

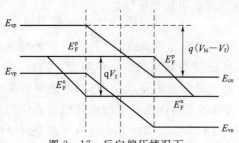

图 3 - 17 　 反向偏压情况下，
pn 结中的费米能级空间分布

在反偏情况下，对于空穴准费米能级 E_F^p 可以直观的描述为：从 p 区到耗尽层与 n 区边界，E_F^p 不变，为直线；从耗尽层与 n 区边界到 n 区的这段扩散区，E_F^p 逐渐向电子准费米能级 E_F^n 靠近，最终相交，为斜线。对于电子准费米能级 E_F^n 可以直观的描述为：从 n 区到耗尽层与 p 区边界，E_F^n 不变，为直线；从耗尽层与 p 区边界到 p 区的这段电子扩散区，E_F^n 逐渐向空穴准费米能级 E_F^p 靠近，最终相交，为斜线。当反向偏压为 V 时，n 区的 E_F^n 比 p 区的 E_F^p 低 qV，完整 pn 结的 E_F^n，E_F^p 分布曲线如图 3 - 17 所示。

3. 1. 4. 2 　 理想 pn 结的电流电压特性

理想 pn 结的电流电压关系是定量分析光伏电池输出特性的基础。一个理想 pn 结是指满足如下理想化假设条件的 pn 结：

（1）pn 结耗尽层边界上的载流子分布是突变的，即耗尽近似。因此，可以认为外加电压全部作用在空间电荷区上，p 型和 n 型电中性区上没有电压降，从而不受到电场作用，载流子只是通过扩散的方式运动。

（2）小注入条件近似。该条件要求，在外加偏压的作用下，注入 pn 结耗尽区两侧附近电中性区的少数载流子浓度远小于平衡多数载流子浓度，即外加偏压较小。这时，耗尽区两侧边界上的多数载流子浓度可以近似等于该处平衡多数载流子浓度，即掺杂施主和受主浓度。

（3）在空间电荷区的两个边界上，载流子的浓度分布满足玻尔兹曼统计分布规律。也就是，假设在外加偏压情况下，载流子的浓度仍然满足非简并化条件，可以采用玻尔兹曼统计分布函数进行计算。

（4）忽略耗尽层中电子和空穴的产生和复合过程。也就是说，在耗尽层中没有发生载流子的产生和复合情况，通过耗尽层的电子流和空穴流保持不变。

根据以上假设条件，结合非简并半导体材料的性质，下面开始计算在一定的电

压 V 作用下，流过理想 pn 结的电流密度。根据上面的假设条件（4），耗尽层中的电子电流和空穴电流不用计算，只需从两边的电子扩散区和空穴扩散区经过边界连续过来即可。因此，主要计算 n 区中的空穴电流和 p 区中的电子电流。在外加正向电压的作用下，非平衡少数载流子聚集到耗尽层的两侧边缘，然后通过扩散向 n 型和 p 型电中性区运动［根据假设条件（1），此时载流子只以扩散方式运动］。在经过几个扩散长度距离的过程中，这些非平衡少数载流子逐渐被复合掉。这个非平衡少数载流子经过扩散直至被完全复合的区域称为扩散区。同样，在外加反向偏压时，也会形成非平衡少数载流子的扩散区。

对于 n 型电中性区的非平衡少子空穴，在稳态时应满足连续性方程为

$$D_h \frac{d^2 \Delta p}{dx^2} - \frac{\Delta p}{\tau_h} = 0 \qquad (3-54)$$

这个二阶常微分方程的通解为

$$\Delta p(x) = A e^{-x/L_h} + B e^{x/L_h} \qquad (3-55)$$

其中空穴扩散长度为 $L_h = \sqrt{D_h \tau_h}$，常数 A 和 B 由具体的边界条件来确定。对于边界 $x \to \infty$ 时，$\Delta p(\infty)$ 应该为有限值。对于 n 型扩散区与耗尽区的边界 $x = w_n$，根据玻尔兹曼统计分布［假设条件（3）］，该处的少数载流子浓度为 $p(w_n) = p_0 e^{qV/k_B T}$。因此，非平衡少子空穴浓度为

$$\Delta p(w_n) = p(w_n) - p_0 = p_0 (e^{\frac{qV}{k_B T}} - 1) \qquad (3-56)$$

将上述边界 $x \to \infty$ 和边界 $x = w_n$ 的值代入通解表达式（3-55），得到常数 A 和 B 分别为

$$A = p_0 (e^{\frac{qV}{k_B T}} - 1) e^{w_n/L_p}, B = 0 \qquad (3-57)$$

因此，n 型电中性区中的非平衡少子浓度分布函数为

$$p(x) = p_0 (e^{\frac{qV}{k_B T}} - 1) e^{(w_n - x)/L_p} \qquad (3-58)$$

在小注入情况下，电中性区没有电场，在边界 $x = w_n$ 处只考虑扩散电流，则空穴的扩散电流密度为

$$J_h(w_n) = -qD_h \frac{d\Delta p(x)}{dx}\bigg|_{x=w_n} = \frac{qD_h p_0}{L_h}(e^{\frac{qV}{k_B T}} - 1) \qquad (3-59)$$

对于 p 型扩散区中的非平衡少子电子，在稳态时也应满足连续性方程，即

$$D_e \frac{d^2 \Delta n}{dx^2} - \frac{\Delta n}{\tau_e} = 0 \qquad (3-60)$$

对于边界 $x \to -\infty$ 时，$\Delta n(\infty)$ 应该为有限值。对于 p 型扩散区与空间电荷区的边界 $x = -w_p$，根据玻尔兹曼统计分布，该处的少数载流子浓度为 $n(-w_p) = n_0 e^{qV/k_B T}$，因此非平衡少子电子的浓度为

$$\Delta n(-w_p) = n(-w_p) - n_0 = n_0 (e^{\frac{qV}{k_B T}} - 1) \qquad (3-61)$$

根据式（3-60）及上述两个边界条件，得到非平衡少子电子的浓度为

$$\Delta n(x) = n_0 (e^{\frac{qV}{k_B T}} - 1) e^{(w_p + x)/L_e} \qquad (3-62)$$

$$L_e = \sqrt{D_e \tau_e}$$

式中：L_e 为电子的扩散长度。

同理，在小注入情况下，在边界 $x = -w_p$ 处只考虑扩散电流，则电子的扩散电流密度为

$$J_n(-w_p) = qD_e \frac{\mathrm{d}\Delta n(x)}{\mathrm{d}x}\bigg|_{x=-w_p} = \frac{qD_e n_0}{L_e}(\mathrm{e}^{\frac{qV}{k_B T}} - 1) \tag{3-63}$$

由于耗尽层中的电子和空穴的复合过程可以不考虑［假设条件（4）］，则通过边界 $x = -w_p$ 的空穴电流密度 $J_p(-w_p)$ 和通过边界 $x = w_n$ 的 $J_p(w_n)$ 相等。因此，根据电流连续性，通过 pn 结的总电流密度 J 应该处处相同，可以表示为

$$J = J_n(-w_p) + J_p(-w_p) = J_n(-w_p) + J_p(w_n) \tag{3-64}$$

将式（3-59）和式（3-63）代入式（3-64），得到总电流密度为

$$J = \left(\frac{qD_h p_0}{L_h} + \frac{qD_e n_0}{L_e}\right)(\mathrm{e}^{\frac{qV}{k_B T}} - 1) = J_0(\mathrm{e}^{\frac{qV}{k_B T}} - 1) \tag{3-65}$$

其中 $J_0 = \frac{qD_h p_0}{L_h} + \frac{qD_e n_0}{L_e}$。根据假设条件（2），$n_0 \simeq N_d$，$p_0 \simeq N_a$，则式（3-65）中的载流子浓度可表示为 $p_0 = \frac{n_i^2}{N_d}$，$n_0 = \frac{n_i^2}{N_a}$，代入 J_0 的表达式，得到

$$J_0 = \frac{qD_h n_i^2}{L_h N_d} + \frac{qD_e n_i^2}{L_e N_a} \tag{3-66}$$

因此，式（3-65）即为理想 pn 结的电流电压方程，也被称为肖克莱方程。

在室温情况下，$k_B T/q$ 的数值为 0.0258V。一般外加正向偏压约为 1.0V 量级，则 $\mathrm{e}^{qV/k_B T} \gg 1$。因此，式（3-65）右边括号里的第二项可以忽略，则该式表示为

$$J = J_0 \mathrm{e}^{qV/k_B T} \tag{3-67}$$

从上式可以看出，在正向偏压情况下，pn 结的电流密度随着正向偏压增大呈指数关系迅速增加。

在反向偏压情况下（$V < 0$），当 $q|V| \gg K_B T$ 时，$\mathrm{e}^{qV/k_B T} \to 0$，则式（3-65）简化为

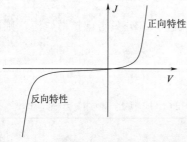

$$J = -J_0 = -\left(\frac{qD_h n_i^2}{L_h N_d} + \frac{qD_e n_i^2}{L_e N_a}\right) \tag{3-68}$$

也就是说，在反向偏压条件下，反向电流密度为常数，称为反向饱和电流密度。一般情况下，反向饱和电流密度很小。由式（3-65）作 $J-V$ 关系曲线，如图 3-18 所示。可以看出，在正向和反向偏压两种情况下，$J-V$ 曲线是完全不对称的，即 pn 结表现出单向导电性。

图 3-18　理想 pn 结的伏安特性曲线

3.2　光伏电池的工作原理

光伏电池的种类很多，以单晶硅光伏电池为例，其基本结构为通常为 $n^+ p$ 结，如图 3-19 所示。$n^+ p$ 被分为三部分：掺杂浓度为 N_a、厚度为 x_p 的 p 型区；掺杂浓度为 N_d、厚度为 x_n 的 n 型区；还有厚度为 $(w_n + w_p)$ 的空间电荷区。当太阳光

照射到光伏电池上并被吸收时，其中能量大于禁带宽度 E_g 的光子能把价带中电子激发到导带上去，形成自由电子，价带中留下带正电的自由空穴，即电子—空穴对，通常称它们为光生载流子。自由电子和空穴在不停的运动中扩散到 pn 结的空间电荷区，被该区的内建电场分离，电子被扫到电池的 n 型一侧，空穴被扫到电池的 p 型一侧，从而在电池上下两面（两极）分别形成了正负电荷积累，产生"光生电压"，即"光伏效应"。如果在电池的两端接上负载，在持续的太阳光照下，就会不断有电流经过负载。这就是光伏电池的基本工作原理如图 3-20 所示。那么，作为电流的载体：电子和空穴，它们具有怎样微观输运过程呢？

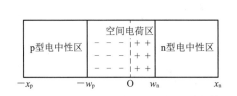

图 3-19　光伏电池基本结构示意图

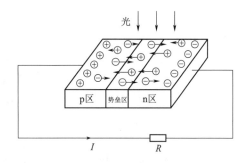

图 3-20　光伏电池工作原理示意图

3.2.1　光电流 J_{ph}

当太阳光从光伏电池表面入射到电池内部时，其中能量 E 大于电池材料禁带宽度 E_g 的入射光子分别被电池的发射区、势垒区和基区的价带电子吸收。价带电子吸收光子后激发到导带，在电池的各区产生电子—空穴对。在势垒区产生的电子—空穴对，在势垒区内建电场的作用下，将电子扫到 n 区，将空穴扫到 p 区，使势垒区的电子—空穴对分离。在 n 区的势垒边界处，产生的空穴几乎全部被扫入 p 区，从而在此处与 n 区内部形成了指向势垒区的空穴浓度梯度。因而，即使在 n 区没有内建电场的情况下，空穴仍可以扩散方式向势垒区运动，到达势垒区边界后，即被势垒区的内建电场扫入 p 区。同理，由于 p 区势垒边界处的电子浓度近似为零，p 区内部也形成了指向势垒区的电子浓度梯度。因此，在不借助电场的情况下，电子仍可以扩散方式运动到势垒区，到达势垒区边界后，即被势垒区的内建电场扫入 n 区。总之，在内建电场作用和少子的扩散运动两种方式下，各区的光生载流子分别沿不同方向越过势垒区，形成光生电流 J_{ph}。在光伏电池短路的情况下，此时短路电流 J_{sc} 和光生电流 J_{ph} 相等。这就是光电流 J_{ph} 的由来，J_{ph} 是与入射光子通量与光伏电池材料自身相关的物理量。

3.2.2　暗电流 J_{dark}

注意，在光伏电池接上负载、持续光照的情况下，光生载流子被内建电场分离，电子被扫到 n 区，空穴被扫到 p 区的同时，光生载流子便产生一个与内建电场

V_{bi} 方向相反的电场，我们称之为光生电场。该光生电场削弱内建电场，使势垒高度降低为 $q(V_{bi}-V)$。对比 pn 结的单向导电性可知，此时相当于给 pn 结施加正向电压 V，产生了与光生电流方向相反的电流 J_F。

众所周知，黑暗条件下，光伏电池就是一个处于热平衡状态的普通的 pn 结。所以 J_F 产生的物理过程，等同于在黑暗条件下对光伏电池 pn 施加正向偏压。所以 J_F 满足肖克莱方程，更确切地说满足肖克莱方程中 $V>0$ 时的情况。因此，定义暗电流 J_{dark} 为

$$J_{dark} = J_F = J_0(e^{\frac{qV}{k_BT_a}} - 1),（其中电压 V>0）\qquad(3-69)$$

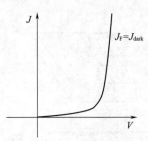

图 3-21　满足肖克莱方程的暗电流曲线

这就是暗电流的由来及表达式。图 3-21 为满足肖克莱方程的暗电流曲线。

若忽略光伏电池自身的电阻，此时光伏电池就源源不断地向负载供电，光伏电池起到了电源的作用。光伏电池对外电路输出的电流为

$$J = J_{sc} - J_{dark} = J_{sc} - J_0(e^{\frac{qV}{k_BT}} - 1)\qquad(3-70)$$

在光伏电池断路的情况下，被分离的光生电子和空穴分别在 n 区和 p 区积累，形成了以 p 区为正极、n 区为负极的电位差，这就是光伏电池的开路电压 U_{oc}。

3.3　光伏电池的伏安特性和电气参数

光伏电池的等效电路和电气参数

光照条件下，光伏电池是恒流源；黑暗条件下，光伏电池是一普通的二极管，具有整流特性，图 3-22 所示为理想光伏电池的等效电路图。等效电路中恒流源与单向导通的二极管并联，光生电流 J_{ph} 分流到二极管上的电流即为 J_{dark}，对外输出电流则为 $J = J_{sc} - J_{dark} = J_{sc} - J_0(e^{\frac{qV}{k_BT}} - 1)$。

3.3.1　理想光伏电池的等效电路图与伏安特性曲线

光伏电池与普通的电源一样，可能具有三种状态：短路；断路；外接负载，正常工作状态。

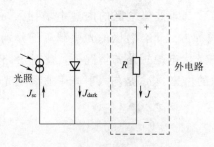

图 3-22　理想光伏电池的等效电路图

（1）短路状态。若 $R \to 0$ 时，即光伏电池处于短路情况下，此时 $V=0, J=J_{sc}$。

（2）断路状态。由图可见，当 $R \to \infty$ 时，即光伏电池断路情况下，此时 pn 结电流为 0，结两端的电压即为开路电压 U_{oc}，根据

$$J_{sc} = J_{dark} = J_0(e^{\frac{qV}{k_BT}} - 1)\qquad(3-71)$$

得到

$$U_{oc} = \frac{k_BT}{q}\ln\left(1 + \frac{J_{sc}}{J_0}\right)\qquad(3-72)$$

开路电压所能达到的最大值受到 pn 结的内建电压 V_{bi} 的限制。在开路电压接近 V_{bi} 时，内建电场大大减弱，将失去抽取光生少子的能力。

此外，在一定温度下，pn 结反向饱和电流 J_0 正比于 $\mathrm{e}^{-\frac{E_g}{k_B T}}$。所以，光伏电池的开路电压受到半导体材料的禁带宽度（E_g）的限制，

$$U_{oc} = \frac{k_B T}{q} \ln\left(1 + J_{sc} \mathrm{e}^{-\frac{E_g}{k_B T}}\right) \approx \frac{E_g}{q} \qquad (3-73)$$

由式（3-73）可见，一定温度下，材料禁带宽度越大，其开路电压越大。

（3）外接负载，正常工作状态。光伏电池在无光照和有光照时的电流—电压输出特性如图 3-23 所示（光电流与暗电流方向相反）。它反映了在一定光照和环境温度下（$T_a = 300K$）光伏电池电流和电压的关系。由于电流与光伏电池面积 S 密切相关 $I = JS$，所以通常用电流密度 J 取代电流 I。

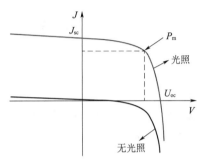

图 3-23 光伏电池在无光照和有光照时的电流电压输出特性

3.3.2 描述光伏电池的重要电气参数

除了 J_{sc} 和 U_{oc} 外，还有一些重要的物理参量可以表征光伏电池的性能，他们分别是最大功率 P_m、填充因子 FF 和光电转换效率 η（简称效率）。

（1）最大功率。伏安特性曲线任一工作点上的输出功率等于该点所对应的矩形面积，其中输出功率最大的一点，称为最佳工作点，该点的电压和电流分别称为最佳工作电压 U_m 和最佳工作电流 J_m，最大功率 $P_m = J_m U_m$。

（2）填充因子。填充因子 FF 表示最大输出功率点所对应的矩形面积与 U_{oc} 和 J_{sc} 所对应的矩形面积中所占的百分比，即

$$FF = \frac{P_m}{J_{sc} U_{oc}} = \frac{J_m U_m}{J_{sc} U_{oc}} \qquad (3-74)$$

（3）光电转换效率。光伏电池的有效功率输出与入射光功率之比，称为光伏电池的光电转换效率 η，它表示入射的太阳光能量有多少能够转化为有效的电能，是最大功率 P_m 和入射到光伏电池上的辐照度 P_{in} 的比值为

$$\eta = \frac{P_m}{P_{in}} = \frac{J_m U_m}{P_{in}} \qquad (3-75)$$

光伏电池的转换效率与入射光的辐照度 P_{in} 密切相关，所以目前采用的业内通用标准测试条件。

材料的禁带宽度直接影响到光能转换为电能的效率。如果光伏电池用禁带宽度 E_g 小的材料制成，理论上可以吸收的光子通量 b_s 很大，但是，由于入射光子中相当一部分光子的能量远大于 E_g，而该部分光子激发电子—空穴对后，多余的能量通过热能的形式释放掉，反而不利于光伏电池效率的提高。相反地，若 E_g 较大的材料制作光伏电池，光伏电池可吸收的入射光子通量 b_s 很小，也

不利于提高光伏电池的效率。理想的情况是用 E_g 值介于 $1.2 \sim 1.6\,\mathrm{eV}$ 的材料做成光伏电池，可望达到最高效率，GaAs 和 CdTe（$E_g = 1.45\,\mathrm{eV}$）都是带隙较为理想的材料。

（4）理想光伏电池的伏安特性曲线与功率曲线。特性良好的光伏电池就是能获得较大功率输出的光伏电池，即 U_{oc}、J_{sc} 与 FF 的乘积较大的电池。图 3-24 为一理想光伏电池的伏安特性曲线与功率曲线。

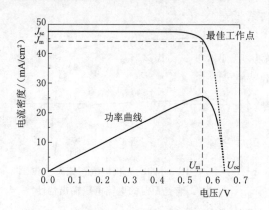　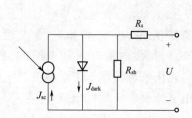

图 3-24　理想光伏电池的伏安特性曲线与功率曲线　　图 3-25　考虑寄生电阻的光伏电池等效电路

3.3.3　实际光伏电池的等效电路图与伏安特性曲线

对于真实的光伏电池器件而言，光伏电池各层材料、前表面和背表面电极接触、及引线接触均不可避免地引入了附加电阻。在等效电路中，可将其总效果用串联电阻 R_s 来表示。此外，由于电池边沿的漏电和制作金属化电极时，在电池的微裂纹、划痕等处形成的金属桥漏电等，使一部分本应通过负载的电流短路，这种影响可用并联电阻 R_{sh} 来等效。根据基尔霍夫电流方程及图 3-25 可得知

$$J_{sh} = \frac{V_{sh}}{SR_{sh}} \qquad (3-76)$$

$$J(V) = J_{sc} - J_{dark} - J_{sh} \qquad (3-77)$$

$$V_{sh} = V + SJR_s \qquad (3-78)$$

式中：J_{sh} 和 V_{sh} 为由 R_{sh} 引起的分流电流和分流电压。

由式（3-76）、式（3-77）和式（3-78）可见，这两种寄生电阻都会降低光伏电池的性能，其中 R_s 主要是分压的作用，R_{sh} 则主要是分流的作用。因此很高的 R_s 和很低的 R_{sh} 值会分别导致光伏电池性能的下降，通过上述分析可以建立光伏电池的 $J-V$ 曲线为

$$J(V) = J_{sc} - J_0 \left\{ e^{\frac{q[V + AJ(V)R_s]}{k_B T_a}} - 1 \right\} - \frac{V + AJ(V)R_s}{AR_{sh}} \qquad (3-79)$$

上式即为考虑了寄生电阻后光伏电池的伏安特性方程。式（3-79）为未考虑各种复合过程的伏安特性曲线，若进一步利用修正后的肖克莱方程式，则 $J-V$ 曲线进一步精确为

$$J(V) = J_{sc} - J_0 \{ e^{\frac{q[V+AJ(V)R_s]}{mk_B T_a}} - 1 \} - \frac{V + AJ(V)R_s}{AR_{sh}} \qquad (3-80)$$

设定电压 V 为自变量，J 为因变量。在 Matlab 中编写 solarcell_j_V 程序，可以绘出光伏电池 J—V 特性。自编 Matlab 程序如下：

```
function [j,p,vv]=solarcell_j_v_20131201(vm,r_s,r_sh)
vv=0:.001:vm;
siz=size(vv);
j(1)=jvquation(20e-3,r_s,r_sh,vv(1));
fori=2:siz(2)
j(i)=jvquation(j(i-1),r_s,r_sh,vv(i));
end
p=1000*vv.*j;
plot(vv,j*1000,'r',vv,p,'k');
%subfunctions
functionjv=jvquation(jv0,r_s,r_sh,v)
jv=fzero(@jv_equation,jv0,[],v,r_s,r_sh);
function f=jv_equation(jj,v,r_s,r_sh)
na=1.7e16;nd=5e19;tn=10e-6;tp=2e-3;dn=9.3;dp=2.5;ni
=9.65e9;
ln=(dn*tn)^0.5;lp=(dp*tp)^0.5;
j0=1.6e-19*ni^2*(dn/(na*ln)+dp/(nd*lp));
jsc=95e-3/2;
f=jsc-j0*(exp((v+jj*r_s)/.026)-1)-(v+jj*r_s)/r_sh-jj;
%end
```

图 3-26 和图 3-27 为在其他参数不变情况下，单纯 R_s 或 R_{sh} 变化对光伏电池伏安特性曲线的影响。

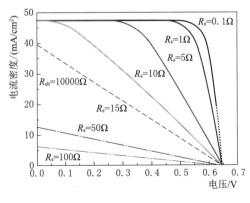

图 3-26　R_s 对伏安特性曲线的影响

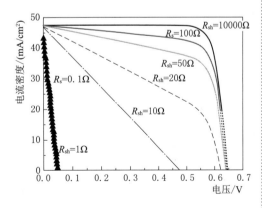

图 3-27　R_{sh} 对伏安特性曲线的影响

由图 3-26 可见，光伏电池等效电路中的串联、并联电阻对光伏电池的性能影响很大。随着 R_s 的增加，FF 减小；当 R_s 增加到非常大的数值时，J_{sc} 开始减小；而 V_{oc} 几乎不受 R_s 的影响。光伏电池要获得高的效率，就要使 R_s 减至最小，一般要求 R_s 在 $0.5\Omega \cdot cm^2$ 以下。

由图 3-27 可见，随着 R_{sh} 的减小，FF 同样减小；当 R_{sh} 减小到非常小的数值时，V_{oc} 开始减小；而 J_{sc} 几乎不受并联电阻的影响。在光伏电池的制备过程中，我们总是希望 R_{sh} 越大越好，最好在 $1000\Omega \cdot cm^2$ 以上。并且，S. Ashok 等研究发现串联电阻和并联电阻与电池 $J-V$ 特性曲线的斜率有一定的关系：串联电阻 R_s 近似等于 $J-V$ 曲线在 U_{oc} 点处斜率的负导数；并联电阻 R_{sh} 近似等于 $J-V$ 曲线在 J_{sc} 处斜率的负导数。

3.4 光伏电池的分类

目前光伏电池按照制作材料分为硅电池、CdTe 薄膜电池、CIGS 薄膜电池、染料敏化薄膜电池、有机材料电池等。其中硅电池又分为单晶硅电池、多晶硅电池和非晶硅（无定形体）薄膜电池等。对于光伏电池来说最重要的参数是转换效率，目前在实验室所研发的硅基光伏电池中（并非硅空气电池），单晶硅电池效率为 25.0%，多晶硅电池效率为 20.4%，CIGS 薄膜电池效率达 19.8%，CdTe 薄膜电池效率达 19.6%，非晶硅薄膜电池的效率为 10.1%。各种电池性能对比见表 3-2。

表 3-2　　　　　　　　　各种电池性能对比

电池材料	单晶硅	多晶硅	非晶硅	砷化镓	染料敏化	铜铟镓硒	碲化镉
优点	低成本、材料来源丰富	低成本、材料来源丰富	柔性、低成本	柔性、重量轻、发电效率高、弱光发电、无热斑	原材料丰富、成本低	柔性、重量轻、低成本、弱光发电、无热斑	规模生产、低成本
缺点	刚性、热斑、转化效率衰退	刚性、热斑、转化效率衰减	转化效率低	生产工艺复杂	电解质溶液会腐蚀电极并有可能泄漏	生产工艺复杂	刚性、有毒
转化效率	$20\%\sim23\%$	$18\%\sim21\%$	$10\%\sim12\%$	$28\%\sim31\%$	$5\%\sim11\%$	$14\%\sim18\%$	$16\%\sim18\%$

1. 单晶硅光伏电池

单晶硅光伏电池的光电转换效率为 15% 左右，最高的达到 24%。由于单晶硅一般采用钢化玻璃以及防水树脂进行封装，因此其坚固耐用，使用寿命可达 25 年。在 1958 年，中国研制出了首块硅单晶。1968—1969 年年底，半导体所承担了为"实践 1 号卫星"研制和生产硅光伏组件的任务。在研究中，研究人员发现，单片 P+/N 硅光伏电池在空间中运行时会遭遇电子辐射，造成电池衰减，使电池无法长时间在空间运行。1969 年，半导体所停止了硅光伏电池研发，随后，中国电子科技集团公司第十八研究所为东方红二号、三号、四号系列地球同步轨道卫星研制生产光伏电池。1975 年宁波、开封先后成立光伏电池厂，电池制造工艺模仿早期生产空间电池的工艺，光伏电池的应用开始从空间降落到地面。

2. 多晶硅光伏电池

多晶硅光伏电池的制作工艺与单晶硅太阳电池差不多，但是多晶硅光伏电池的光电转换效率要低一些。从制作成本上来讲，比单晶硅光伏电池要便宜一些，材料制造简便，节约电耗，总的生产成本较低，因此得到大量发展。此外，多晶硅光伏电池的使用寿命也要比单晶硅光伏电池短。从性能价格比来讲，单晶硅太阳能电池还略好。

单晶硅电池与多晶硅对比如图 3 - 28 所示。

3. 非晶硅光伏电池

非晶硅光伏电池是 1976 年出现的新型薄膜式光伏电池，它与单晶硅和多晶硅光伏电池的制作方法完全不同，工艺过程大大简化，硅材料消耗很少，电耗更低，它的主要优点是在弱光条件也能发电。但是非晶硅光伏电池存在的主要问题是光电转换效率偏低，国际先进水平为 10% 左右，且不够稳定，随着时间的延长，其转换效率衰减。非晶硅电池如图 3 - 29 所示。

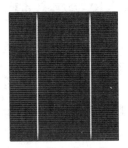

(a)单晶硅光伏电池　　(b)多晶硅光伏电池

图 3 - 28　单晶硅电池与多晶硅对比

图 3 - 29　非晶硅光伏电池

4. 砷化镓电池

砷化镓其带隙为 1.4eV，对于一个单结光伏电池这是几乎是最佳的带隙。砷化镓光伏电池的结构简单。n - GaAs/p - GaAs/p - AlGaAs 光伏电池是这样的光伏电池的代表。通常，GaAs 光伏电池通过在表面覆盖薄的钝化 GaAlAs 层来利用异质面结构。由于其较大的带隙，顶层防止电子在表面复合，同时允许光子的通过。顶层一般与吸收层达到晶格匹配。

5. 染料敏化光伏电池

现代的染料敏化光伏电池由二氧化钛纳米颗粒的多孔层组成，上面覆盖着吸收日光的分子染料，就像绿叶中的叶绿素一样。将二氧化钛浸入电解液中，在电解液上方是铂基催化剂。与传统的碱性电池一样，阳极（二氧化钛）和阴极（铂）放置在液体导体（电解质）的两侧。阳光穿过透明电极进入染料层，在这里染料可以激发电子，然后电子流入二氧化钛。电子流向透明电极，在此处收集电子以为负载供电。在流过外部电路后，它们被重新引入到背面金属电极上的电池中，并流入电解质中。然后，电解质将电子传输回染料分子。

染料敏化光伏电池将传统光伏电池设计中硅提供的两种功能分开。通常，硅既充当光电子的来源，又提供电场以分离电荷并产生电流。在染料敏化光伏电池中，大部分半导体仅用于电荷传输，光电子由单独的光敏染料提供。电荷分离发生在染料、半导体和电解质之间的表面。染料分子很小（纳米大小），因此为了捕获合理量的入射光，染料分子层需要做得相当厚，比分子本身厚得多。为了解决这个问题，纳米材料被用作支架以将大量染料分子保持在 3D 矩阵中，从而增加了任何给定细胞表面积的分子数量。在现有设计中，这种支架是由半导体材料提供的，该半导体材料具有双重作用。

6. 其他多元化合物光伏电池

多元化合物光伏电池指不是用单一元素半导体材料制成的光伏电池。各国研究的品种繁多，大多数尚未工业化生产，主要有以下几种：

（1）硫化镉光伏电池。

（2）铜铟硒光伏电池。

3.5　晶硅光伏电池及其制备

晶硅光伏电池
的制备过程

尽管目前光伏电池材料种类众多，但目前晶硅光伏电池占据了光伏市场的主要份额，并且这种状态可能还要延续很长时间。这主要是由于地球上硅原材料的储量丰富，晶体结构稳定，硅半导体器件工艺成熟，对环境的影响很小，而且有希望进一步提高光电效率，降低生产成本。因此，本节对晶硅光伏电池的制备做简要介绍。目前，晶体硅光伏电池芯片的面积通常是 $12.5\text{cm} \times 12.5\text{cm}$ 或 $15.6\text{cm} \times 15.6\text{cm}$，厚度通常为 $150 \sim 300 \mu\text{m}$，外观为黑色或者深蓝色，金属电极印制在光伏电池表面，如图 3-30 所示。目前，晶体硅光伏电池的光电转换效率为 $16\% \sim 21\%$。实验室最高效率已超过 25%，比较接近光伏电池效率的理论极限 29%。

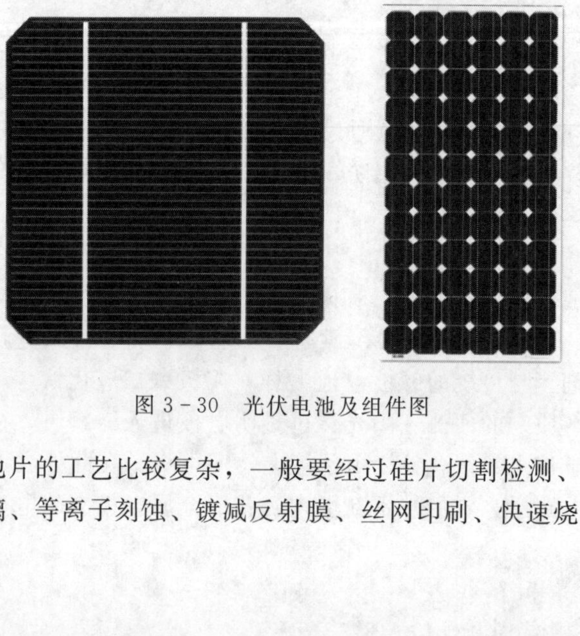

图 3-30　光伏电池及组件图

生产晶硅电池片的工艺比较复杂，一般要经过硅片切割检测、表面制绒、扩散制结、去磷硅玻璃、等离子刻蚀、镀减反射膜、丝网印刷、快速烧结和检测分装等主要步骤，如图 3-31 所示。本节介绍的是晶硅电池片生产的一般工艺。

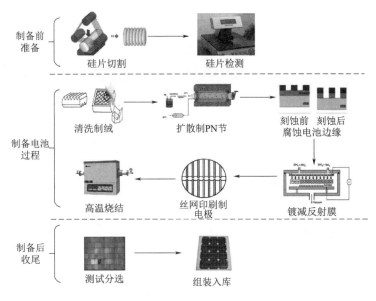

图 3-31 晶硅光伏电池的一般制备工艺

现在制造晶体硅光伏电池通常采用 p 型硅片。硅片进行腐蚀、清洗后，将其置于扩散炉石英管内，用三氯氧磷在 p 型硅片上扩散磷原子形成深度约 $0.5\mu m$ 左右的 pn 结，再在受光面上制作减反射薄膜，并且通过真空蒸发或丝网印刷制作上电极和底电极。上电极位于受光面应采用栅线电极，以便透光。

3.5.1 硅片切割

晶体硅片的加工，是通过对硅锭整形、切割，制成具有一定大小、厚度、表面平整的硅片。常用的硅片切割方法有内圆切割和多线切割。内圆切割（图 3-32）指的是利用圆盘形刀片内圆的刃口对硅锭进行切割。切割时圆盘形刀片会进行高速的旋转，轴向振动因此产生，此时随着内圆刀片与硅锭之间的摩擦力不断加大，可能会在硅锭上残留一些切痕甚至细小的裂隙，切割结束后可能就发生硅片崩片甚至飞边的现象。多线切割（图 3-33）是将直径 0.07～0.30mm 的钢丝卷置于固定架上，经过滚动 SiC 磨料切割硅片。目前最为常见的多线切割机所能切割的硅锭直径

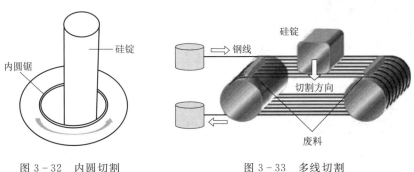

图 3-32 内圆切割　　　　　图 3-33 多线切割

在 150~200mm,并且伴随多线切割技术的发展,一些性能优良的多线切割机所能切割的硅片直径可达 300mm。这种切片方法与内圆式切割方法相比具有质量好、效率高、硅材料损耗 35%~40% 等特点。

多线切割机切片工艺流程如图 3-34 所示。

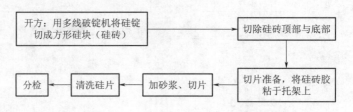

图 3-34 多线切割机切片工艺流程

3.5.2 硅片检测

硅片是电池片的载体,硅片质量的好坏直接决定了电池片转换效率的高低,因此需要对来料硅片进行检测。该工序主要用来对硅片的一些技术参数进行在线测量,这些参数主要包括硅片表面不平整度、少子寿命、电阻率、p/n 型和微裂纹等。硅片检测设备分为自动上下料、硅片传输、系统整合部分和四个检测模块。其中,硅片检测仪对硅片表面不平整度进行检测,同时检测硅片的尺寸和对角线等外观参数;微裂纹检测模块用来检测硅片的内部微裂纹;另外还有两个检测模组,其中一个在线测试模组主要测试硅片体电阻率和硅片类型,另一个用于检测硅片的少子寿命。在进行少子寿命和电阻率检测之前,需要先对硅片的对角线、微裂纹进行检测,并自动剔除破损硅片。硅片检测设备能够自动装片和卸片,并且能够将不合格品放到固定位置,从而提高检测精度和效率。

3.5.3 清洗制绒

由于在硅片切割过程中线切的作用使硅片表面有一层 10~20μm 的损失层,在光伏电池制备时需要首先利用化学腐蚀将表面机械损伤层去除,然后制备表面制绒结构(或称表面织构化),以增加硅片对光的吸收。硅绒面的制备是利用硅的各向异性腐蚀,在每平方厘米硅表面形成几百万个四面方锥体,也即金字塔结构。由于入射光在表面的多次反射和折射,增加了光的吸收,提高了电池的短路电流和转换效率。绒化后的硅表面如图 3-35 所示。

硅的各向异性腐蚀液通常用热的碱性溶液,制备绒面前,硅片需先进行初步表面腐蚀,用碱性或酸性腐蚀液蚀去 20~25μm,在腐蚀绒面后,进行一般的化学清洗。经过表面制绒的硅片都不宜在水中久存,以防沾污,应尽快扩散制结。

图 3-35 绒化后的硅表面图

对于单晶硅而言，选择择优化学腐蚀剂的碱性溶液，就可以在硅片表面形成金字塔结构，成为绒面结构，以增加光的吸收。不同晶粒构成的铸造多晶硅片，由于硅片表面具有不同的晶向，利用非择优腐蚀的酸性腐蚀剂，在多晶硅表面制造类似的绒面结构，增加对光的吸收。

1. 单晶片制绒

在单晶硅光伏电池的制备过程中，经常利用溶液对电池表面进行"织构"，以形成陷光，增强对光的吸收。可用的碱有氢氧化钠、氢氧化钾、氢氧化锂和乙二胺等。大多使用浓度约为 1‰ 的氢氧化钠稀溶液来制备绒面硅，腐蚀温度为 $70 \sim 85\text{℃}$。为了获得均匀的绒面，还应在溶液中酌量添加醇类，如乙醇和异丙醇等作为络合剂，以加快硅的腐蚀。

实验表明，不同浓度的碱溶液对不同晶面的腐蚀速度不一样，适当浓度的碱溶液可以在单晶硅表面得到金字塔结构，使光产生二次或多次反射，这对不同波长的光都有较好的减反射作用，具有这种结构的作用的表面你为绒面。其化学反应方程式为

$$2\text{NaOH} + \text{Si} + \text{H}_2\text{O} = \text{Na}_2\text{SiO}_3 + 2\text{H}_2 \uparrow \qquad (3-81)$$

经过上述化学反应，生成物 Na_2SiO_3 溶于水被去除，从面硅片被化学腐蚀。因为在硅晶体中，（111）面是源自最密排面，腐蚀的速率最慢，所以腐蚀后 4 个与晶体硅（100）面相交的（111）面构成了金字塔形结构，如图 3-36 所示。

各向异性腐蚀，即在不同的晶面上有不同的溶解速率，是在碱性溶液中硅刻蚀的一个典型的特征。对于单晶硅，由于各个晶面的原子密度不同，与碱性溶液进行反应的速度差异也很大，将单晶硅的（100）面与（111）面的腐蚀速率之比定义为"各向异性因子"（Anisotropic Factor, AF）。碱溶液浓度、反应温度和添加剂用量都会影响 AF，当 $AF=1$ 时，硅片各晶

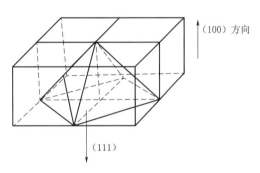

（100）方向

（111）

图 3-36 金字塔形多面体结构

面的腐蚀速度相似，得到的表面是平坦的、光亮的，有抛光的作用；当 $AF=10$ 时，对各向异性制备绒面效果最佳。从本质上讲，绒面形成过程是：NaOH 溶液对不同晶面的腐蚀速度不同，（100）面的腐蚀速度比（111）面大数十倍以上，所以（100）晶向的单晶硅片经各向异性腐蚀后最终在表面形成许许多多表面为（111）的四面方锥体，而这些类"金字塔"方锥体之间的硅已被 NaOH 所腐蚀。碱溶液浓度、反应温度、腐蚀时间和添加剂用量影响了 AF 值，对制备绒面效果有一定的影响，其中反应时间和添加剂的用量对制备得到的绒面表面陷光效果影响显著，在工业中要对这两个主要因素进行控制。

2. 多晶硅片制绒

由于多晶硅由很多晶粒构成，而且晶粒的方向随机分布，利用各向异性腐蚀方

法形成的表面织构产生的效果不是特别理想。为了在多晶硅片表面获得各向同性的表面织构，前人研究了各种表面织构的工艺，包括机械刻槽、反应离子腐蚀、酸腐表面织构及形成多孔硅等。在这些工艺中，机械刻槽要求硅片的厚度至少 $200\mu m$，反应离子腐蚀则需要相对复杂和昂贵的设备。因此，酸腐表面织构由于工艺简单、成本低，是适合大规模生产的表面织构方法。

酸腐蚀液主要由 HNO_3、HF、H_2O 和 CH_3CH_2OH 组成，其中 HNO_3 是强氧化剂，在酸性腐蚀液中易得到电子被还原为 NO_2 气体，而硅作为还原剂参加反应，在此被氧化为 SiO_2，SiO_2 与溶液中的 HF 进行反应，生成 H_2SiF_6 而溶解在水中。如果腐蚀液中缺乏氧化剂，那么在纯 HF 中的反应是氢离子被还原，氢离子放电很慢，所以硅表面在纯 HF 溶液中的腐蚀十分缓慢。加入 CH_3CH_2OH 能够带走硅片表面的气体，使硅片表面腐蚀均匀。缓冲剂 H_2O 可以减缓腐蚀速率。腐蚀液除了包含氧化剂硝酸、络合剂氢氟酸外，还有缓和剂和附加剂等。缓和剂的作用是控制反应速率，使硅表面光亮。添加剂是加快腐蚀反应的速率，一般为强氧化剂、还原剂或一些金属的盐类。采用 HF（40%）、HNO_3（65%）、H_3PO_4（85%）和由去离子水稀释的混合酸腐蚀液来获得各向同性的表面织构，腐蚀液的配比（体积比）为 12∶1∶6∶4。其腐蚀机制为 HNO_3 作为氧化剂成分，在硅片表面形成 SiO_2 层；HF 作为络合剂，去除 SiO_2 层；H_3PO_4 作为腐蚀液的催化剂和缓冲剂来控制腐蚀速率，并不影响表面织构。酸腐蚀主要依靠 HNO_3 和 HF 的作用，反应方程式为

$$Si+4HNO_3+H_2O \longrightarrow SiO_2+4NO_2 \uparrow +2H_2O \tag{3-82}$$

$$SiO_2+4HF \longrightarrow SiF_4 \uparrow +2H_2O（易挥发的四氟化硅气体） \tag{3-83}$$

$$SiF_4+2HF \longrightarrow H_2SiF_6（可溶、易挥发） \tag{3-84}$$

经过酸腐蚀，在铸造多晶硅的表面形成大小不等的球形结构，它们同样可以使太阳光的光程增加。

3.5.4　扩散制结

光伏电池需要一个大面积的 pn 结以实现光能到电能的转换，形成 pn 结时，需要对硅片掺杂，掺杂主要采用热扩散方法。

1. 磷扩散工艺原理

$POCl_3$ 是目前磷扩散用得较多的一种杂质源。一般用氮气通过杂质源瓶来携带扩散杂质，并通过控制气体的流量来控制扩散气氛中扩散杂质的含量。$POCl_3$ 在室温下是无色透明的液体，有很高的饱和蒸汽压，在 600℃ 发生分解反应，即

$$5POCl_3 \longrightarrow 3PCl_5+P_2O_5 \tag{3-85}$$

在扩散气氛中常常通有一定量的氧气，可使生成的 PCl_5 进一步分解，使五氯化磷氧化成 P_2O_5，从而可以得到更多的磷原子沉积在硅片表面上。另外也可避免 PCl_5 对硅片的腐蚀作用，可以改善硅片表面，反应式为

$$4PCl_5+5O_2 \longrightarrow 2P_2O_5+6Cl_2 \uparrow \tag{3-86}$$

在有氧气存在时，三氯氧磷热分解的反应式为

$$4PCl_3+5O_2 \longrightarrow 2P_2O_5+6Cl_2 \uparrow \tag{3-87}$$

生成的 P_2O_5 在扩散的温度下继续与硅反应得到磷原子，其反应式为

$$2P_2O_5 + 5Si \longrightarrow 5SiO_2 + 4P\downarrow \qquad (3-88)$$

由于 $POCl_3$ 的饱和蒸汽压很高，淀积在硅片表面的磷原子完全可以达到在该扩散温度下的饱和值（即该温度下磷在硅中的固溶度），并不断地扩散进入硅本体，形成高浓度的发射区。在 1100℃ 下，磷在硅中固溶度为 $1.3 \times 10^{21}/cm^3$ 左右。因此，$POCl_3$ 气氛中扩散可以获得很高的表面杂质浓度。磷扩散装置（图 3-37）是一种恒定源扩散装置，除了具有设备简单，操作方便，适合批量生产，扩散的重复性、稳定性好等优点以外，还具有如下的优点：

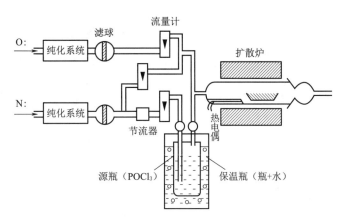

图 3-37　$POCl_3$ 扩散模式的装置

（1）封闭的、管式炉的工艺过程容易保持洁净。

（2）双面扩散有很好的吸杂效应。

（3）掺杂源中的氯在工艺过程中有清洁作用。

（4）掺杂剂的沉积非常均匀。

2. 扩散制 pn 结工艺过程

扩散制结工艺流程如图 3-38 所示。

（1）清洗。所做清洗用的化学品为 $C_2H_2Cl_3$，俗称 TCA，初次扩散前，扩散炉石英管首先连接 TCA 装置，当炉温升至设定温度，以设定流量通 TCA60min 清洗石英管。清洗开始时，先开 O_2，再开 TCA；清洗结束后，先关 TCA，再关 O_2。清洗结束后，将石英管连接扩散源瓶，待扩散。

（2）饱和。生产前，需对石英管进行饱和。炉温升至设定温度时，以设定流量通入 N_2（携源）和 O_2，使石英管饱和 20min 后，关闭 N_2

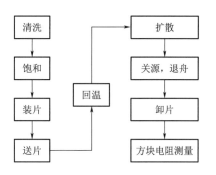

图 3-38　扩散制结工艺流程图

和 O_2。初次扩散前或停产一段时间以后恢复生产时，需使石英管在 950℃ 通源饱和 1h 以上。

（3）装片。戴好防护口罩和干净的塑料手套，将清洗甩干的硅片从传递窗口取出，放在洁净台上。用吸笔依次将硅片从硅片盒中取出，插入石英舟。

（4）送片。用舟叉将装满硅片的石英舟放在碳化硅臂浆上，保证平稳，缓缓推入扩散炉。

（5）回温。打开 O_2，等待石英管升温至设定温度。

（6）扩散。打开小 N_2，以设定流量通小 N_2（携源）进行扩散。液态扩散源三氯氧磷（$POCl_3$）是无色透明的液体具有强烈的刺激性气味，承装在玻璃瓶中。

（7）关源，退舟。扩散结束后，关闭小 N_2 和 O_2，将石英舟缓缓退至炉口，降温以后，用舟叉从臂浆上取下石英舟。并立即放上新的石英舟，进行下一轮扩散。如没有待扩散的硅片，将臂浆推入扩散炉，尽量缩短臂浆暴露在空气中的时间。

（8）卸片。等待硅片冷却后，将硅片从石英舟上卸下并放置在硅片盒中，放入传递窗。

（9）方块电阻测量。利用四探针测试法对扩散制结后的硅片进行方块电阻的测量。

扩散时的温度和时间是控制电池结深的主要因数，扩散温度一般为 $850\sim900℃$，时间 $20\sim30min$。这种方法制得的 pn 结方块电阻的不均匀性小于 10%，少子寿命可大于 $10ms$。

3.5.5　腐蚀电池边缘

在扩散过程中，即使采用背靠背扩散，硅片的所有表面包括边缘都将不可避免地扩散上磷，形成 n 形层和磷硅玻璃（PSG），pn 结的正面所收集到的光生电子会沿着边缘扩散有磷的区域流到 pn 结的背面，而造成短路。因此，必须对电池周边的掺杂硅进行刻蚀，以去除电池边缘的 n 形层，消除硅电池短路，同时去除硅片表面的磷硅玻璃，提升电性能。

在光伏电池制造过程中，单晶硅与多晶硅的刻蚀通常包括湿法刻蚀和干法刻蚀，两种方法各有优劣，各有特点。干法刻蚀利用等离子体去除多余材料（亚微米尺寸下刻蚀器件的最主要方法），湿法刻蚀则利用腐蚀性液体。目前使用较多的是湿法刻蚀。

湿法刻蚀即利用特定的溶液与薄膜间所进行的化学反应来去除薄膜未被光刻胶掩膜覆盖的部分，而达到刻蚀的目的。利用滚轴，将硅片边缘和背面与反应液面接触，采用硝酸和氢氟酸与硅片反应，将边缘和背面多余的 n 型层去除。再通过氢氟酸与硅片正面的磷硅玻璃反应，将磷硅玻璃去除。边缘刻蚀原理反应方程式：

$$3Si+4HNO_3+18HF =\!=\!= 3H_2(SiF_6)+4NO_2\uparrow+8H_2O \qquad (3-89)$$

湿法刻蚀的工艺过程如图 3-39 所示，这是一个集去周边 pn 结和去磷硅玻璃于一体的工艺过程，所用设备与清洗制绒设备类似，整个过程一共有七个槽，槽与槽之间有以下关系：①"一化一水"，硅片每经过一次化学品，都会经过一次水喷淋清洗；②除刻蚀槽和第一道水喷淋之间，其他的槽和槽之间都有吹液风刀；③除刻蚀槽外，其他化学槽和水槽都是喷淋结构，去 PSG 氢氟酸槽是喷淋结构，而且片子进入溶液内部；④最后一道水喷淋（第三道水喷淋）由于要将所有化学品全部洗掉，所以水压最大。相应的，最后的吹干风刀气压最大。

图 3-39　湿法刻蚀的工艺过程

因为湿法刻蚀是利用化学反应来进行薄膜的去除，而化学反应本身不具方向性，因此湿法刻蚀过程为等向性。相对于干法刻蚀，除了无法定义较细的线宽外，湿法刻蚀仍有以下的缺点：①需花费较高成本的反应溶液及去离子水；②化学药品处理时人员所遭遇的安全问题；③光刻胶掩膜附着性问题；④气泡形成及化学腐蚀液无法完全与晶片表面接触所造成的不完全及不均匀的刻蚀。通常采用等离子刻蚀技术完成这一干法刻蚀工艺。等离子刻蚀是在低压状态下，反应气体 CF_4 的母体分子在射频功率的激发下，产生电离并形成等离子体。等离子体是由带电的电子和离子组成，反应腔体中的气体在电子的撞击下，除了转变成离子外，还能吸收能量并形成大量的活性基团。活性反应基团由于扩散或者在电场作用下到达 SiO_2 表面，在那里与被刻蚀材料表面发生化学反应，并形成挥发性的反应生成物，脱离被刻蚀物质表面，被真空系统抽出腔体。

3.5.6　镀减反射膜

抛光硅表面的反射率高达 35%，为了减少表面反射，提高电池的转换效率，需要沉积一层减反射膜。利用真空蒸发法、气相生长法或其他化学方法，在已做好的电池正面镀上一层或多层透明介质膜，一方面，可对电池的表面起到钝化作用和保护作用；另一方面，这层膜也具有减少光反射的作用。

现在工业生产中常用的减反射膜是 SiN，制备技术是等离子增强化学气相沉积 PECVD。它的技术原理是利用低温等离子体作能量源，样品置于低气压下辉光放电的阴极上，利用辉光放电使样品升温到预定的温度，然后通入适量的反应气体 SiH_4 和 NH_3，气体经一系列化学反应和等离子体反应，在样品表面形成固态薄膜即氮化硅薄膜。发生的反应方程式为

$$2NH_3 \xrightarrow[400℃]{等离子体} NH_2^- + NH^{2-} + 3H^+ \tag{3-90}$$

$$SiH_4 + NH_3 \xrightarrow[400℃]{等离子体} Si_xN_yH_z + H_2\uparrow \tag{3-91}$$

$$3SiH_4 \xrightarrow[400℃]{等离子体} SiH_3^- + SiH_2^{2-} + SiH^{3-} + 6H^+ \tag{3-92}$$

正常的 SiN_x，其 Si/N 之比为 0.75，即 Si_3N_4。但是 PECVD 沉积氮化硅的化学计量比会随工艺不同而变化，Si/N 变化的范围在 0.75~2。除了 Si 和 N，PECVD 的氮化硅一般还包含一定比例的氢原子，即 $Si_xN_yH_z$ 或 SiN_x：H。

一般情况下，使用这种等离子增强型化学气相沉积的方法沉积的薄膜厚度在 70nm 左右。这样厚度的薄膜具有光学的功能性，可以使光的反射大为减少，电池

的短路电流和输出就有很大增加，效率也得到提高。

3.5.7　丝网印刷制电极

　　光伏电池经过制绒、扩散及 PECVD 等工序后，已经制成 pn 结，可以在光照下产生电流，为了将产生的电流导出，需要在电池表面上制作正、负两个电极。制造电极的方法很多，目前国内外的电极制备技术有化学镀镍制背电极、真空蒸镀法、光刻掩摸、激光刻槽埋栅、丝网印刷电极等。

　　丝网印刷是目前制作太阳电池电极最普遍的一种生产工艺。其采用压印的方式将预定的图形印刷在基板上，该设备由电池背面银铝浆印刷、电池背面铝浆印刷和电池正面银浆印刷三部分组成。其工作原理为：利用丝网图形部分网孔透过浆料，用刮刀在丝网的浆料部位施加一定压力，同时朝丝网另一端移动。油墨在移动中被刮刀从图形部分的网孔中挤压到基片上。由于浆料的黏性作用使印迹固着在一定范围内，印刷中刮板始终与丝网印版和基片呈线性接触，接触线随刮刀移动而移动，从而完成印刷过程。丝网印刷工艺流程示意图如图 3-40 所示。

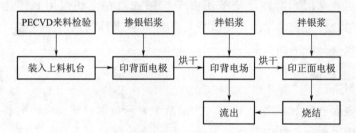

图 3-40　丝网印刷工艺流程示意图

　　晶体硅光伏电池要通过 3 次印刷金属浆料，每次印刷的浆料首先被烘干，然后在红外链式烧结炉中进行共烧，同时形成上下电极的欧姆接触，这种共烧工艺是高效晶体硅电池的一项关键工艺，被晶体硅光伏电池生产厂家普遍采用。为了获得好的填充因子，一般的结深超过 $0.3\mu m$，表面浓度高于 $10^{20}\,atoms/cm^3$，这样的烧结是为了防止杂质（如银浆、玻璃料、附加剂）渗透到 pn 结的空间电荷区，以防止旁路电流的增加和结区的复合。高的磷表面浓度是为了获得低的接触电阻，然而短路电流不理想，其因是顶层的高复合。为了改变这一情况，采用选择性发射结构可利于收集电流。为了防止在烧结的时候杂质进入空间电荷区而在电极的下面高掺杂，这既有利于载流子的收集又有利于降低表面复合速度，从而提高短路电流。

3.5.8　高温烧结

　　经过丝网印刷后的硅片，不能直接使用，需经烧结炉高温烧结，将有机树脂黏合剂燃烧掉，剩下几乎纯粹的、由于玻璃质作用而密合在硅片上的银电极。当银电极和晶体硅在温度达到共晶温度时，晶体硅原子以一定的比例融入熔融的银电极材料中去，从而形成上下电极的欧姆接触，提高电池片的开路电压和填充因子两个关键参数，使其具有电阻特性，以提高电池片的转换效率。

烧结炉分为预烧结、烧结、降温冷却三个阶段。预烧结阶段目的是使浆料中的高分子黏合剂分解、燃烧掉，此阶段温度慢慢上升；烧结阶段中烧结体内完成各种物理化学反应，形成电阻膜结构，使其真正具有电阻特性，该阶段温度达到峰值；降温冷却阶段，玻璃冷却硬化并凝固，使电阻膜结构固定地黏附于基片上。

对于制作光伏电池而言，印刷烧结后的电池片已经算是完成了电池片的制作过程，但是怎么去分辨光伏电池的好坏，还需要对电池片测试分选，将不同电性能的电池片进行分档，按照电参数及外观尺寸的标准对电池片进行选择，只有符合要求的电池片才能够用于组件的制作。

课　后　习　题

1. 实际光伏电池的等效电路图和伏安特性曲线是什么？

2. 半导体材料处于热平衡状态的标志是什么？

3. 正向偏压情况下，pn 结中的费米能级空间分布是怎样的？

4. 什么是肖克莱方程？

5. 什么是暗电流？

6. 按制作材料区分，光伏电池主要有哪些种类？

7. 制造单晶硅锭的主要方法是？

8. 为什么要对硅片进行表面制绒？

9. 简要说明载流子的产生过程。

10. 结合光伏电池的结构简述光伏电池的发电原理。

11. 为什么要选择半导体来作为光伏器件的核心材料？

参　考　文　献

［1］　刘恩科，朱秉升，罗晋生．半导体物理学．［M］．4 版．北京：国防工业出版社，2010.

［2］　曾树荣．半导体器件物理基础［M］．北京：北京大学出版社，2002.

［3］　易新建．太阳电池原理与设计［M］．武汉：华中理工大学出版社，1989.

［4］　王文静．晶体硅太阳电池制造技术［M］．北京：机械工业出版社，2014.

［5］　潘红娜，李小林，黄海军．晶体硅太阳电池制备技术［M］．北京：北京邮电大学出版社，2017.

第4章 光伏组件和光伏阵列

光伏电池是将太阳光直接转换为电能的最基本元件，一个单体光伏电池为一个pn结，工作电压约为0.5V，工作电流为$20\sim25\mathrm{mA/cm^2}$，一般不能单独作为电源使用。因而需根据使用要求将若干单体电池进行适当的连接并经过封装后，组成一个可以单独对外供电的最小单元即光伏组件。光伏组件是具有内部连接及封装的、能单独提供直流电输出的最小不可分割的电池组合装置。其功率一般为几瓦至数百瓦，具有一定的防腐、防风、防雹、防雨的能力，广泛应用于各个领域和系统。光伏电池—组件—阵列之间的关系如图4-1所示。

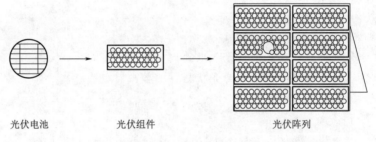

光伏电池　　　　　　　光伏组件　　　　　　　　　　光伏阵列

图4-1　光伏电池—组件—阵列之间的关系

当应用时需要较高的电压和电流，而单个光伏组件不能满足要求时，通常将多个同规格光伏组件通过合理的串并联形成高电压、大电流、大功率的功率源，供给负载使用。根据负荷需要，将若干组件按一定方式组装在固定的机械结构上，形成直流发电的单元，即为光伏阵列，也称光伏方阵。一个光伏阵列包含两个或两个以上的光伏组件，具体需要的组件数量及组件的连接方式与所需电压（电流）及各个组件的参数有关。

本章主要讨论光伏组件的构成，对光伏组件的数学模型及电气特性进行了分析，分析光伏阵列的模型、电气特性及常见故障特性。

4.1　光伏组件的结构

光伏电池具有单片电压功率低、厚度极薄（μm级）、电极暴露在空气中易氧化、耐候性能差和安装运输困难等缺陷。这些缺陷决定了光伏电池必须要制成组件后才可以使用。光伏组件由光伏电池串并联，用钢化玻璃、EVA 及 TPT 热压密封而成。周围加装铝合金边框，具有抗风、抗冰雹能力强、安装方便等特性。

光伏组件主要有光伏电池、焊带、面板玻璃、EVA、TPT 背板、铝合金、硅胶密封材料和接线盒八大核心组成部分，如图 4-2 所示。

1. 光伏电池

光伏电池是光电转换的最小单元，一般不单独作为电源使用。

能产生光伏效应的材料有许多种，如：单晶硅、多晶硅、非晶硅、砷化镓和铜铟镓硒等。作为半导体材料，它们的发电原理基本相同，现以晶体硅为例描述光电转换过程。光伏电池是由 p 型半导体和 n 型半导体结合而成（高纯度的硅材料加

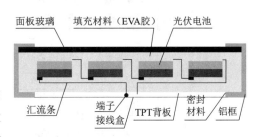

图 4-2 光伏组件结构

入三价的硼元素可形成 p 型半导体，加入五价的磷元素可形成 n 型半导体）。当太阳光照射到光伏电池表面上时，能量大于材料禁带宽度的光子能量被吸收，将价带中的电子激发到导带上去，成为自由电子，在价带中留下了一个带正电的空穴，即空穴—电子对。空穴—电子对运动到 pn 结的空间电荷区，被该区的内建电场分离，电子被扫到电池的 n 型一侧，空穴被扫到电池的 p 型一侧，从而在电池的上下两侧形成正负电荷积累，产生光生电压。此时在电池两端接上负载，将会有电流通过负载。pn 结形成原理如图 4-3 所示。

光伏电池表层结构主要包括：

（1）负极主栅线。即前电极主栅线，起到收集细栅线上载流子和提供焊带焊接点的作用。主栅线要在保证足够的数量和宽度以高效收集载流子的基础上尽可能减少对太阳光的阻挡作用。主栅线主要通过丝网印刷方法制备。

（2）细（副）栅线。细（副）栅线的主要作用是导出和收集光伏电池通过光生伏特效应所产生的载流子。与主栅线相同，细（副）栅线的制备方法也是丝网印刷。

（3）减反射膜。减反射膜的作用是减少太阳光在光伏电池表面的反射，使得更多的太阳光被电池吸收；同时减反射膜还对硅片有保护和钝化作用，能增加光生电压，提高光伏电池性能。

（4）正极主栅线。与负极主栅线类似，正极主栅线具有收集载流子，连接焊带以导出电流的作用。

（5）背场（银铝浆）。背场的作用主要有：收集光伏电池产生的载流子；减少少数载流子在光伏电池背面复合的概率；可以作为背电极的一部分，与硅片形成重掺杂的欧姆接触；反射部分长波光子，增加短路电流。

在光伏电池行业发展初期，制作电池片的原料硅片价格昂贵，因此早期的电池片都是圆形，尽可能节约原料是早期生产电池节约成本的基础。近 20 年来，由于技术的成本不断降低，原材料价格下降，硅片的价格不再占有决定性地位，其他辅助材料

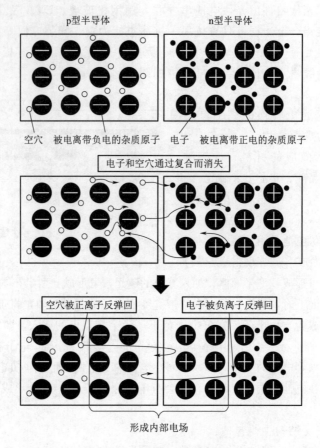

图 4-3　pn 结形成原理示意图

价格不断上升，有的已经接近硅片价格的 1/5。于是，可以大为节约辅助材料的准方形电池片应运而生。

近年来，采用常规工艺生产的光伏电池效率已经提升到接近理论极限，降低成本只能向着综合成本降低方向发展，开始出现了方形的单晶硅光伏电池。同时因为多晶硅的生产工艺特点，多晶硅光伏电池一直以方形在市场上应用。除此之外，因为多晶硅电池生产工艺不断改进，用多晶硅生产的电池片各方面性能指标接近于单晶硅生产的电池片而大量应用。

在标准测试条件下，光伏电池的最大功率＝电池面积×光强×转换效率，说明在转换效率相同时，电池的功率与电池面积成正比。目前，工业上大批量生产的单晶硅和多晶硅光伏电池规格基本上都是 5in 和 6in（1in＝2.64mm），仅是对角线有所不同。

如图 4-4 所示，常见光伏电池面积为：125mm×125mm 准方片（有对角大小区分）；156mm×156mm 准方片（有对角大小区分）。

2. 焊带

焊带用于光伏组件内部光伏电池连接，包括互联条和汇流条。互联条的作用是

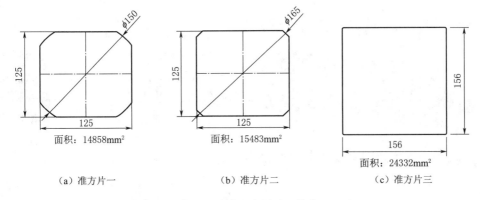

图 4-4 常见电池片面积图示（单位：mm）

将各个光伏电池串联起来，而汇流条的作用是将串联好的电池串接在一起，最后引出正负极连接在接线盒上。如图 4-5 所示，焊带由纯度较高的铜作为基材，在其表面涂上锡层，一方面防止铜基材氧化变色；另一方面方便于材料焊接到电池的主栅线上。焊带的选用标准是根据电池片的厚度和短路电流的多少来确定。焊带的宽度要和电池的主栅线宽度一致，焊带的软硬程度一般取决于电池片的厚度和焊接工具。手工焊接要求焊带的状态越软越好，软态的焊带在烙铁走过之后会很好地和电池片接触在一起，焊接过程中产生的应力很小，可以降低碎片率。但是太软的焊带抗拉力会降低，很容易拉断。对于自动焊接工艺，焊带可以稍硬一些，这样有利于焊接机器对焊带的调直和压焊。太软的焊带用机器焊接容易变形，从而降低产品的成品率。

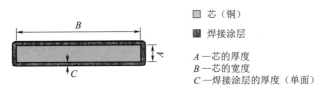

图 4-5 焊带横截面示意图

焊带的规格通常与光伏电池的栅线规格相匹配，宽度通常有 1.6mm、1.8mm、2.0mm、3.8mm、5.0mm 等规格，大于 2.0mm 宽度的通常做汇流条使用。

焊带的常见包装方式有盘式包装、盒式包装和轴式包装等，如图 4-6 所示。

图 4-6 常见的焊带包装方式

焊带储存条件：温度不高于 30℃、湿度小于 60% 和环境下密封保存，防重压。

图 4-7　钢化玻璃

3. 面板玻璃

面板玻璃一般用钢化玻璃（图 4-7），它是用物理或化学的方法在玻璃表面形成一个压应力层，使玻璃本身具有较高的抗压强度。在光伏电池组件中采用低铁钢化绒面玻璃。该种玻璃在光伏电池光谱响应的波长范围内（320～1100nm）透光率达 91% 以上，对于大于 1200nm 的红外光有较高的反射率。此玻璃同时能耐太阳紫外光线的照射，透光率不下降。

钢化玻璃的作用主要有以下三点。

（1）保护电池片、提高组件整体机械强度。

（2）热稳定性好，可有效保护组件在恶劣条件下仍可使用。

（3）高投光率、在保护电池片的前提下提高组件的转换效率。

光伏组件的钢化玻璃一般有如下要求：

（1）强度高：抗压强度可达 125MPa 以上，比普通玻璃大 4～5 倍；抗冲击强度也很高。

（2）弹性好：当钢化玻璃受到外力发生较大弯曲形变后，撤去外力后仍能恢复原状。

（3）热稳定性好：在受极冷极热时，不易发生炸裂；耐热冲击，能承受 200℃ 左右的温差变化。

4. EVA 胶膜

光伏组件封装用胶膜是以 EVA（Ethylene Vinyl Acetate，乙烯基醋酸乙烯酯）为主要原料，添加各种改性助剂充分搅拌后，经热加工成型的薄膜状产品。EVA 胶膜如图 4-8 所示。

EVA 是一种热熔胶黏剂，厚度在 0.4～0.6mm，表面平整，厚度均匀，内含交联剂。常温下无黏性且具有抗黏性；当加热到一定温度（140℃）时，交联剂分解产生自由基，引发 EVA 分子间反应，形成三维网状结构，导致 EVA 胶层交联固化，并变至完全透明。EVA 作用机理简图如图 4-9 所示。

（1）EVA 胶膜一般要求。光伏电池 EVA 胶膜具有优良柔韧性、耐冲击性、弹

图 4-8　EVA 胶膜

性、光学透明性、低温绕曲性、黏着性、耐环境应力开裂性、耐候性、耐化学药品性、热密封性；与玻璃黏合后能提高玻璃的透光率，起增透作用；并对光伏电池组件的输出功率有增益作用；常温下无黏性，便于裁切、叠层作业。

（2）EVA 的主要作用。封装电池片，防止外界环境对电池片的电性能造成影

图 4-9　EVA 作用机理简图

响；增强光伏组件的透光性，并对光伏组件的输出功率有增益；将钢化玻璃、电池片、背板黏结在一起，具有一定的黏结强度。

（3）EVA 的储存条件。温度不高于 30℃、湿度小于 60％的环境下密封保存，防重压，避光，避热，避潮。

（4）常见 EVA 胶膜失效方式。

1）发黄。EVA 发黄由两个因素导致：第一主要是添加剂体系相互反应发黄；第二是 EVA 分子在氧气、光照条件下，EVA 分子自身脱乙酰反应导致发黄。因此，EVA 的配方直接决定其抗黄变性能的好坏。

2）气泡。EVA 胶膜中产生的气泡分为两种：第一种是在层压时出现气泡，这种情况一般与 EVA 的添加剂体系、其他材料与 EVA 的匹配性以及层压工艺均有关系；第二种是在层压后出现气泡，导致这种情况发生的因素众多，一般是由材料间匹配性差所导致。

3）脱层。EVA 胶膜发生脱层主要分为两种情况：一是胶膜与背板脱层；二是胶膜与玻璃脱层。与背板脱层的原因主要有交联度不合格、与背板黏结强度差等；与玻璃脱层的原因主要是硅烷偶联剂缺陷、玻璃脏污、硅胶封装性能差、交联度不合格等。

5. 背板

背板是用在光伏组件背面，直接与外环境大面积接触的光伏封装材料。背板材料一般是由多层高分子薄膜经碾压黏合起来的复合膜，主要由三层组成：含氟膜（或其替代物）＋PET 层（或其替代物）＋与 EVA 黏结层（有含氟膜、改性 EVA、PE、PET 等）。

目前主流的背板材料有：TPT 结构，含氟层＋PET＋含氟层；TPE 结构，含氟层＋PET＋EVA（低 VA 含量）；APA 结构，聚酰亚胺＋PET＋聚酰亚胺；AAA 结构，三层聚酰亚胺复合。

最常用的 TPT 背板材料具有三层结构，即 Tedlar/Polyester/Tedlar。内、外两层 Tedlar 复合材料的特性主要包括优异的抗紫外能力、较高的光反射率、优良的耐候性以及一定的黏结强度；中间层聚酯材料的特性主要有优异的绝缘性能和低水汽透过率。

TPT 背板的作用主要有：保护、封装光伏组件，使其具有良好的抗侵蚀能力；增强光伏组件抗渗水性；延长光伏组件使用寿命；提高光伏组件的绝缘性能；白色的 TPT 背板还具有对入射到组件内部的光进行散射、提高组件吸收光的效率的作用，并且可以降低组件的工作温度，有利于提高组件的效率。

　　由于背板长期暴露在外界环境中，易受环境的影响而失效。因此，背板的材质决定了光伏组件的使用年限。以下是常见的背板失效原因：

　　(1) 背板自身结构缺陷，导致使用年限不达标。主要表现为脆化、发黄、背板破裂等。

　　(2) 层间胶黏剂缺陷，导致背板层间分层。主要原因是涂胶工艺稳定性问题、层间胶黏剂黏结强度不够或层间剥离力老化衰减快。

　　(3) 与 EVA 黏结层缺陷，导致脱层和发黄。主要原因是表面处理问题、EVA 质量问题、交联度不达标、材料不耐老化等。

　　6. 铝合金

　　铝合金的主要作用是保护光伏组件的边缘。目前常采用铝镁矽合金阳极氧化型材。

　　阳极氧化，即金属或合金的电化学氧化，是将金属或合金的制件作为阳极，采用电解的方法使其表面形成氧化物薄膜。金属氧化物薄膜改变了铝合金表面状态和性能，如表面着色、提高耐腐蚀性、增强耐磨性及硬度、保护金属表面等。

图 4 - 10　光伏组件的铝合金边框

　　铝合金边框（图 4 - 10）的主要作用有：保护玻璃边缘；铝合金结合硅胶打边加强了光伏组件的密封性能；提高光伏组件的整体机械强度；便于光伏组件的安装和运输。

　　7. 硅胶

　　硅胶的主要作用是黏结、密封光伏组件。硅胶的外观为白色或乳白色的细腻、均匀的膏状物，无结块、气泡。硅胶具有弹性、高拉伸率；防水防潮，黏结、密封性能可靠；良好的电绝缘性能；良好的耐化学腐蚀、耐候性等优异性能。

　　硅胶的作用主要有：对光伏组件有减震作用，减少组件因外来撞击造成的碎裂；对光伏组件有密封作用，延长其使用寿命；黏结接线盒与 TPT 背板，起到固定接线盒的作用。硅胶产品如图 4 - 11 所示。

　　常见的硅胶失效方式包括：

　　(1) 自身老化。自身老化可导致封装不良。表现为硅胶表面发黄，弹性变差，或成粉末状，霉变等。

　　(2) 剥离强度差。剥离强度差表现为接线盒不能承受相应拉力而剥落。

（3）剪切强度差。剪切强度差导致封装不良。封装不良的具体表现为湿漏电测试不通过，湿热条件下组件边缘失效。

8. 接线盒

光伏组件接线盒是将光伏组件上由背板引出的正、负极与负载进行连接的专门电气盒。接线盒主要分为接线盒和连接器两部分。

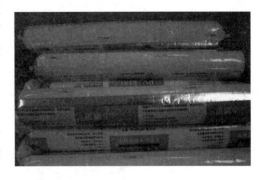

图 4-11 硅胶产品图

如图 4-12 所示，接线盒具有以下八部分结构：①正极连接器，用于连接电缆；②连接线，用于传导电缆；③负极连接器，用于连接电缆；④盒盖，用于保护内部装置；⑤二极管，用于单向导通；⑥盒体卡孔，用于盒盖卡紧盒体；⑦接线端子，用于连接背板引出线；⑧正负极标识，用于标示正负极。

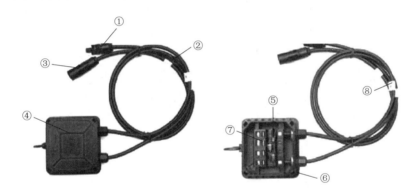

图 4-12 接线盒结构图

接线盒应满足的要求有：

（1）良好的抗老化、耐紫外线能力，符合室外恶劣环境条件下的使用要求。

（2）线缆的连接采用铆接与紧箍方式，公母头的固定带有稳定的自锁机构，开合自如。

（3）具有防水、防尘、触电保护设计。

常见的接线盒失效方式包括：

（1）二极管失效指二极管被击穿，不能反向导通（或反向导通时电阻过大），结温过高。二极管失效会导致组件报废并引发火灾、组件阵列不能正常工作，甚至损坏等非常严重的后果。因此，除考虑二极管失效问题以外，在接线盒设计中还应考虑散热性能。

（2）接线盒材料老化，主要体现在连接端子易被腐蚀、塑料螺母低温冲击易破裂等。

（3）密封失效，密封圈老化或灌胶过程出现问题，导致湿漏电不通过。

光伏组件电气特性的模拟仿真示例

4.2　光伏组件的建模与电气特性

　　光伏组件的数学模型是研究光伏发电系统工作特性的重要基础之一，模型的准确性是确保光伏系统分析与设计正确、可靠的前提。因此，研究光伏组件输出特性的建模问题对光伏发电技术具有重要的理论与实践意义。光伏组件输出特性的建模问题，一直都是光伏发电技术研究的热点。

　　目前，光伏组件和阵列的仿真数学模型可以分为两类：①光生电流、开路电压与太阳光强之间的理论分析模型，但是其不能体现在复杂外部条件激励下光伏组件的 $I-U$ 曲线的转移，无法满足实际工况模拟仿真的需求；②通过光伏组件等效电路模型引入串联内阻 R_s 和并联内阻 R_{sh} 的工程数学模型，其能够反映 STC ［Standard Test Condition，即标准测试条件：照度为 $1000\mathrm{W/m^2}$，温度为 $(25\pm1)℃$，光谱特性为 AM1.5 标准光谱］状态下的光伏组件输出特性，而且在分析光伏阵列出力特性和最大功率跟踪控制算法实现和分析中普遍选择这类模型。但是光伏组件的外部行为特性在不同太阳辐照强度和环境温度条件下表现出明显的非线性，STC 条件下建立的光伏组件工程数学模型已经不再适用于复杂的外部环境条件下的光伏组件模拟与仿真。

　　为了建立适用于复杂的外部环境条件下的光伏组件模型，需要在 STC 条件下建立的光伏组件模型的基础上对模型参数进行与辐照度和温度的修正。这里给出了组件的输出特性随组件运行温度以及辐照度的变化规律，即

$$I_{sc} = \frac{G}{G_{STC}}[I_{sc\_STC} + \alpha(T - T_{STC})] \qquad (4-1)$$

$$I_m = \frac{G}{G_{STC}}[I_{m\_STC} + \alpha(T - T_{STC})] \qquad (4-2)$$

$$U_{oc} = U_{oc\_STC} + \beta N(T_{STC} - T) \qquad (4-3)$$

$$U_m = U_{m\_STC} + \beta N(T_{STC} - T) \qquad (4-4)$$

式中：I_{sc-STC}、I_{m-STC} 为 STC 条件下的短路电流、最佳工作点电流；U_{oc-STC}、U_{m-STC} 为 STC 条件下的开路电压、最佳工作点电压；α、β 为温度电流系数、温度电压系数，通常由生产厂家提供；N 为光伏组件串联电池的数量；G 为工作时的光照强度，$\mathrm{W/m^2}$；G_{STC} 为标准测试条件下的光照强度为 $1000\ \mathrm{W/m^2}$；T 为工作时的电池温度，$℃$；T_{STC} 为标准测试条件下的电池温度为 $25℃$。

　　反向饱和电流随温度的变化规律为

$$I_0 = I_0^{STC}\left(\frac{T}{T_{STC}}\right)^3 \exp\left[\frac{E_G}{A}\left(\frac{1}{V_T} - \frac{1}{V_T^{STC}}\right)\right] \qquad (4-5)$$

式中：I_0^{STC} 为标准测试条件下的二极管饱和电流，A；E_G 为能带系能量，可取为 $1.12\mathrm{eV}$；T 为 pn 结温度，K。

　　其中

$$I_0^{STC} = I_{sc}^{STC} \exp\left[\frac{-U_{oc}^{STC}}{N_s A V_T}\right] \qquad (4-6)$$

式中：I_{sc}^{STC} 为标准测试条件下的短路电流，A；U_{oc}^{STC} 为标准测试条件下的开路电压，V。

通过查阅尚德厂家提供的技术参数可知，STP260 型号的多晶硅电池板的重要技术参数分别为：开路电压 $U_{oc}=44V$；短路电流 $I_{sc}=8.09A$；最大功率点电压 $U_m=34.8V$；最大功率点电流 $I_m=7.47A$。

考虑到如今光伏组件已工作一定年限，很多性能会发生退化及改变。因此，在构建仿真模型时取：开路电压 $U_{oc}=45.1V$；短路电流 $I_{sc}=5.63A$；最大功率点电压 $U_m=37V$；最大功率点电流 $I_m=5.28A$。

因此，标准日照条件下的电流变化温度系数；标准日照条件下的电压变化温度系数 $\beta=-0.005\times U_{oc}=-0.2255V/℃$。

由前述参数辨识以及组件运行温度的仿真，可以得到组件仿真所需的所有参数，而且任意工况下的参数也可以通过公式得出，因而可以对任意工况下的组件进行仿真。

最后，通过编写 MATLAB 光伏系统仿真模型程序，将以上参数代入 MATLAB 仿真模型中进行光伏组件的仿真分析。

根据以上分析，使用 MATLAB 中的 Simulink 进行仿真建模，得到如图 4-13 的模型。

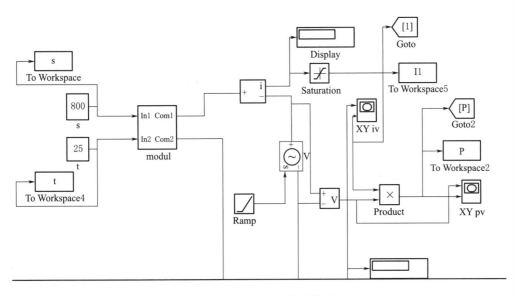

图 4-13　Simulink 仿真模型

将光伏机理模型辨识参数代入图 4-13 的仿真模型，得到如下输出特性曲线。在 25℃ 的情况下，改变辐照度，得到的光伏系统输出 $I-U$ 曲线如图 4-14 所示。

由图 4-14 可知，在相同温度的情况下相同组件在不同的辐照度时的输出特性：组件的开路点电压随着辐照度的不同有小幅度的下降但是整体变化不大；短路点电流随着辐照度的降低有明显的下降；各辐照度下的最佳工作点电压基本没有发生变化，最佳工作点电流变化明显与短路电流的变化一致。在 25℃的情况下，改变辐照度，得到光伏系统输出 P—U 曲线如图 4 - 15 所示。

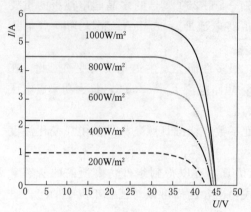

图 4 - 14　25℃时光伏仿真模型在不同
辐照度情况下的输出 I—U 曲线

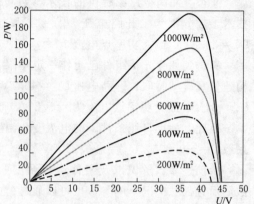

图 4 - 15　25℃时光伏仿真模型在不同
辐照度情况下的输出 P—U 曲线

由于组件的开路电压基本不变，最佳工作点电压也基本保持不变所以可以从组件的 P—U 曲线看出输出功率的变化主要由最佳工作点电流的变化引起。与组件的 I—U 曲线相互验证。

在 1000W/m^2 条件下，改变温度，得到光伏系统 I—U 曲线如图 4 - 16 所示。

由图 4 - 16 可知，在相同辐照度的情况下，相同组件在不同的温度时的输出特性：组件的短路电流随着温度上升有小幅度的下降但是整体变化不大；开路点电压随着温度的升高有明显的下降；各辐照度下的最佳工作点电流随着温度的上升有小幅的下降，而最佳工作点电压变化明显与开路电压的变化一致。

在 1000 W/m^2 条件下，改变温度，得到光伏组件 P—U 曲线如图 4 - 17 所示。

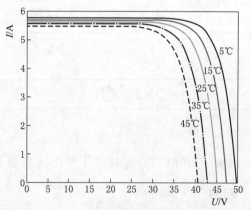

图 4 - 16　1000 W/m^2 时光伏仿真模型
在不同温度情况下的 I—U 曲线

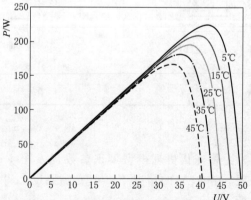

图 4 - 17　1000 W/m^2 时光伏仿真模型
在不同温度情况下的 P—U 曲线

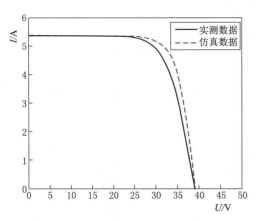

图 4-18 相同条件下的实测数据
与仿真数据对比

由于组件的短路电流基本不变，最佳工作点电流也基本保持不变。所以可以从组件的 $P—U$ 曲线看出输出功率的变化主要由最佳工作点电压的变化引起，温度升高组件输出功率降低。与组件的 $I—U$ 曲线相互验证。

通过将实际数据与仿真数据进行对比我们得到图 4-18 和表 4-1 的结果。

通过实测数据与仿真数据的对比，仿真得到的数据与实测数据的误差均保持在 3% 以内，仿真模型基本能够反应组件真实的输出特性。

表 4-1　　实测数据与仿真数据的误差分析

辐照/温度	954/56	809/54	737/51	644/55
开路电压 U_{oc}	0%	0.01%	0.02%	0.064%
短路电流 I_{sc}	0.22%	0.19%	2.28%	0.016%
最佳工作点电压 U_m	2.7%	0.17%	0.15%	2.45%
最佳工作点电流 I_m	0.65%	0.23%	2.97%	0.061%

4.3　光伏阵列的构成和性能

4.3.1　光伏阵列的概述和建模

光伏阵列的基础是光伏电池。通常串联连接的光伏电池被封装在光伏组件中，以保护其免受天气影响。该光伏组件由钢化玻璃、密封剂、具有耐候性和耐火的后底片材料和周围的外边缘的铝框架组成。典型的光伏组件额定功率值涵盖 100W 到超过 400W 的范围。一个光伏组件可以产生的功率很难满足家庭或企业的需求，因此这些组件链接在一起形成一个阵列，被称为光伏阵列。大多数光伏阵列使用逆变器将阵列产生的直流电转换为交流电，从而可以为其他负载供电。

光伏电池作为最小单体。则光伏组件中有 $m×n$ 个光伏电池组成。光伏组件进一步构成光伏阵列。光伏阵列中包含 $s×p$

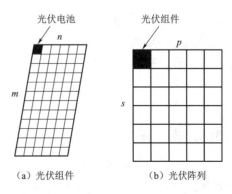

（a）光伏组件　　　　　（b）光伏阵列

图 4-19　光伏阵列的组成

个光伏组件，包含 $m \times n \times s \times p$ 个光伏电池。具体关系如图 4 - 19 所示。

　　图 4 - 20 即为由 3 片光伏电池串联而形成的一块光伏组件，3 片光伏电池的串联是为了有足够高的端电压。A 点处是环境变量输入端，辐照量与环境温度以常量形式输入光伏电池模型 B 中，B 区域就是光伏组件模型的核心，由三片模拟的光伏电池组成。而且每块光伏组件都并联着旁路二极管，这是为了减少阴影遮挡对组件的影响，避免功率损失与电池板发热。

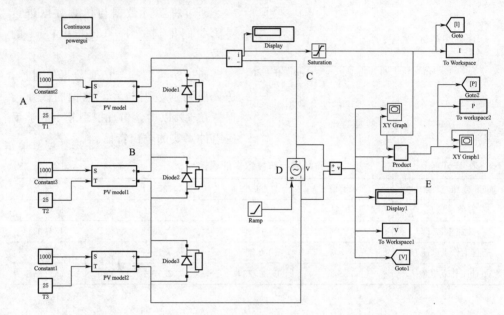

图 4 - 20　光伏组件 Simulink 模型示意图

　　C 区域是一个饱和度模块，用来限制电流的大小，在这里被定为从 0 到无穷，这是为了剔除电流为负数的不正常情况。D 区域的核心是一个控制电压源和一个斜坡信号输入，控制电压源的作用是将 Simulink 的输入信号转换为等效电压源。产生的电压由斜坡输入信号源的输入信号驱动。这两者结合用是来初始化电路，产生一个扫描电压来获得完整的电流电压与功率数据。原理是基于光伏电池的检测方法。E 区域是数据记录区域，可以将模拟产生的地电气数据导入到 MATLAB 的工作区域，便于之后的分析处理。

　　阵列模型如图 4 - 21 所示：其中 3 片光伏电池串联成一组光伏组件，4 个光伏组件并联形成一组小型光伏阵列，此处选取的模型由 4 个光伏组件串联而成，每个光伏组件又由 3 片光伏电池组成，一共包含 12 片光伏电池。此模型可以模拟一个简单的光伏阵列。

4.3.2　光伏阵列出力的影响因素

　　影响光伏阵列性能的因素可以分为外部因素和内部因素。外部因素主要包括：辐照量、环境温度、湿度和风速等。内部因素主要包括：组件性能退化、连接失配、破坏性因素。

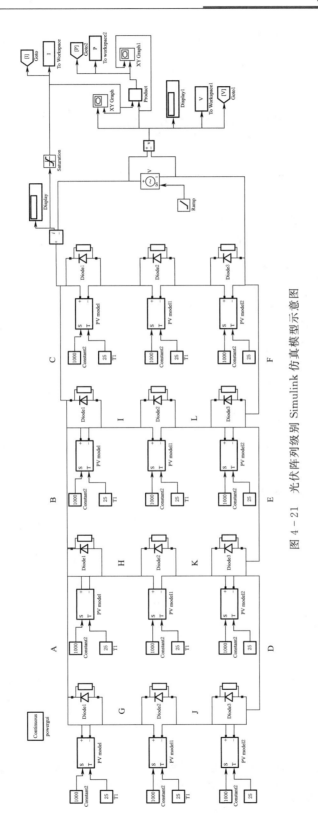

图 4 - 21 光伏阵列级别 Simulink 仿真模型示意图

1. 外部因素

太阳辐射强度是衡量太阳能资源丰富度的主要指标，指的是经过大气层的吸收、各种物质的散射、反射后，单位面积单位时间内到达地球表面上的辐射能。我国太阳能资源丰富，全国大部分地区年辐射在 $5000MJ/m^2$ 以上。我国大部分地区的太阳辐射量夏季最强，春秋次之，冬季最弱。光照强度对光电压的影响很小。在温度固定的条件下，当光照强度在 $400\sim1000W/m^2$ 范围内变化，光伏组件的开路电压基本保持恒定。而光伏组件的光电流与太阳辐照度成正比，在光强在 $100\sim1000W/m^2$ 范围内，光电流始终随光强的增长而增长。因此，光伏组件的功率与光强基本成正比。

温度的大小也影响着光伏组件输出，当光伏组件温度较高时，光伏组件输出功率下降从而导致效率也下降。温度的大小主要对光伏组件电压影响较大：大约温度每升高 $1℃$，每个光伏电池的电压减小 $2mV$。除此之外，温度对光伏组件电流大小的影响则相反：光电流随温度的增加略有上升，大约每升高 $1℃$，每个光伏电池的光电流增加 1%；所以随着光伏组件温度的上升，光伏电池的开路电压降低，而电池的短路电流略有增加，总体上则导致功率的下降。此外，太阳辐射量一般大部分转换为光伏电池的输出和热量。所以辐照度的上升也会导致光伏组件温度的上升。

灰尘也是影响光伏电站发电量众多因素之一。光伏组件的输出直接受到太阳辐射量的影响，而灰尘的积累对光伏组件接收太阳能能量起到了极大的阻碍。我国光伏产业发展迅猛，但是在某些西部地区春秋季节沙尘暴、扬尘肆虐，严重影响了光伏电站的系统效率。

灰尘主要由大气降尘带来，一般由自然因素或人为因素导致。自然因素主要是因为风化等某些自然因素形成的微小灰尘颗粒借助风的作用飘浮在空气中最终沉积；人为因素主要指燃烧煤炭、汽车排放和建筑扬尘等。灰尘微粒形态不规则，成分主要是各种氧化物，通常直径小于 $500\mu m$。

灰尘在以下方面影响光伏电站的发电量：

（1）灰尘可以对反射、散射并吸收太阳光，这会影响光伏组件对太阳光的吸收，从而影响电站发电量。

（2）由于灰尘分布往往是不均匀的，这会使整个光伏阵列接收的光照不均匀，导致串并联失配，使发电效率降低。

（3）灰尘累积层相当于散热的阻挡层。如果组件温度较高，光伏电池的光电转换效率也就较低，严重影响整个电站的电量输出。

（4）某些含有氧化物的灰尘对光伏组件具有一定的腐蚀效应，如果经过长时间的侵蚀之后板面会粗糙不平，这将进一步加剧灰尘的积累，增加太阳光的反射和散射，降低透光率。

2. 内部因素

组件性能退化：组件性能的退化会导致光伏电池效率降低，致使光伏电站往往不能达到预期运行年数（一般是 25 年）。

光伏组件性能退化的原因如下：

（1）组件初始的性能衰减和初始故障。组件初始的性能衰减主要是指在各种光伏组件的光致衰减（LID，其中以非晶硅组件最甚），即转换效率在刚开始使用的几天内发生较大幅度的下降，但是随后逐渐稳定。常见的引起初始故障的因素包括接线盒故障、玻璃破裂、光伏电池连接缺陷、边框缺陷和分层等因素，一般由生产过程和安装过程的各方面因素造成，光伏组件安装投入运行后即存在。

（2）破坏性因素造成的故障。破坏性因素主要指光伏组件由于生产工艺问题造成的在运行过程中光伏组件的故障（焊接不良、封装工艺等，造成的初始失效除外），光伏组件施工过程中的隐形问题，光伏组件在实际运行环境受到的非正常条件下的激励，如阴影遮挡、热斑效应、表面污浊物附着和冰雹等恶劣气候等。

（3）光伏组件的老化衰减。指长期使用中，功率一般会慢慢下降。一般每年的衰减在 0.8% 左右，不同种类的光伏组件略有不同。多晶硅光伏组件 1 年内衰减率不应该超过 2.5%，2 年内衰降率不应该超过 3.2%；单晶硅光伏组件 1 年内衰降不应超过 3.0%，2 年内衰降不应超过 4.2%。光伏组件三种失效类型分析如图 4-22 所示。

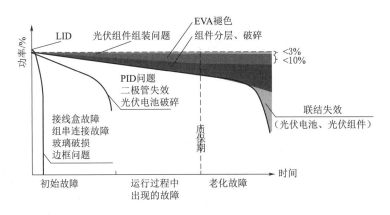

图 4-22　光伏组件三种失效类型分析

（4）光伏组件失配。生产工艺不精会导致不同组件之间功率及电流存在一定的偏差，包括串联失配和并联失配。单块组件失配对整个系统输出影响微弱，但对大型光伏电站而言组件失配问题就显得比较突出了。

由于制造差异以及光伏组件所经历的操作条件变化，光伏组件的电流/电压特性略有不同。因此，在光伏阵列中，各个单元的运行都会偏离其各自的最大功率。当光伏电池串联和并联连接时，这些变化会导致功率损耗。光伏阵列可用的最大功率输出与每个光伏组件的最大功率之和之间的差异来表示失配损耗（失配损失）。

引起光伏阵列不匹配主要有两个原因：光伏组件电气特性的差异和光伏阵列的非均匀性照射。其中：①光伏组件的电气特性可能由于制造商的公差或随着使用年限增大而变化；②当由于部分遮蔽、污染、不均匀照射和光伏组件性能退化而导致光伏组件阵列间发生不匹配时，光伏发电系统的输出功率将显著降低。由光伏组件性能退化导致的串并联失配如图 4-23 所示，由阴影遮挡导致的串并联失配如图 4-

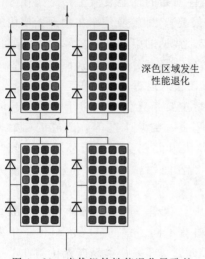

深色区域发生
性能退化

图 4 - 23　光伏组件性能退化导致的
串并联失配

24 所示。近年来，已经广泛讨论了部分遮蔽对光伏发电系统发电量的影响。部分遮蔽可能使光伏电池反向偏置，并且充当消耗其他光伏电池产生的电力的外部负载。这将降低光伏组件的输出功率，更严重的是，会带来热斑现象，从而永久性地损坏光伏组件。部分阴影可能由覆盖光伏组件表面的雪，树影或鸟粪等物体引起。移动云也可能导致这种现象。在分布式光伏系统中，为适合建筑物外墙的朝向，光伏组件接收到的太阳辐射也会存在差异，这种情况类似于部分遮蔽。在光伏阵列部分遮蔽的情况下，损失与阴影区域不成比例，其损失为非线性增加。

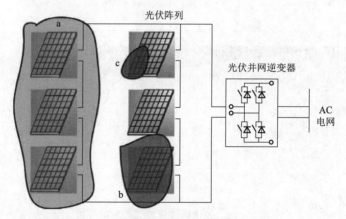

图 4 - 24　阴影遮挡导致的串并联失配

4.3.3　光伏阵列中的旁路二极管和阻塞二极管

　　光伏阵列是由光伏组件按照系统需求串、并联而成，在太阳光照射下将太阳能转换成电能输出，它是光伏发电系统的核心组成部分。

　　光伏组件串联，要求所串联组件具有相同的电流容量，串联后的阵列输出电压为各个光伏组件输出电压之和，相同电流的光伏组件串联后其阵列输出电流不变。

　　光伏组件并联，要求所并联的所有光伏组件具有相同的输出电压，并联后的阵列输出电流为各个光伏组件输出电流之和，而电压保持不变。

　　在光伏阵列中二极管起到重要作用，常用的有旁路二极管和阻塞二极管。

　　当若干光伏组件串联成光伏阵列时，需要在每一个光伏组件两端并联一个二极管。这是因为当其中某个组件被阴影遮挡或出现故障而停止发电时，在二极管两端可以形成正向偏压，实现电流的旁路，不至于影响其他正常组件的发电，同时也保护光伏组件避免受到较高的正向偏压或由于热斑效应（由于污浊物附着在组件表面引起局部温度过高）发热而损坏。这类并联在组件两端的二极管称为旁路二极管，如图 4-25 所示。使用时需要注意极性，旁路二极管的正极与光伏组件的负极相连，旁路二极管的负极与光伏组件的正极相连，不可接错。平时旁路二极管处于反向偏置状态，基本不消耗电能。显然旁路二极管的耐压和允许通过正向电流应大于光伏组件的工作电压及电流。

　　在储能蓄电池或逆变器与光伏阵列之间要串联一个阻塞二极管，其作用是防止夜间或阴雨天光伏阵列工作电压低于其供电的直流母线电压时，蓄电池反过来向光伏阵列倒送电，因而消耗能量和导致阵列发热。阻塞二极管一般串联在光伏阵列的电路中，如图 4-26 所示。

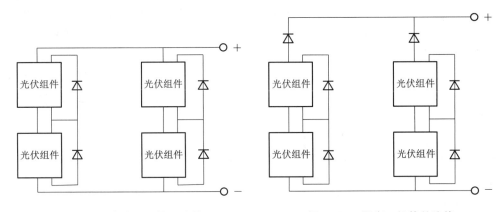

图 4-25　旁路二极管的连接　　　　　图 4-26　阻塞二极管的连接

4.4　光伏组件和光伏阵列中的故障

　　随着光伏发电技术的进步和光伏发电并网运行规模的增大，光伏电站的优化、改善和运行成本等问题严重制约了光伏发电的发展。光伏阵列是光伏发电系统中的重要组成部分，其成本可占到整个光伏电站建设成本的 $40\%\sim50\%$。由于占地面积大、分布广泛，光伏阵列容易出现各种故障。当光伏阵列出现故障后，轻则使得光伏阵列输出功率下降，加速光伏组件损坏，重则会引起火灾，这严重影响到光伏组件的寿命和光伏电站的安全稳定运行。

4.4.1　光伏组件老化失效模式

1. 电池的隐裂

　　由于硅晶片十分脆弱，在受到外部应力等作用时，会导致光伏电池碎裂，其裂纹分布方向与硅的晶向有关。存在碎片的光伏电池由于其有效面积下降，导致发电功率降低。当碎裂晶片表面的栅线未断裂时，表现为隐裂故障。此故障难以用肉眼直接观察到，也不会出现大面积的断电，但是在使用过程中可能逐渐劣化成碎片。

光伏组件的
失效

隐裂的产生来自光伏组件的生产过程。由于层压前的组件均经过 EL 检测，有隐裂或其他缺陷的光伏电池已进行及时返修更换，确保层压前的组件没有问题。因此，可以排除焊接、叠层等工序对隐裂的影响。而通过对层压前和层压后的 EL 图像分析，层压过程中对组件施加压力造成光伏组件中光伏电池发生隐裂的概率很小，基本也可以排除。因此，造成光伏组件隐裂的症结可以确认为清装工序。经统计，清装工序隐裂比率约占总生产过程中的 85%。清洗工序中，造成隐裂的环节主要有：

（1）周转托盘变形造成隐裂。生产车间周转组件使用复合木质托盘，其材质较软，托盘承重面仅为一层木材，当一组共 20 块光伏组件放置于托盘上，并用手动液压周转车进行搬运时，托盘受重力产生变形，托盘和组件表面形成一个明显的受力点，造成放在最下边的组件局部受力过大发生隐裂。

（2）光伏组件翻转时震动较大造成隐裂。光伏组件在清洗台上翻转后，会由于惯性持续震动 3～5s，且振幅较大，它会造成光伏组件内光伏电池片反复形变，极易造成电池片隐裂。

（3）反复擦拭光伏组件造成隐裂。光伏组件玻璃面经常有残留 EVA 胶较难清除，员工需使用较大的力气反复擦拭后才能完全清除。这种行为导致光伏组件玻璃面受力严重，极易造成隐裂。

隐裂可以通过电致发光法测试仪（EL）检测出来如图 4-27 所示。在光伏电池中，少子的扩散长度远远大于势垒宽度，因此电子和空穴通过势垒区时因复合而消失的概率很小，继续向扩散区扩散。在正向偏压下，pn 结势垒区和扩散区注入了少数载流子。这些非平衡少数载流子不断与多数载流子复合而发光，这就是光伏电池电致发光的基本原理。当光伏组件出现问题时，局部电阻升高，该区域温度就会升高。EL 测试仪就像我们体检中的 X 光机一样，可以对光伏组件进行体检——通过红外图像拍摄，根据温度不同图像呈现不同的颜色，从而发现光伏组件的问题。

光伏组件的光伏电池产生隐裂和隐裂扩大，外力是第一因素，光伏组件所处的环境是第二因素，其中，温度变化较大的环境对光伏电池隐裂的扩张影响更大。没有隐裂的光伏电池，在温度变化大、高温或长期工作环境下的抗隐裂能力要比有隐裂的光伏电池强。

裂片是隐裂中最严重的问题，如果光伏电池裂片数量足够多，对光伏组件的电性能也会产生明显的影响。因此，为了减少光伏电池隐裂和裂片现象的发生，在光伏电池生产和光伏组件生产的过程中，尤其在光伏电池运输传递过程中应该注意避免不当的外力介入，也应该注意储存的环境温度。而有光伏电池隐裂的光伏组件在运输储存使用的过程中，首先应该注意避免有外力撞击碰撞；其次避免在温差变化较大的地区使用；最后要定期清洁光伏组件，避免热斑形成局部高温。

2. 光伏电池间的连接故障

为了达到一定的电压和电流，光伏组件由多块小的光伏电池连接而成。在连接过程中就可能产生连接故障，出现漏连、错连。这种故障可以通过 EL，红外成像

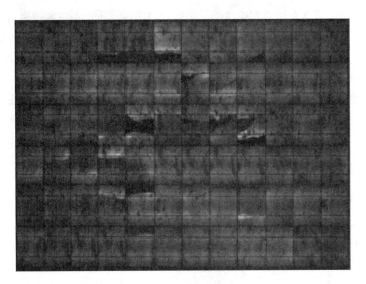

图 4 - 27　隐裂的 EL 图

等方法进行检测。

电池连接故障如图 4 - 28 所示。

 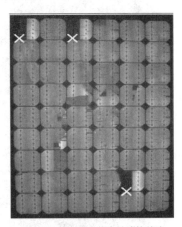

（a）红外检测出光伏电池连接故障　　　　（b）EL检测出光伏电池连接故障

图 4 - 28　光伏电池连接故障

3. 蜗牛纹

光伏电池的蜗牛纹现象指的是在光伏电池的表面出现了纵横分布的灰色或者黑色的变色痕迹，它是光伏电池表面被氧化的结果，由于其形状很像蜗牛的爬痕故称之为蜗牛纹（也有人将其称为闪电纹或蚯蚓纹）。通常出现在光伏电池的边缘或不可见的光伏电池裂缝。大量的出现蜗牛纹的光伏组件会使光伏电站发电量快速衰减。

蜗牛纹一般都伴随着光伏电池的隐裂出现。在 EL 成像中能够清楚看到出现蜗牛纹光伏组件中的光伏电池隐裂。虽然这种隐裂对于光伏组件的功率衰减似乎并无大的影响，但是光伏电池的隐裂本身就对发电功率有影响，会使得电流不能从栅极电极流向汇流条。据报道，如果裂痕达到电池表面积的 8%，就将对其产出产生不良影响，如果电池断裂部位达到 12%，产出相对断裂区域则出现线性下降。一般认为蜗牛纹本身对于光伏组件的衰减并无影响。这是因为出现蜗牛纹的面积占整个光伏组件的极小部分，所以对于透光率并无太大影响。光伏组件厂商在光伏组件出厂时都会经过至少两次 EL 成像检测，测试无隐裂后才会发货。但是由于运输过程尤其是安装过程中不可避免地会对光伏组件产生撞击或者震动，这种冲击通过边框、玻璃、背板、封装材料到达电池片，会造成脆弱的光伏电池产生微小裂痕，埋下蜗牛纹出现的隐患。另外，高温也会诱导蜗牛纹的产生。因为变色现象通常在光伏组件安装后的三个月到一年内发生。变色的初期速度取决于季节和环境条件，其在夏季和炎热的天气时发生的更快。

实际上，蜗牛纹（图 4-29）的出现是一个综合的过程，EVA 胶膜中的助剂、光伏电池表面银浆构成、光伏电池的隐裂、高温以及体系中水分的催化等因素都会对蜗牛纹的形成起促进作用，而蜗牛纹现象的出现也不是必然，而是有它偶然的引发因素，同一批次光伏组件中不是所有的光伏组件都必然出现。

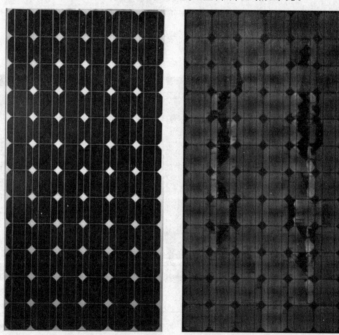

（a）光伏组件的蜗牛纹　　　（b）有蜗牛纹的光伏组件的EL图

图 4-29　蜗牛纹

4. 光伏电池白斑

某些光伏组件的光伏电池上可见白色斑点，这是由于光伏电池焊接时助焊剂残留所导致，如图 4-30 所示。焊接电池片时，一旦使用过量助焊剂未清理干净或是返修时涂抹了过量助焊剂，就会在光伏电池上留下白斑。白斑会使光伏电池与 EVA 分层，降低光伏组件寿命。需要注意在保证焊接效果前提下，减少助焊剂用量；人工返修使用助焊剂及时进行清理；助焊剂按照工艺要求进行更换。

图 4-30 光伏电池白斑

5. 光伏电池及焊带黄变腐蚀

随着光伏组件使用时间的增加，光伏电池的边缘，主栅边甚至整片光伏电池都会发生氧化而变黄，如图 4-31 所示。在光伏电池间隙处的银色焊带也会随使用时间增加而出现黄变甚至腐蚀，这种现象会使电阻变大，影响功率输出，焊带腐蚀严重时，产生的热斑甚至有烧毁光伏电池的风险。

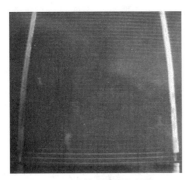

（a）光伏电池氧化变黄　　　　　　　　（b）焊带黄化腐蚀

图 4-31 光伏电池及焊带黄变腐蚀

焊带和光伏电池黄变的原因主要有以下几个方面：①助焊剂中有机卤化物残留引起电子迁移导致腐蚀；②背板、EVA 封装材料透水率高，导致焊带氧化腐蚀；③EVA 水解产生的乙酸腐蚀焊带；④焊带中不同金属的平衡电极电位导致腐蚀；⑤焊带受潮，裸手接触污染，残留汗渍导致腐蚀；⑥操作时使用含有硫的橡胶手套；⑦组件在系统中正电压偏置，银浆发生电化学腐蚀。

通过在焊接光伏电池时减少助焊剂残留，缩减光伏电池焊接到层压间留存时间，组装光伏电池时选用低透水率的封装材料，对拆封的焊带进行密封保存，不裸手接触电池,选用无硫橡胶手套这些方法可以在一定程度上减少光伏电池氧化和焊带腐蚀的情况发生。

6. 封装材料变色

EVA 或其他封装材料的变色是最明显的光伏组件性能下降机理之一。EVA 和背板会变成黄色或棕色,这是劣质材料和太阳光之间的化学反应,多出现在使用时间较久的光伏组件里。一旦开始变色,EVA 就会从原来的状态不断变化,不可避免地导致材料的损害,如图 4-32 所示。

(a) EVA黄变　　　　　　　　　　　　　(b) 背板黄变

图 4-32　封装材料变色

EVA 用于黏结钢化玻璃、电池和背板,由于它在紫外线照射下不稳定,因此约占太阳光 6% 的紫外线长时间的照射以及高温都可造成 EVA 胶膜的老化、龟裂、变黄,继而降低其透光率和光伏组件的功率。另外,如果 EVA 选择了劣质材料,交联度不足,也会造成这种情况。所以有些厂家的 EVA 中会添加抗紫外剂。

背板材料的老化变色主要有两方面原因。一来,背板是紫外敏感材料;二来,EVA 对紫外线截止失效或是 EVA 中紫外吸收剂分解,加速了背板变色。EVA 或背板材料的变色影响组件外观,影响光伏电池对太阳光的吸收效果,降低组件的功率输出,水汽隔离性能也会下降,焊带、电池片腐蚀,绝缘性能下降。

7. 组件脱层

最常见的是光伏组件是由聚合物叠层底片叠成,如典型的晶体硅组件。随着层数的增多,可能产生一些脱层,如图 4-33 所示。光伏组件的脱层包括背板与 EVA 分层、EVA 与玻璃分层、EVA 与光伏电池间分层。明显的分层可以肉眼识别。分层由多种因素导致:①在光伏组件制造过程中,层压机工作时的参数(譬如压力)设置不合理;②材料问题,材料匹配性不好、硅胶密封性不好、背板层间分层;③外部环境问题,湿气、紫外线等导致封装材料间的黏力被破坏、金属离子的污染。

光伏组件的脱层不仅影响其外观,还会遮挡光伏电池,使功率输出下降,严重时它使得水分渗透到光伏组件内部,从而导致焊带、光伏电池腐蚀,致使光伏组件报废,此时光伏组件则需要被更换。

控制脱层的出现可以从两方面着手:①物料管控,监控新材料导入流程,并进行光伏组件可靠性试验；②制程控制，对层压参数、交联度、剥离强度、硅胶补胶量严格控制。

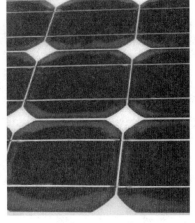

（a）多晶光伏组件的分层　　　　　　　　（b）单晶光伏组件的分层

图 4-33　光伏组件脱层现象

8. 背板龟裂粉化

光伏组件背板对紫外线敏感，在紫外线的作用下，背板中的 PET 层或涂覆层会发生降解，使背板呈现出开裂或粉化问题，如图 4-39 所示。另外，如果背板透水率高，导致 PET 水解，也会使其龟裂粉化。背板龟裂后，会使电池栅线氧化，EVA 水解，降低光伏组件绝缘性能以及寿命。所以选择背板材料时，应该使用耐候性好的含氟型背板材料，并材料引进前进行可靠性试验，验证耐候性；在运输和使用光伏组件过程中，减少光伏组件背板磨损或划伤。

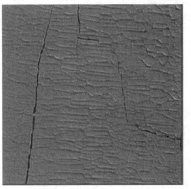

（a）背板开裂　　　　　　　　　　　　（b）背板粉化

图 4-34　背板龟裂粉化

9. 光伏组件破碎

光伏组件必须经过钢化玻璃的封装，在使用过程中，可能会发生玻璃的破损、爆炸、烧毁。冰雹，石头等外力冲击、不正确的搬运、安装方式，牢固度不足，受力不均等会造成玻璃破损；玻璃内硫化镍膨胀会导致玻璃自爆，自爆率约为 0.3%；组件热斑下导致的部分高温使得光伏组件烧毁破碎。组件破碎如图 4-35 所示。

  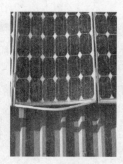 

　　（a）玻璃自爆　　　　　　（b）外力撞击　　　　　　（c）安装不当　　　　　　（d）热斑烧毁

图 4-35　光伏组件破碎

光伏组件的破碎不但会让发电量降低，还存在火灾隐患，甚至造成人身伤害。

10. 热斑

光伏电池间的微小差异或被遮阴导致该电池的特性在串接电路中与整体不协调。失谐的光伏电池不但对光伏组件输出贡献较低或者没有贡献，而且会消耗其他光伏电池产生的能量导致局部过热，这种现象称为热斑效应。组件热斑如图 4-36 所示，热斑影像如图 4-37 所示。

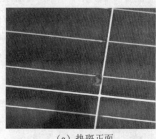 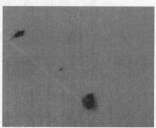 

　　（a）热斑正面　　　　　　　（b）热斑背面　　　　　　　（c）热斑起火

图 4-36　光伏组件热斑

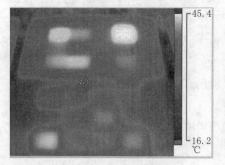 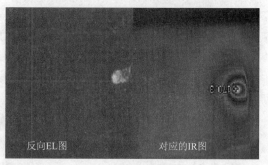

　　（a）热斑的红外影像图　　　　　　　　　（b）热斑的EL和IR图

图 4-37　热斑影像图

光伏电池上的热斑形成有内因和外因。内在因素主要有两个，分别是内阻和光伏电池自身暗电流大小，由于导致内阻变化和暗电流变化的因素不同，从而使光伏电池产生不同的热斑现象。

光伏电池发生热斑效应时，承受反压，如果暗电流过大，电流叠加后会导致光伏电池被击穿。雪崩效应所形成的漏电流是导致光伏电池击穿的主要因素。光伏电池暗电流的大小与本身内部缺陷和杂质有关，杂质和缺陷越多，暗电流越大；此外，还与电压和温度有关，电压越高，激发的非平衡载流子越多，暗电流越大，暗电流的增长速度随电压增大而变慢，直至光伏电池被击穿；温度越高，光伏电池内部的微观运动越剧烈，非平衡载流子激发越迅速，暗电流越大。由暗电流引起的热斑效应所产生的现象主要是击穿、正面脱层、背板起鼓等。

内阻不均匀导致的热斑效应所产生的现象主要有击穿、局部烧毁、互联条处脱层、烧毁甚至导致裂片。光伏电池内阻越大，产生的温度越高。内阻不均匀所导致的击穿现象主要是由于光伏电池生产过程中的工艺缺陷，如去边不彻底或者过头导致 p 型层向 n 型层延伸、边缘栅线局部短路、烧结过度或杂质污染导致的局部 pn 结短路等。局部电阻过大主要体现在互联条附近，形成原因也是多方面的，比如：焊接互联条过程中造成的隐裂，互联条不清洁造成的污染和虚焊，互联条之间的搭接不良造成的接触电阻变大等，最终导致互联条附近发生脱层、电池片裂片、烧毁；另外也有光伏电池正电极或背电极与硅片接触不良，导致串联电阻变大。

光伏组件的热斑产生处伴随着局部高温，过高的温度导致封装材料加速老化、焊接处融化、玻璃破碎甚至烧毁组件。一方面，应严格控制生产工艺，测试暗电流以及内阻的大小和分布，将隐患消除在初始阶段，尽量降低产生热斑的可能性，减小热斑的危害性；另一方面，在电池旁边并联旁路二极管。一般来说，一个由 72 个光伏电池串联的光伏组件中，每 24 个光伏电池并联上一个旁路二极管，当被遮挡电池带有负压且其大小达到二极管导通电压时，旁路二极管可以把被遮挡的光伏电池短路，使较少的电流流过被遮挡部分。但这样只是减少了被遮挡光伏电池所受反向电压与流过电流的大小，并不能真正避免热斑现象。不过热斑效应严重时，旁路二极管还是可能会被击穿，令组件烧毁。在实际电力生产时，还是得尽可能安排合理的安装角度距离，避免光伏组件前后排遮挡，另外要定期清洁，避免灰尘的遮挡。

11. 二极管击穿

二极管在光伏组件中十分重要，主要是旁路二极管和阻塞二极管。为防止光伏电池在强光下由于遮挡造成其中一些光伏电池因为得不到光照而成为负载而产生严重发热受损，需要光伏电池组件输出端的两极并联旁路二极管。当光伏电池出现热斑效应不能发电时，起旁路作用，让其他光伏电池所产生的电流从二极管流出，使光伏发电系统继续发电，不会因为某一片光伏电池出现问题而产生发电电路不通的情况。在光伏组件汇流输出端要串联防阻塞二极管。这是为了防止夜间电网或者蓄电池的电流反馈给光伏组件，避免组件受到反向电压电流损害和电能损坏。

在光伏组件被遮挡或由于光伏电池断裂引起的光伏电池部分断开或者雷雨天气时,二极管两端的反向电压增大到某一数值,反向电流急剧增大,二极管失去单方向导电特性,这种状态称为二极管的击穿,如图4-38所示。击穿后的二极管可能导致电源短路,烧坏光伏电池。

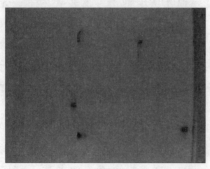 

(a) 光伏组件背面　　　　　　　　　　　　(b) 光伏组件正面

图4-38 二极管击穿后的光伏组件

为了避免二极管击穿带来的隐患,需要定期在光照条件下检测光伏组件两端电压,红表笔接光伏组件正极,黑表笔接负极,若检测的输出端电压为零,则此光伏组件背面接线盒中的旁路二极管被击穿。一旦发现,必须马上更换二极管。

12. 电势诱导衰减效应(PID)

高效n型电池在正极接地会发生电势诱发衰减效应。这种效应被称为极化。通常仅在小部分存在功率损失并且对地面具有不同电压极性的光伏组件中发生。其电能损失主要体现在电压损失,这种现象被称为电势诱发衰减效应(PID)。

在晶体硅基光伏组件中,PID在一定程度上是可逆极化效应,在p型和n型电池中分别是负极和正极。该效应导致电池分流,因此减少了光伏组件的填充因子。

光伏组件长期在高电压作用下,使玻璃、封装材料之间存在漏电流,大量电荷聚集在光伏电池表面,使得光伏电池表面钝化效果恶化,导致开路电压、短路电流、填充因子降低,使光伏组件性能低于设计标准,严重时会引起功率衰减达到50%。

PID的产生受到多方面的影响。

(1) 系统设计方面。光伏电站防雷接地是通过光伏阵列边缘的光伏组件边框接地实现的,这造成了单个光伏组件和边框之间电压差的存在。对于p型晶硅组件,通过逆变器负极接地可以预防该类PID现象,但是会增加成本。

(2) 光伏组件和环境方面。高温、高湿的外界环境使得光伏电池和接地边框之间形成漏电流,封装材料、背板、玻璃和边框之间构成了漏电流通道。改变EVA绝缘性能是实现组件抗PID的方式。也可以使用透水率更低的背板材料或是双玻光伏组件。

（3）光伏电池方面。光伏电池方块电阻的均匀性、减反射层的厚度和折射率等对 PID 性能都有着不同的影响。使用抗 PID 效应的光伏电池可以实现光伏电池抗 PID。

发生 PID 后的光伏组件功率输出明显下降，EL 图片呈现不规则的黑片现象，如图 4-39 所示。PID 现象在光伏组件边缘最为严重，从铝边框附件开始发生，同时光伏组件功率输出呈现不同程度的衰减。

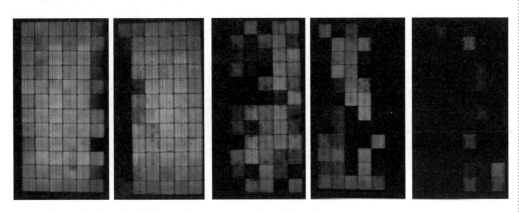

图 4-39　发生 PID 后的光伏组件 EL 测试影像图

13. 接线盒进水烧毁

接线盒是固定在光伏组件背面用来保护光伏组件电池串到外部端子的连接部分的容器。线盒进水烧毁（图 4-40）是最常见的一种故障。线盒烧毁后，光伏组件发出来的电量就无法传输出来，使得光伏组件烧毁、报废，存在火灾风险。

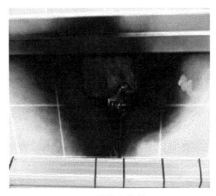

（a）接线盒进水腐蚀　　　　　　　　　　（b）接线盒烧毁

图 4-40　接线盒进水烧毁

接线盒烧毁原因在于：①线盒连接器密封性差，进水腐蚀金属部件；②线盒汇流条接线不良或焊接不良，导致发热烧毁；③二极管击穿，持续电流导致发热烧毁；④使用环境超出防护等级规定，进水腐蚀；⑤连接器金属插针接触面积小；⑥连接器连接未到位，虚接。

4.4.2　光伏阵列故障

光伏阵列由组件进行串并联而成，所以光伏组件的故障就可能引发光伏阵列的故障，特别是遮挡导致的热斑往往伴随多个光伏组件发生。另外，也有一些故障产生在光伏组件之间，表现为其电流、电压、功率数据的异常。在此对光伏阵列常见故障进行分析和说明。

1. 接地故障

接地故障可能是因为光伏阵列中间某一块光伏组件的连接线与光伏支架连接，或者是电缆的绝缘层损坏等造成的。如图 4-41 所示，光伏组件标称的开路电压是 40V。此光伏阵列有 9 块光伏组件，从检测的数据看可能是第 4 块与第 5 块光伏组件之间的连接线与支架连接。

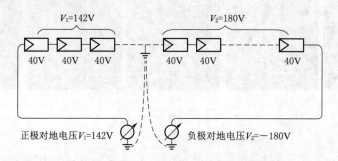

图 4-41　光伏阵列接地故障示意图

用万用表测量光伏组件两端以及正负极对地的电压，如果光伏组件串两端正常而正负极对地的电压大且稳定，则可判断为接地故障。

日常生产时，需要巡检员检查光伏组件的连接线，特别注意连接线与支架接触的地方，找出与支架连接的导线。另外，接地连续性也很重要，应对汇流箱、组件和逆变器每个关键设备的接地连续性进行测试。判定条件为接触电阻不高于 $100\text{m}\Omega$，且保证其他地电阻不高于 4Ω。

2. 光伏组件阵列开路电压异常

在汇流箱监测光伏阵列的电压时，各个光伏阵列的开路电压会有微小差异，但就算是测量时太阳辐照度不同，开路电压的差别一般不会超过 5%。如果超过这个范围，可能是光伏阵列中某块光伏组件的旁路二极管损坏或者光伏组件损坏或是通信（板）故障。

光伏阵列输出电压过低，会降低系统的输出功率，长期会造成组件被击穿。其解决办法为：

（1）查看光伏组件阵列有无阴影遮挡。

（2）查看汇流箱通信线路是否短路或接触不良。

（3）检查汇流箱通信控制系统是否正常。

（4）检测光伏阵列中每个光伏组件的开路电压，查出开路电压异常的光伏组件（查看光伏组件品质异常）。

（5）检测旁路二极管，如果二极管有问题就更换二极管，如果二极管没问题就更换光伏组件。

3. 支路电流数据异常

（1）支路电流偏低。导致支路电流偏低的最常见的原因有：光伏组件破损、各种遮挡、光伏组件旁路二极管损坏、测控模块通信异常等。

（2）支路电流为零。支路电流为零是电站智能化信息监测中最常见的现象。导致支路电流为零的最常见的原因主要为：支路正、负极保险烧毁、测控模块通信中断、光伏组件间接线开路、光伏组件被风掀翻导致支路开路、接线盒内部二极管短路造成烧毁、光伏组件接线头烧毁等。

（3）支路电流持续一段时间不发生变化或者跳变。出现支路电流持续长时间不发生变化或者跳变通常是由于通信故障引起的。测控模块的地址、波特率等参数设置错误也会造成这种现象发生。

（4）汇流箱所有支路电流为零。以下问题常会导致汇流箱所有支路均为零：断路器机械磨损导致跳闸、汇流箱烧毁、通信故障、测控模块供电电源故障、防雷模块损坏。其中，通信故障发生频率相对最高，这一点因汇流箱型号而异。

（5）逆变器数据为零。逆变器监测数据均为零通常可能是由以下问题引起：直流过压保护、熔断器熔丝失效故障、由于光伏组件连接线接地造成断路器跳闸、通信故障等。

4. 光伏阵列过压

如果光伏组件串联数量过多，造成电压超过逆变器的电压，就会引发直流电压过高报警。

因为光伏组件的温度特性，温度越低，电压越高。假设单相组串式逆变器输入电压范围是 $100 \sim 500\text{V}$，建议组串后电压在 $350 \sim 400\text{V}$；三相组串式逆变器输入电压范围是 $250 \sim 800\text{V}$，建议组串后电压在 $600 \sim 650\text{V}$。在这个电压区间，逆变器效率较高，早晚辐照度低时也可发电，但又不至于电压超出逆变器电压上限，引起报警而停机。

5. 隔离故障

隔离故障由光伏系统对地绝缘电阻小于 $2\text{M}\Omega$ 引起。

造成隔离故障的原因有：光伏组件、接线盒、直流电缆、逆变器、交流电缆、接线端子等地方有电线对地短路或者绝缘层破坏。光伏接线端子和交流接线外壳松动，导致进水等。

解决办法有断开电网，逆变器，依次检查各部件电线对地的电阻，找出问题点，并更换部件等。

6. 漏电流故障

如果光伏阵列的漏电流太大，漏电保护器就会动作，不能工作。此时可以取下光伏阵列输入端，然后检查外围的交流电网。将直流端和交流端全部断开，让逆变器停电 30min 以上，如果自己能恢复就继续使用。

7. 系统输出功率偏小

光伏阵列在运行过程中达不到理想的输出功率可能由多种因素导致：太阳能资

源偏低，光伏组件的倾斜角度设计不当，灰尘和阴影阻挡，光伏组件运行温度高等。也有可能是因系统配置安装不当造成系统功率偏小。常见解决办法有：

（1）在安装前，检测每一块光伏组件的功率是否足够。

（2）调整光伏组件的安装角度和朝向。

（3）检查光伏组件是否有阴影和灰尘。

（4）检测光伏组件串联后电压是否在电压范围内，电压过低系统效率会降低。

（5）多路光伏阵列安装前，先检查各路组串的开路电压，相差不超过 5V，如果发现电压不对，要检查线路和接头。

（6）安装时，可以分批接入，每一组接入时，记录每一组的功率，光伏阵列之间功率相差不超过 2%。

（7）安装地方通风不畅通，逆变器热量没有及时散播出去，或者直接在阳光下暴露，造成逆变器温度过高。

（8）逆变器有双路 MPPT 接入，每一路输入功率只有总功率的 50%，原则上每一路设计安装功率应该相等，如果只接在一路 MPPT 端子上，输出功率会减半。

（9）电缆接头接触不良，电缆过长，线径过细，有电压损耗，最后造成功率损耗。

（10）并网交流开关容量过小，达不到逆变器输出要求。

4.4.3 不同故障下光伏阵列电气特性分析

为了解决日益凸显的环境问题，减少化石燃料的消耗，响应全球能源结构调整，近几年来光伏产业发展迅速。截至 2017 年年底，世界光伏装机容量累计 310GW$_p$。相较于传统化石能源，光伏发电具有可持续发展、零污染、安全等特点。根据研究显示，光伏发电系统每产生 100GW 的电量就可减少 5300 万 t 二氧化碳的排放，因此，大力发展可再生能源已成为世界各国的共识。光伏阵列作为光伏发电系统中最为重要的组成部分，因复杂的生产工艺和艰苦的工作环境，发生故障难以避免。这些将会降低光伏阵列的发电效率，减少其使用寿命，甚至造成火灾引发安全问题。针对常见的光伏阵列故障类型，研究典型故障条件下的光伏出力特性，对于深入认知光伏故障特点、实现准确的光伏故障诊断等具有重要意义。

在此仿真光伏阵列四种典型故障下的电气参数分布特征，包括开路故障、短路故障、阴影故障、异常老化故障。简单起见，在 MAT-LAB 环境下建立 3×5 光伏阵列仿真模型如图 4-42 所示，仿真条件均设置为标准测试条件（1000W/m²，25℃），故障条件设置见表 4-2。

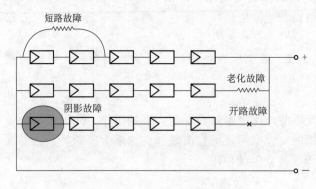

图 4-42 3×5 光伏阵列仿真模型

表 4－2   故 障 条 件 的 设 置

故障类别	描　述	故障类别	描　述
F1	正常状态	F7	异常老化 2Ω
F2	一个组件短路	F8	异常老化 4Ω
F3	两个组件短路	F9	异常老化 6Ω
F4	三个组件短路	F10	一个组件阴影遮挡
F5	一个支路开路	F11	两个组件阴影遮挡
F6	两个支路开路	F12	三个组件阴影遮挡

实际情况下，光伏阵列的任一支路均可能发生任意数量的组件短路。为了降低问题的复杂程度，该部分对同一支路不同数量的组件短路故障进行分析，即短路 1/2/3 个组件。其仿真模型如图 4－43 所示，可通过将电阻 1~3 的电阻值设置为 0 或者无穷来对故障进行仿真，输入辐照度及组件运行温度均设置为 $1000\mathrm{W/m^2}$，$25\,℃$。

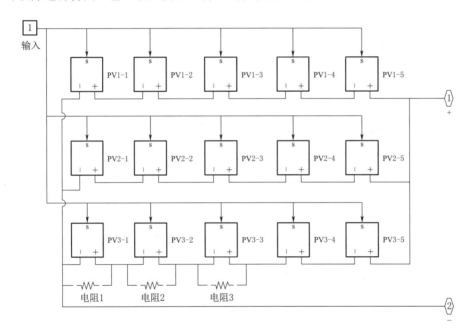

图 4－43 短路故障仿真模型

短路故障的仿真结果如图 4－44 所示。当外部激励条件不变时，随着断开支路的增多，光伏阵列的短路电流、最大工作点电流、最大功率逐渐下降，但最大工作点电压、开路电压保持不变。因此，开路故障在光伏阵列电气参数上的体现为短路电流、最佳工作点电流、最大功率的下降。

对开路故障条件下光伏阵列输出特性展开研究，其仿真模型如图 4－45 所示。可通过将电阻 4、电阻 5 的电阻值设置为无穷来对开路故障进行仿真，输入辐照度及组件运行温度均设置为 $1000\mathrm{W/m^2}$，$25\,℃$。

开路故障的仿真如图 4－46 所示。当外部激励条件不变时，随着断开支路的增

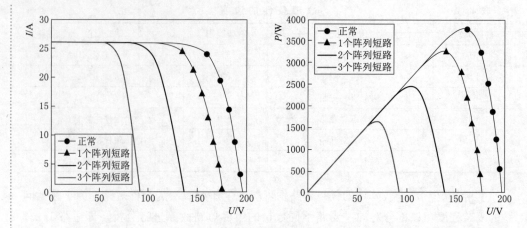

图 4－44　不同短路故障下光伏阵列的 *I—U*、*P—U* 特性

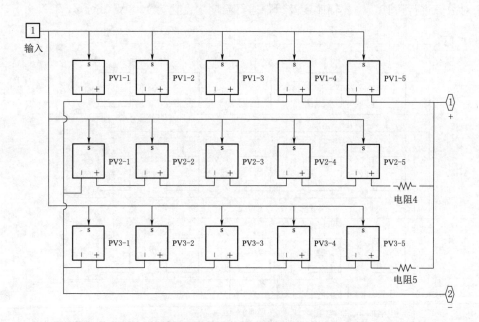

图 4－45　开路故障仿真模型

多，光伏阵列的短路电流、最大工作点电流、最大功率逐渐下降，但最大工作点电压、开路电压保持不变。因此，开路故障在光伏阵列电气参数上的体现为短路电流、最佳工作点电流、最大功率的下降。

　　光伏阵列的异常老化故障可以等效于串联电阻的增加。本部分通过设置电阻值大小（1Ω/2Ω/3Ω）来对不同的异常老化故障进行仿真，如图 4－47 所示。输入辐照度及组件运行温度均设置为 $1000\mathrm{W/m^2}$，25℃。

　　光伏阵列 3 种不同的异常老化故障下输出特性如图 4－48 所示。由图可知，当外部激励条件不变时，随着电阻阻值的增加，最大功率点到开路电压点连线斜率的绝对值、最大工作点电压和最大功率明显降低，最大工作点电流略微下降，而开路

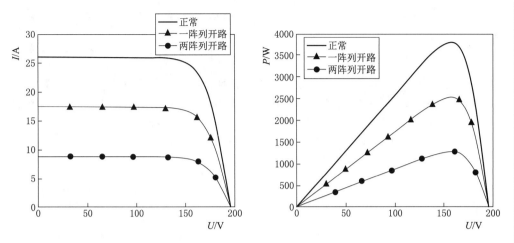

图 4-46 不同开路故障下光伏阵列的 I—U、P—U 特性

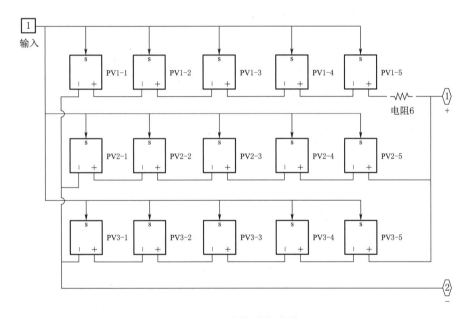

图 4-47 老化故障仿真模型

电压、短路电流基本保持不变。因此，光伏阵列异常老化故障在电气参数上的体现为最大工作点电压，最大工作点电流和最大功率的下降。

实际运行中的光伏阵列，受周围高大建筑物、阵列前后排、落叶等的影响，往往会发生阴影遮挡故障，其可等效于被挡组件所接受的辐照度小于未被遮挡的组件。本部分对光伏阵列同一组串内不同数量及不同程度的遮挡进行仿真，仿真中通过设置 Gain 模块的参数小于 1 来达到阴影遮挡的作用，如图 4-49 所示，分别设置以下三种情况：阴影 1（C1：0.6，C2：1，C3：1），阴影 2（C1：0.6，C2：0.4，C3：1），阴影 3（C1：0.6，C2：0.4，C3：0.2）。输入辐照度及组件运行温度均设置为 1000W/m^2，25℃。

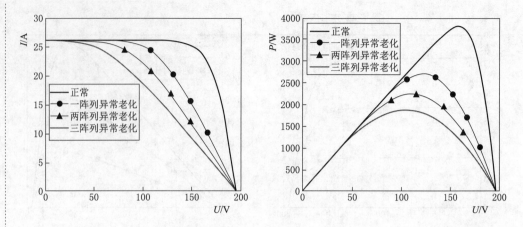

图 4-48 不同异常老化故障条件下光伏阵列的 $I-U$、$P-U$ 特性

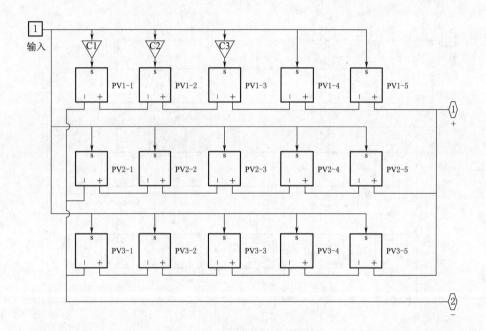

图 4-49 阴影故障仿真模型

由图 4-50 可知，当光伏阵列出现阴影故障时，因被挡组件带负压导致旁路二极管导通，其 $I-U$、$P-U$ 曲线均呈现多峰值，阶梯状的特点。从电气参数分布上考虑，开路电压、短路电流基本无变化，但最大工作点电压、最大工作点电流、最大功率随着被挡组件数量的增多、被遮挡程度的增大而增大。因此，阴影遮挡在电气参数上的体现为最大工作点电压、最大工作点电流、最大功率的减少。

由前述的分析可知，不同类型的故障对电气参数特征影响是不同的，其总结见表 4-3。

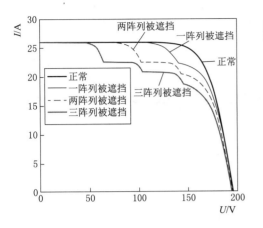 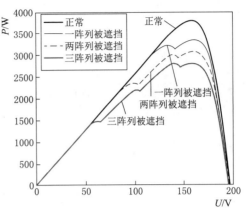

图 4-50　不同阴影故障下光伏阵列的 $I—U$、$P—U$ 特性

表 4-3　　　　　　　不同故障条件下电气特征参数变化

故障名称	产生机理	开路电压	短路电流	最佳工作点电压	最佳工作点电流
开路故障	组件间意外开路	不变	下降	不变	下降
短路故障	组件间意外短路	下降	不变	下降	不变
异常老化	组件受腐蚀,损坏	不变	不变	下降	下降
阴影故障	阵列前后排、周围建筑物的遮挡	不变	不变	下降	下降

课　后　习　题

1. 简述光伏电池的结构组成。
2. 光伏组件串联的目的是什么?
3. 请描述光伏电池等效模型的结构和组成。
4. 影响光伏阵列性能的因素。
5. 灰尘是如何影响光伏电站的发电量的?
6. 简述光伏电池性能退化的原因。
7. 光伏组件老化失效模式有哪些?
8. 请简述光伏阵列中包括哪些二极管,并说明其作用。

参　考　文　献

［1］ 宋玉萍.太阳能光伏并网发电系统的研究与应用［D］.北京:华北电力大学,2011.
［2］ 王飞,余世杰,苏建徽,等.太阳能光伏并网发电系统的研究［J］.电工技术学报,2005,20（5）:72-74.
［3］ 袁晓,赵敏荣,胡希杰,等.太阳能光伏发电并网技术的应用［J］.上海电力,2006,19（4）:342-347.
［4］ 张艳霞,赵杰,邓中原.太阳能光伏发电并网系统的建模和仿真［J］.高电压技术,2010

（12）：3097－3102.

［5］ 李晶，许洪华，赵海翔，等 . 并网光伏电站动态建模及仿真分析 ［J］. 电力系统自动化，2008，32（24）：83－87.

［6］ Djamila Rekioua，等 . 光伏发电系统的优化——建模、仿真和控制 ［M］. 杨立永，毛鹏，译 . 北京：机械工业出版社，2014.

［7］ Geoff Stapleton，等 . 太阳能光伏并网发电系统 ［M］. 王一波，郭靖，译 . 北京：机械工业出版社，2014.

［8］ 太阳光发电协会 . 太阳能光伏发电系统的设计与施工 ［M］. 宁亚东，译 . 北京：科学出版社，2006.

第5章 光伏发电中的储能

相对于传统的火电和水电，光伏发电具有明显的间歇性，无法为负荷提供持续、稳定的能量供给，同时光伏发电的波动性、不确定性等特点，在大规模光伏开发利用时给电力系统的安全稳定运行带来了严峻的挑战。储能是解决上述问题的有效途径。在独立光伏发电系统中，储能在白天储存电能，晚上供给负载，保证供电的平稳连续，解决供电可靠性问题。在并网光伏发电系统中可以平抑系统出现的瞬时功率不平衡，削峰填谷、平滑负荷、减少系统备用，使大规模光伏发电稳定可靠地接入公共电网，克服现有新能源带来的间歇性、波动性问题。

5.1 电能存储概述

本书中讨论的储能是指电能的存储，即通过一定形式的能量载体将电能存储起来，在能量释放时又转换为电能。对于公共电网来讲，通过电能存储技术，可以：

（1）减少自然灾害和大面积停电带来的影响，提高电网安全性。

（2）提高用户电能质量，优化和改善电压、谐波、短时断电等问题。

（3）减小可再生能源间歇性、波动性的影响，促进其大规模并网发电。

电能可以转化为化学能、势能、动能、电磁能等形态存储，到目前为止，人们已经开发了多种形式的储能系统。依据不同的储能原理，常见的储能方式包括：电化学储能、电磁储能、机械储能等方式。

常见的储能
方式

5.1.1 电化学储能

电化学储能主要是通过电池的正负极的氧化还原反应来进行充放电，是各类储能技术中应用最为广泛的方式，具有可靠性高、模块化程度高等特点。电化学储能系统的结构如图5-1所示。一般电化学储能系统包括三个部分：电池堆（BS）、电池管理系统（BMS）和储能变流器（PCS）。其中电池堆BS接受来自电池管理系统的控制信息，实现对电能储存和释放，同时将状态信息反馈给电池管理系统；电池管理系统BMS可以实时监控电池电压、电流和温度并具有一定的保护功能，电池管理系统收集电池堆的状态信息并将其传递给上一级能量管理系统，同时将上一级的控制信息传递到电池堆；储能变流器接收能量管理系统的控制信息并反馈状态信息，实现对电池堆电能的双向变换。

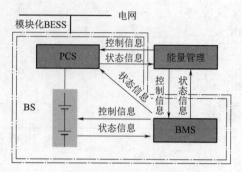

图 5-1 电化学储能系统的结构

对于作为储能本体的蓄电池来说，根据其采用的化学物质的差异，可细分为多种类型，在此对光伏发电中常用的电化学储能方式原理进行介绍。

1. 铅酸蓄电池

铅酸蓄电池的电极主要由铅及其氧化物制成，电解液为硫酸溶液。荷电状态下，正极主要成分为二氧化铅，负极主要成分为铅；放电状态下，正负极的主要成分均为硫酸铅。铅酸电池的标称电压一般为 2.0V，比能量为 25～30W·h/kg，比功率为 150W/kg，工作温度一般为 -20～40℃。铅酸阀控电池由于自身结构上的优势，电解液的消耗量非常小，在使用寿命内基本不需要补充蒸馏水。它还具有耐振动、耐高温、体积小、自放电小的特点，使用寿命通常为普通蓄电池的两倍。铅酸电池常用于备用电源、电网削峰填谷和新能源发电中。铅酸电池原材料丰富、价廉，技术成熟，但是存在铅污染，电池成本高且循环使用寿命较短等问题。

完全充电的铅酸蓄电池，放电时的化学反应方程式一般为

$$\underset{\text{负极板}}{Pb} + \underset{\text{正极板}}{PbO_2} + 2H_2SO_4 \longrightarrow \underset{\text{负极板}}{PbSO_4} + \underset{\text{正极板}}{PbSO_4} + 2H_2O$$

从化学反应式可知，铅酸蓄电池在放电时，正、负极板都变成了硫酸铅，消耗了电解液中的硫酸，同时析出水，使电解液的浓度减小。

铅酸蓄电池放电时的回路方程为

$$U_f = E - I_f R_n \tag{5-1}$$

式中：U_f 为放电时的端电压；E 为电动势；I_f 为放电电流；R_n 为内阻。

放电电流的大小，常用蓄电池额定容量的倍数表示。设放电电流以 I_f 表示，则

$$I_f = K_m C_{10} \tag{5-2}$$

式中：K_m 表示放电率（倍数）、C_{10} 为蓄电池额定容量（Ah），铅酸蓄电池一般以 10h 放电容量为额定容量。即若放电率 $K_m = 0.1$，则表示放电电流 $I_f = 0.1C_{10}$（A）。

铅酸蓄电池充电时的一般化学反应式为

$$\underset{\text{负极板}}{PbSO_4} + \underset{\text{正极板}}{PbSO_4} + 2H_2O \longrightarrow \underset{\text{负极板}}{Pb} + \underset{\text{正极板}}{PbO_2} + 2H_2SO_4$$

化学反应式表明，铅酸蓄电池充电后，正极板恢复为原来的二氧化铅 PbO_2，负极板恢复为原来的铅棉 Pb，并生成硫酸，电解液由稀变浓，即其浓度将恢复为规定值。

从充电和放电的化学反应式可以看出，蓄电池的充电和放电过程是一个可逆的化学变化过程，放电时，电解液变稀，浓度减小；充电时，电解液浓度增大。

不同导电材料制成的两极板放入同一电解液中时，由于它们的电化次序不同，产生不同的电位。两极板在外电路断开时的电位差就是蓄电池的电动势。在正、负极板材料一定时，电动势的大小主要与电解液的浓度有关。电动势的大小也受电解

液温的影响，但在容许温度范围内其影响很小。因此，蓄电池的电动势 E 可近似地用以下经验公式决定，即

$$E = 0.85 + d \qquad (5-3)$$

式中：d 为电解液的密度。

一般固定式铅酸蓄电池电解液的密度（充足电时）为 $1.215 \mathrm{g/cm^3}$，故其电动势为

$$E = 0.85 + 1.215 = 2.065 \qquad (5-4)$$

充足电的蓄电池，经过一定时期后，会出现电量下降的现象，是由于蓄电池自放电的缘故。蓄电池自放电现象，是运行维护中应特别注意的问题，也是使运行维护复杂化的原因之一。

蓄电池自放电的主要原因，是由于电解液和极板含有杂质。电解液的杂质，可能形成内部漏电，引起自放电；极板中的杂质，形成局部的小电池，小电池的两极又形成短路回路，引起蓄电池的自放电。其次，由于蓄电池电解液上下密度不同，极板上下电动势不等，因而在极板上下之间的均压电流也引起蓄电池自放电。

蓄电池的自放电会使极板硫化。通常铅酸蓄电池一昼夜内，由于自放电使其容量减小 $0.5\% \sim 1\%$。因此，为防止运行中蓄电池的硫化，对充足电而搁置不用的蓄电池一般要在每月进行一次补充充电。

2. 锂电池

锂电池是一类由锂金属或锂合金为负极材料，使用非水电解质溶液的电池。锂离子电池主要优点表现在：比能量高、使用寿命长、额定电压高、具备高功率承受力、安全环保等。由于安全性等的原因，早期锂电池只大量用于手机、电脑电源等小型设备中，很少用于动力电源。近年来，锂离子电池各项关键技术尤其是安全性能方面的突破以及资源和环保方面的优势，使得锂离子电池产业发展速度极快，在新能源汽车、新能源发电、智能电网、国防军工等领域的应用越来越受到关注。大规模锂离子电池可用于改善可再生能源功率输出、辅助削峰填谷、调节电能质量以及用作备用电源等。随着锂离子电池制造技术的完善和成本的不断降低，锂离子电池储能将具有良好的应用前景。

锂离子电池能量密度非常高，工作温度范围宽，在 $-20 \sim +70\mathrm{^\circ C}$ 的环境下都可正常工作，功率特性好，充放电速度快，储能效率可高达 90% 以上。

锂离子工作原理如图 5-2 所示。锂离子电池的反应实质上为一个 $\mathrm{Li^+}$ 浓差电池，下面以钴酸锂电池为例介绍其充放电原理以及其正负极反应方程式。

充电时，$\mathrm{Li^+}$ 从正极脱出并嵌入负极晶格，正极处于贫锂态；放电时，$\mathrm{Li^+}$ 从负极脱出并插入正极，正极为富锂态。为保持电荷的平衡，充、放电过程中应有相同数量的电子经外电路传递，与 $\mathrm{Li^+}$ 一起在正负极间迁移、使正负极发生氧化还原反应，保持一定的电位。以石墨/锂钴氧电池为例，充电时正极 $\mathrm{LiCoO_2}$ 中的锂离子迁出，经过电解液，嵌入石墨的碳层间，在电池内形成锂碳层间化合物；放电时，过程刚好相反，即锂离子从石墨负极的层间迁出，经过电解液，进入正极 $\mathrm{LiCoO_2}$ 中。钴酸锂电池的各电极反应和电池的反应分别为

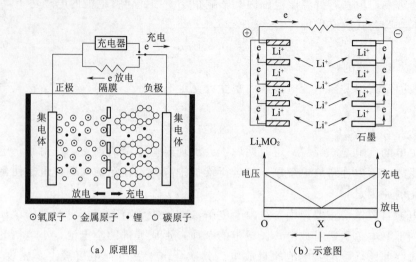

（a）原理图　　　　　　　　　（b）示意图

图 5-2　锂离子工作原理图

负极：$6C + xLi^+ + xe^- = Li_xC_6$

正极：$LiCoO_2 = xLi^+ + Li_{1-x}CoO_2 + Xe^-$

电池总反应：$LiCoO_2 + 6C = Li_{1-x}CoO_2 + Li_xC_6$

3. 钠硫电池

钠硫电池是一种以金属钠为负极，硫为正极，陶瓷管β-Al_2O_3为电解质隔膜的二次电池，在一定工作条件下，钠离子透过电解质隔膜与硫发生可逆反应，实现能量的释放和储存。一般常规二次电池如铅酸电池、镉镍电池等都是由固体电极和液体电解质构成，而钠硫电池则与之相反，它是由熔融液态电极和固体电解质组成的。

钠硫电池通常是由正极、负极、电解质、隔膜和外壳等几部分组成。负极活性物质为熔融金属钠，正极活性物质包括硫和多硫化钠熔盐。由于硫是绝缘体，所以硫一般是填充在导电的多孔的炭或石墨毡里。固体电解质兼隔膜的是一种专门传导钠离子被称为β-Al_2O_3的陶瓷材料，外壳则一般用不锈钢等金属材料，其结构如图 5-3 所示。

钠硫电池的正负极反应分别为

负极：$2Na = 2Na^+ + 2e^-$

正极：$2Na^+ + xS + 2e^- = Na_2S_x$

总反应：$2Na + xS = Na_2S_x (3 < x < 5)$

钠硫电池有着如下优势：原材料丰富、易得；功率密度大，能量密度大，大功率钠

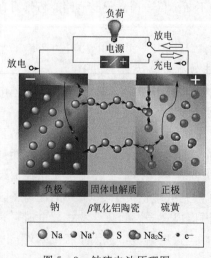

图 5-3　钠硫电池原理图

硫电池先进的结构设计使其理论比能量高达 $760W \cdot h/kg$，实际大于 $100W \cdot h/kg$；使用寿命长：大功率钠硫电池连续充放电近 2 万次，使用寿命可达 $10 \sim 15a$；无自放电、记忆效应；体积小、重量轻、便于模块化制造安装，建设周期短。目前钠硫电池储能系统已经成功应用于平滑可再生能源发电功率输出，削峰填谷、应急电源等领域。但是由于钠硫电池的构造及工作原理，钠硫电池的使用存在一定的安全风险：钠硫电池的工作温度需要达到 $300 \sim 350$℃，当电池单元起火时，火势很容易向周围的其他电池单元蔓延，而且控制火势需要大量时间，一旦发生起火事故将对钠硫电池系统造成重大损失。为了防范以上的安全风险，目前采取的解决方法是采用高性能的真空绝热保温技术。另外，钠硫电池启停时间较长，目前尚未大规模推广普及。

4. 液流电池（包括钒电池、锌溴电池）

液流电池的活性物质可溶解分装在两个储液罐中，溶液经过液流电池，在离子交换膜两侧的电极上分别发生还原与氧化反应。此化学反应是可逆的，因此有多次充放电的能力。此系统的储能容量由存储槽中的电解液容积决定，而输出功率取决于电池的反应面积。由于两者可以独立设计，因此系统设计的灵活性大。液流电池原理如图 5-4 所示。

常见的液流电池体系包括全钒体系、溴体系，铈钒体系，全铀体系等。在众多液流电池中，全钒液流电池系统的正、负极活性物质为价态不同的钒离子，可避免正、负极活性物质通过离子交换膜扩散造成的元素交叉污染，优势明显，是目前主要的液流电池产业化发展方向。根据全钒液流电池的运行特性，其应用领域多涉及辅助削峰填谷、改善新能源功率输出、不间断电源（UPS）和分布式电源等场合。

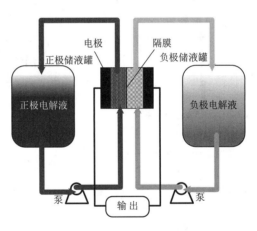

图 5-4　液流电池原理图

在此对目前具有常见电化学电池储能技术的进行性能对比，结果见表 5-1。

表 5-1　　　　　　　常见电化学电池储能技术的性能比较

电池种类	功率上限	比容量/$(W \cdot h/kg)$	比功率/(W/kg)	循环寿命/次	充放电效率/%	自放电/(%/月)	环保性能	技术成熟度
铅酸	数十兆瓦	$35 \sim 50$	$75 \sim 300$	$500 \sim 1500$	$0 \sim 80$	$2 \sim 5$	中	好
镍氢	几十兆瓦	85	$160 \sim 230$	2500	$0 \sim 65$	$15 \sim 30$	好	好
锂离子	数兆瓦	$150 \sim 200$	$200 \sim 315$	$1000 \sim 10000$	$0 \sim 95$	$0 \sim 1$	好	较好
钠硫	十几兆瓦	$150 \sim 300$	$90 \sim 230$	4500	$0 \sim 90$	—	好	较好
钒电池	数兆瓦	$80 \sim 130$	$50 \sim 140$	13000	$0 \sim 80$	—	好	较好

5.1.2　电磁储能

1. 超导磁储能

超导，指导体在某一温度下，电阻为零的状态。超导储能是由于超导磁体环流在零电阻下无能耗运行持久地储存电磁能，且在短路情况下运行，所以称超导储能。超导储能系统的工作方式是采用超导线圈将电能转变为磁场能存储起来，在有需求的时候再把能量转变回电能送回系统。超导磁储能具有长时间无损储能的优点，能快速释放能量，易于实现系统电压、频率、有功和无功的调整。超导磁储能系统对大规模光伏电源接入产生的功率波动问题具有良好的抑制作用。

超导磁储能的能量公式为

$$E_{SMES} = 0.5LI^2 \tag{5-5}$$

超导磁储能的系统的基本结构包括：超导线圈、失超保护、冷却系统、变流器和控制器。超导磁储能原理如图 5-5 所示。

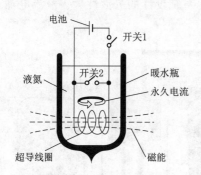

图 5-5　超导磁储能原理

超导磁储能的优点在于，一次储能可长期无损耗地保存，又可瞬时放出，储存能量高，用低压电源励磁即可，装置体积小，节省了常规所需的送变电设备和减少送变电损耗。超导磁储能的应用范围包括提供输电线路电压支撑、不间断电源、系统备用容量、平滑可再生能源波动、改善微网的并网特性。

超导磁储能的技术特点和关键技术展望：

（1）超导磁储能技术的优势在于无损耗、储存的能量不衰减；高转换效率（95％）；响应快（几毫秒）。当然，超导磁储能技术也有着成本高，低温系统复杂，需要定期维护等劣势。

（2）超导磁储能关键技术展望：探索和研究超导电力原理、新装置；研究超导电力装置的内部动态特性及其与电力系统动态相互作用机理；开展超导技术与电力电子技术结合的研究；新的、高性能和高临界温度的超导材料。

2. 超级电容储能

超级电容器是指相对传统电容器而言具有更高容量的一种电容器。通过极化电解质来储存能量。超级电容器是介于电容器和电池之间的储能器件，它既具有电容器可以快速充放电的特点，又具有电池的储能特性。超级电容器和电池都是能量的存储载体，但二者都有不同的特点。超级电容器通过介质分离正负电荷的方式储存能量，是物理方法储能；电池是通过化学反应的方法来储能。超级电容器的充放电次数可达百万次，显然超级电容器的寿命要远大于电池，维护成本低且有利于环保。

超级电容器利用静电极化电解溶液的方式储存能量。虽然它是一个电化学器件，但是它的能量储存机制却一点也不涉及化学反应，其结构如图5-6所示。超级电容器可以被视为在两个极板外加电压时被电解液隔开的两个互不相关的多孔板。对正极板施加的电势吸引电解液中的负离子，而负面板电势吸引正离子。这有效地创建了两个电荷储层，在正极板分离出一层，并在负极板分离出另外一层。

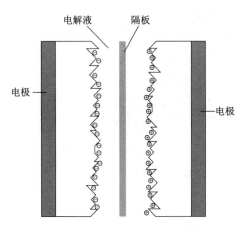

图5-6 超级电容器结构图

传统的电解电容器存储区域来自导电材料平面薄板，并且使用电介质分离电极，这些介质多数为：塑料，纸或薄膜陶瓷。超级电容则是通过大量的材料折叠而成，可以通过改变其表面纹理进一步增加它的表面积。超级电容器的电极采用的是多孔的碳基电极材料。这种材料的多孔结构，允许其面积接近 $2000 m^2/g$，远远大于传统电容器。超级电容器的充电距离取决于电解液中被吸引到电极的带电离子的大小，这个距离远远小于通过使用常规电介质材料的距离，巨大的表面面积的组合和极小的充电距离使超级电容器相对传统的电容器具有极大的优越性。

超级电容器的等效电路模型如图5-7所示。

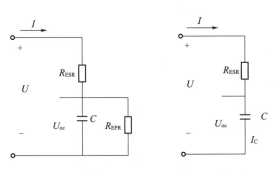

图5-7 超级电容器等效电路模型

其中 C 表示理想电容；R_{ESR} 表示串联电阻，表征超级电容器内部热耗和压降；R_{EPR} 表 I_C 示并联电阻，表征漏电流，往往忽略。

由以上电路模型可以得到超级电容器的数学模型为

$$\begin{cases} I_C = C \dfrac{\mathrm{d}U_{oc}}{\mathrm{d}t} \\ U = U_{oc} + C \dfrac{\mathrm{d}U_{oc}}{\mathrm{d}t} R_{ESR} \end{cases}$$

$$(5-6)$$

超级电容器储能技术的特点有：

（1）充电速度快，充电 10s～10min 可到达其额定容量的 95％以上。

（2）循环使用寿命长，深度充放电循环使用次数可达1万～50万次，没有"记忆效应"。

（3）大电流放电能力强，能量转换效率高，过程损失小，大电流能量循环效率大于等于 90％。

（4）功率密度高，可达 300～5000W/kg，相当于电池的 5～10 倍。

（5）产品原材料构成、生产、使用、储存以及拆解过程中均无污染，是理想的绿色环保电源。

（6）充放电线路简单，无须复杂的充电线路，安全系数高，长期使用免维护。

（7）超低温特性好，温度范围宽（－40～70℃）。

（8）检测方便，剩余电量可直接读出。

（9）容量范围通常为 0.1～1000F。

综上，超级电容器储能技术的特点可以概括为：功率密度高、响应速度快、效率高、寿命长；但也有着明显的缺点：能量密度低、费用高。

5.1.3　机械储能

1. 抽水蓄能

抽水蓄能电站的运行原理（图 5-8）是利用可以兼具水泵和水轮机两种工作方式的蓄能机组，在电力负荷出现低谷时做水泵运行，用多余电能将下水库的水抽到上水库存储起来，在电力负荷出现高峰做水轮机运行，将水放下来发电。抽水蓄能电站可以用于调峰填谷、调相、紧急备用，提高可再生能源利用率和电网供电质量。

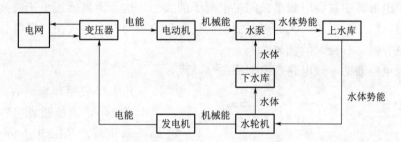

图 5-8　抽水蓄能电站运行原理示意图

抽水蓄能电站的组成包括上水库、输水系统、地下厂房和下水库四个部分：

（1）上水库。抽水蓄能电站的上水库是蓄存水量的工程设备，电网负荷低谷时段可将抽上来的水存储在库内，负荷高峰时段由上水库将水放下来发电。

（2）输水系统。输水系统是输送水量的工程设施。在水泵工况（抽水）把下水库的水量输送到上水库；在水轮机工况（发电）将上水库放出的水量通过厂房输送到下水库。

（3）地下厂房。地下厂房包括主、副厂房、主变洞、母线洞等洞室。厂房是放置蓄能机组和电气设备等重要机电设备的场所，也是电厂生产的中心。抽水蓄能电站无论是完成抽水、发电等基本功能，还是发挥调频、调相、升荷爬坡和紧急事故备用等重要作用，都是通过厂房中的机电设备来完成。

（4）下水库。抽水蓄能电站的下水库也是蓄存水量的工程设施，负荷低谷时段可满足抽水水源的需要，负荷高峰时段可蓄存发电防水的水量。

2. 压缩空气储能

压缩空气储能一般应用于燃气轮机发电系统中，在负荷低谷的时候，电网中富余的电能用来压缩空气，并将其储存在高压罐中；在负荷峰值的时候可以将压缩空气释放出来，驱动燃气轮机发电。压缩空气储能系统可以用于冷启动、黑启动，因其响应速度快，主要用于峰谷电能回收调节、负荷平衡、频率调制、分布式储能和发电系统备用。

压缩空气储能燃气轮机发电系统简称压缩空气储能发电，其构成包括：压气机、燃烧室、燃气透平、电动机/发电机、换热器、储气室（或地下储气库、岩洞、废矿井）等主要部分。燃气轮机装置由压气机、燃烧室和燃气透平三个主要部分组成。工作时压气机从外界大气中吸入空气并把它压缩到某一压力。然后，将压缩后的高压空气送入燃烧室与喷入的燃料（如天然气、油）混合燃烧产生高温、高压燃气。燃气进入燃气透平中膨胀做功，直接带动发电机发电。燃气透平在旋转时，一方面带动发电机旋转发电；另一面驱动压气机旋转增压空气。燃气轮机装置中约 2/3 功率用于驱动压气机，压缩空气储能发电系统正是利用这一特点。可使用核电与常规燃煤电站、新能源电站等富余的电量（即电力系统低谷时段）驱动压气机将空气进行压缩并储存在储气室中（注意：是压缩储存空气而不是天然气），在白天高峰用电时放出，送入燃烧室供燃气轮机发电，供电网使用。

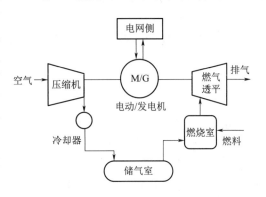

图 5-9 压缩空气储能工作原理示意图

如图 5-9 所示为压缩空气储能发电示意图。压缩空气储能发电的热力循环是由交替进行的压气蓄能和放气发电两组过程组成。系统中还设置有换热器，其作用是为了提高效率。电动机与发电机共用一机，压气蓄能时用作电动机，使用电网电力驱动压气机压缩空气，放气发电过程中则充作发电机由燃气透平驱动发电。其发电原理与燃气轮机发电装置发电原理相同。由于压缩空气来自储气室，燃气透平不必消耗功率带动压气机，燃气透平的出力几乎全用于发电，从而可达到节省 2/3 燃料（天然气、油）、减少排放和进行电力调峰的目的。

3. 飞轮储能

飞轮储能的工作原理（图 5-10）：运行在储能模式时，电能通过电力电子装置变换后控制电机带动飞轮加速旋转，从而将电能转化为机械能储存在高速旋转的飞轮本体中；之后，电机维持一个恒定的转速，直到接收到一个能量释放的控制信号；当需要释放能量时，电机作为发电机运行，由飞轮带动其转动减速发电，将机械能转换为电能，经电力电子装置变换后输送给电网或给负荷供电。飞轮储能系统包括三个部分：转子系统、支撑转子的轴承系统以及转换能量和功率的电动/发电机系统，如图 5-11 所示。

飞轮储能技术的特点如下：

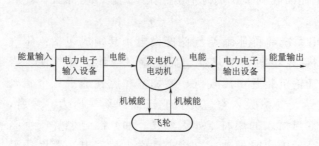

图 5-10　飞轮储能系统工作原理图　　　　图 5-11　飞轮储能系统内部结构图

（1）优点。功率密度高、响应速度快、效率高、寿命长、建设周期短、无污染等。

（2）缺点。能量密度低、必须在真空条件下运行、费用高。

5.2　独立光伏发电系统中的控制器

光伏控制器是用于光伏发电系统中，控制多路光伏阵列对蓄电池充电以及蓄电池给光伏逆变器负载或其他负载供电的自动控制设备。控制器的主要功能是实现蓄电池的充、放电管理，维持光伏发电系统的供电平衡，维护系统配套设备的安全性，提高光伏电池的使用效率，充分利用太阳能资源，延长配套设备的使用寿命。由于光伏电池是一种不稳定的电源，它的输出特性受外界环境如光照强度、温度等因素的影响，在光伏发电系统中对蓄电池进行充、放电控制比普通蓄电池充、放电控制要复杂。

常用的光伏控制器如图 5-12 所示。

独立光伏系统
中的电能存储

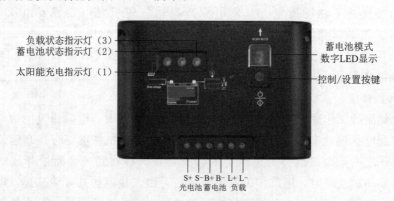

图 5-12　光伏控制器实物图

国内外光伏控制器的发展主要有以下阶段：

第一阶段，基本的串并联开关控制阶段。通过检测蓄电池电压，控制开关的导通、切断,从而实现对蓄电池的充、放电控制。当光伏电池对蓄电池充电,达到允许的上限值,切断充电电路;当蓄电池对负载放电,下降到保护值,切断放电电路。这种控制技术的缺点是,由于蓄电池电压的波动,会造成开关频繁的开关,充电效率也较低。

第二阶段,PWM(Pulse Width Modulation)控制阶段。采用 MOS 管或 IGBT 等功率器件,通过判断蓄电池电压范围,用不同占空比的 PWM 信号控制功率器件的导通、关断,实现了对充电电流的限制。这种充电方式虽然对蓄电池的充电管理进行了改进,但它没有考虑光伏组件的输出特性,充电效率仍较低。

第三阶段,基于追踪最大功率点的控制模式。这种控制模式能够使太阳能电池输出的功率最大化,提高充电效率,具有重大意义和应用价值。最大功率跟踪控制算法有多种,如恒定电压法(CVT)、扰动观察法、电导增量法等。

光伏控制系统一般由控制电路、检测电路、驱动电路、电力电子器件等为核心的主电路组成。

如图 5-13 所示,开关 1、开关 2 分别为充电开关和放电开关,是控制电路的一个重要部分。开关 1、开关 2 的断开闭合由控制电路根据检测到的系统状态发出的相应控制命令来决定。开关 1 闭合时由光伏组件给蓄电池充电。当系统检测到蓄电池出现过充时,开关 1 就能接收命令及时切断充电回路,使光伏阵列停止对蓄电池充电。相反,开关 1 还能按照预定的保护模式恢复对蓄电池的充电。开关 2 闭合时,由蓄电池对外部放电为负载供电。当检测电路发现蓄电池过放电时,开关 2 就会接收命令及时切断放电电路,蓄电池停止向外部供电。当蓄电池达到预定的恢复充电点时,开关 2 又能根据命令自动恢复向外供电。

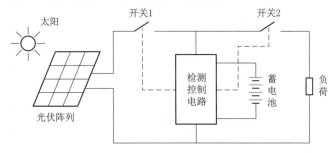

图 5-13 光伏控制器原理图

常见的光伏控制器包括:

1. 串联型控制器

单路串联型充放电原理如图 5-14 所示。串联型控制器 T_1 串联在充电回路中。当蓄电池电压大于充满切断电压时,T_1 断开,光伏电池不会对蓄电池充电,起到过充电保护作用。

2. 并联型控制器

并联型控制器原理如图 5-15 所示,VD_1 是防反充电二极管,VD_2 是防反接二极管,T_1 和 T_2 都是开关;T_1 是控制器充电回路中的开关;T_2 为蓄电池放电开关;R 是泄荷负载以在故障时消耗掉直流侧多余的能量。

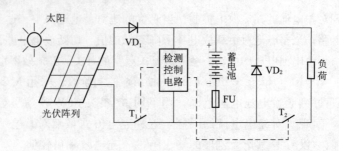

图 5 - 14　串联型光伏控制器原理

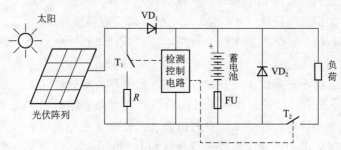

图 5 - 15　并联型光伏控制器原理

3. 脉冲宽度调制型控制器

脉冲宽度调制型控制器原理如图 5 - 16 所示，又称为 DC/DC 直流变换器。以脉冲方式开关光伏组件的输入，当蓄电池逐渐趋向充满时，随着其端电压的逐渐升高，PWM 电路输出脉冲的频率和时间都发生变化，使开关器件的导通时间延长、间隔缩短，充电电流逐渐趋近于零。

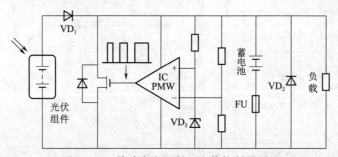

图 5 - 16　脉冲宽度调制型光伏控制器原理

4. 多路充电控制器

多路控制器原理如图 5 - 17 所示，一般用于 5kW 级以上的大功率光伏发电系统，将光伏阵列分成多个支路接入控制器。当蓄电池充满时，控制器将光伏组件逐路断开；当蓄电池电压随着放电回落到一定值时，控制器再将光伏支路逐路接通。

5. MPPT 控制器

光伏阵列的最大功率点会随着太阳辐照度和温度的变化而变化，而太阳能电池方阵的工作点也会随着负载电压的变化而变化。最大功率点跟踪型控制器的原理是将光伏阵列的电压和电流检测后相乘得到的功率，判断光伏阵列此时的输出功率是

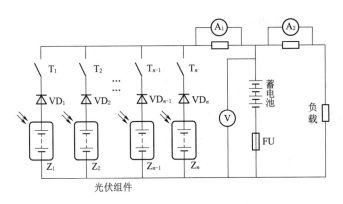

图 5-17　多路充电光伏控制器原理

否达到最大，若不在最大功率点运行，则调整脉冲宽度、调制输出占空比、改变充电电流，再次进行实时采样，并做出是否改变占空比的判断。

6.智能控制器电路

智能光伏控制器原理如图 5-18 所示，采用 MCU 等微处理器对光伏发电系统的运行参数进行高速实时采集，并按照一定的控制规律出单片机内设计的程序对单路或多路光伏组件进行切断与接通的智能控制。

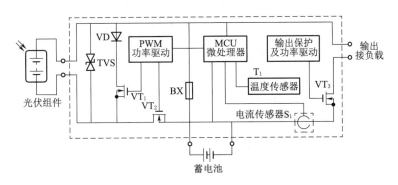

图 5-18　智能光伏控制器原理

5.3　并网光伏发电中的电能存储

近些年来储能技术飞速发展，已在电力系统的众多应用场合中崭露头角。储能系统具有快速、准确与外部系统进行功率交换的能力，目前已在跟踪电网调度下的出力曲线、削峰填谷及电力系统频率调整等方面具有广泛应用。储能不仅可以在大型互联电力系统中有效地支持电网的电压和频率，消除由于系统扰动或负荷突变带来的不利影响，实现电力系统的动态管理，还可以应对大规模新能源并网给电力系统的稳定运行带来的挑战，解决电力系统中的能量平衡问题，提高新能源并网的电能质量。因此，将储能技术引入并网光伏发电领域当中，充分利用其功率调节性能，平抑光伏出力波动，可以有效提高光伏发电的利用水平。

5.3.1 并网光伏储能的典型结构

并网光伏发电系统加入储能装置后，按照汇流母线的类型，并网方式可分为 3 类，即基于交流母线的并网方式、基于直流母线的并网方式和基于交流与直流混合母线的并网方式。

基于交流母线的并网方式如图 5-19 所示。光伏电池单元和蓄电池单元分别通过 DC/AC 变换器与交流母线（AC bus）相连，其中交流负载可以直接与交流母线相连。光伏储能系统经过一个公共点（PCC）与电网相连接，当出现电网故障的时候光伏储能系统可以脱离电网进行独立运行。

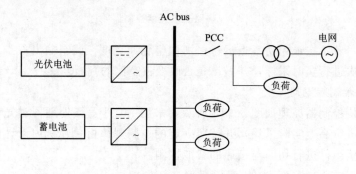

图 5-19　基于交流母线方式的并网光伏发电系统

基于直流母线的并网方式如图 5-20 所示，光伏发电单元和蓄电池单元分别通过 DC/DC 变换器与直流母线（DC bus）连接，直流母线再由 DC/AC 变换器将直流电变为交流电，经变压器与电网相连，其中可在直流母线上通过 DC/AC 变换器和 DC/DC 变换器分别给交流负载和直流负载供电。

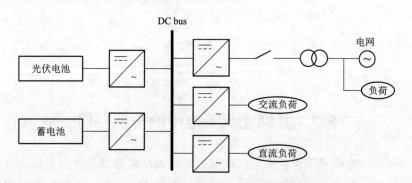

图 5-20　基于直流母线方式的光伏发电系统

基于交直流混合母线的并网方式如图 5-21 所示。光伏发电单元和蓄电池单元分别通过 DC/DC 变换器与直流母线（DC bus）连接，直流母线再经 DC/AC 变换器和交流母线相连，交流母线通过一个公共点经变压器后直接与电网相连，其中直流负载则通过 DC/DC 变换器与直流母线相连，交流负载则可以直接连接在交流母线上，也可以通过 DC/AC 变换器与直流母线连。

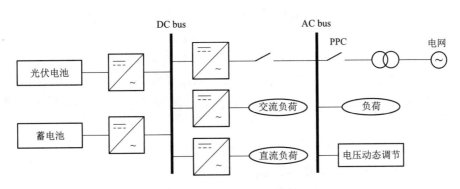

图 5-21 基于交直流混合母线方式的光伏发电系统

在上述三种结构中，基于直流母线的并网方式因其具有控制简单、扩容方便的优点，已经广泛运行到中小容量的光伏发电系统中。基于直流母线并网方式的系统结构主要具备以下优点：

（1）只需要调控直流母线的电压，系统性能容易达到要求，控制算法也相对简单。

（2）采取基于直流母线并网方式的光伏发电系统，系统便于扩展，可以比较容易地满足增加用电设备和发电设备的需求。

以基于直流母线方式的光伏发电系统为例，描述并网型光伏储能发电系统的工作原理，其原理示意图如图 5-22 所示。该光伏储能系统结构包含以下部分：光伏阵列、蓄电池单元、DC/DC 变流器、双模式型逆变器、变压器以及控制系统。光伏阵列、DC/DC（1）控制器和 DC/DC（2）控制器的作用与独立光伏发电系统中的作用基本相同，所不同的仅仅是 DC/DC（2）控制器不仅可以实现从光伏电源中吸收电能储存于蓄电池之中，也可以实现在电价较低时通过双模式型逆变器从电网吸收电能储存于蓄电池之中。其中双模式型逆变器的作用是将光伏电站的直流电能变化为交流电，经变压器升压后流入电网，也可将电网的交流电压经变压器降压后，将交流电转化为直流电储存到蓄电池中。

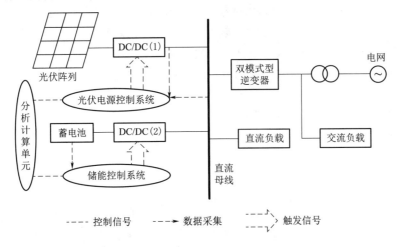

图 5-22 并网光伏储能系统的工作原理

光伏储能发电系统运行在并网模式时，DC/DC（1）变换器按上述所说独立模式下 DC/DC（1）的控制方法去控制光伏电池实现最大功率点跟踪（MPPT）。储能控制系统根据实时检测的储能单元的状态量，结合光伏储能发电系统的待调适量，由分析计算单元快速计算出蓄电池的剩余能量及出力值，触发控制单元根据脉宽调制（PWM）信号控制 DC/DC（2）的工作状态，从而决定储能单元的传输功率的大小及方向，由双向 DC/DC（2）控制后接入直流母线，通过双模式逆变器与变压器并入配网中。其中，光伏储能发电系统的待调试量为系统的预期出力。

5.3.2　光伏储能输出功率平滑的实现原理

一阶低通滤波法是目前应用较为广泛的功率平滑控制算法，它的灵活性最大，可以根据所要求的平抑效果，实时调节滤波系数，以达到更好的平滑要求。一阶低通滤波电路能有效滤除光伏发电输出功率中的高频波动分量，其滤波电路如图 5-23 所示。

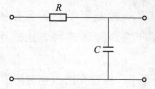

图 5-23　一阶滤波电路示意图

其传递函数为

$$H(s) = \frac{1}{1 + sT} \tag{5-7}$$

式中：$T = RC$ 为滤波时间常数。

令 $s = j2\pi f$，可得其频率特性为

$$H(f) = \frac{1}{1 + j2\pi fT} \tag{5-8}$$

于是有

$$|H(f)| = \frac{1}{\sqrt{1 + (2\pi fT)^2}} \tag{5-9}$$

其幅频特性曲线如图 5-24 所示。

由图 5-24 可知，对同样振幅的输入信号，频率越高，输出信号幅值越小，即低频信号比高频信号容易通过该低通滤波网络。$f_c = 1/2\pi f$ 为截止频率，低通滤波网络的通频带为 $0 \sim f_c$，$f_c \sim \infty$ 为阻滞。显然 T 越大，f_c 越小，经滤波后的输出信号的频率越低，滤波器通带越窄，经滤波后的输出信号频率越低，而平稳性则更好。

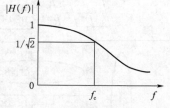

图 5-24　一阶滤波算法幅频特性曲线

将一阶低通滤波原理应用到平滑光伏功率波动中，则有

$$P_{out} = \frac{1}{1 + sT} P_{pv} \tag{5-10}$$

$$P_{ESS} = P_{pv} - P_{out} = -\frac{sT}{1 + sT} P_{pv} \tag{5-11}$$

式中：P_{pv} 为光伏系统输出功率；P_{out} 为经低通滤波后的系统的输出功率（即光伏发电目标并网功率）；P_{ESS} 为储能系统吸收的功率。

设光伏发电功率采样周期为 Δt，离散化可得在 t 时刻有

$$P_{\text{out}}(t) = \frac{T}{T+\Delta t}P_{\text{out}}(t-\Delta t) + \frac{\Delta t}{T+\Delta t}P_{\text{pv}}(t) \qquad (5-12)$$

$$P_{\text{ESS}}(t) = P_{\text{out}}(t) - P_{\text{pv}}(t) = \frac{T}{T+\Delta t}\left[P_{\text{out}}(t-\Delta t) - P_{\text{pv}}(t)\right] \qquad (5-13)$$

（1）当 $T=0$ 时，此时滤波器对光伏功率无滤波作用，$P_{\text{out}}(t) = P_{\text{pv}}(t)$，即储能系统对光伏功率亦无补偿作用。

（2）T 与滤波后的光伏功率平滑度有关，随着 T 的增大 $P_{\text{out}}(t)$ 越靠近 $P_{\text{out}}(t-\Delta t)$。表明 T 越大，经一阶低通滤波平滑控制后的光伏功率越平滑。

（3）虽然可以依靠增加 T 得到较好的平抑效果，但 P_{ESS} 同时也会随之增大，这在另一方面对储能系统的吞吐能力及配置容量提出了较高的要求。

综上，当采用基于一阶低通滤波原理的功率平滑策略时，应先根据期望得到的平滑效果确定需要滤除的功率波动分量的频率，即截止频率 f_c，继而得到相应的时间常数 T。当平滑过程结束后，可以得到 n 个 P_{ESS} 值，这组 P_{ESS} 值正是计算储能容量的依据。

5.3.3 光伏输出功率调度

光储联合发电系统主要由光伏发电、电池储能电站和负荷组成，该系统的结构如图 5-25 所示，光伏发电输出功率为 P_{pv}，电池储能电站输出功率为 P_{b}，两者的合成功率为 P_{out}。电池储能电站由储能电池、电池管理系统（battery management system，BMS）、能量转换系统（power conversion system，PCS）及储能监控系统组成，其中，BMS 负责监视储能电池的运行状态，采集电池的电压、电流、温度等信息，实现实时均衡和保护功能；PCS 实现交流与直流的双向转换，接收储能监控系统的控制命令，按指定的工作模式进行充放电，并与 BMS 进行信息交互，确保储能电站在安全稳定的状态下进行工作。

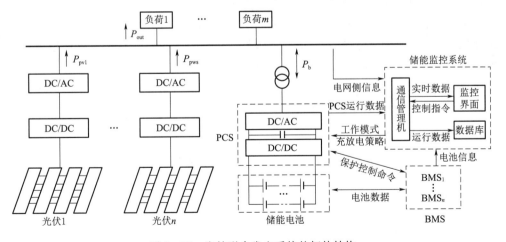

图 5-25 光储联合发电系统的拓扑结构

电池储能电站中一个电池堆（battery pack，BP）和一台 PCS /BMS 构成一条储能支路，若干个调度过程中保持同步的储能支路构成一个独立可调电池组 A_i（$i = 1，2，\cdots，n$），假设同一电池组中的电池参数相同，电池工作状态相同，且参数同步改变。功率调度过程中，各储能支路 PCS /BMS 先经通信网络向调度中心上传运行参数，之后储能监控系统根据调度中心下达的调度指令，经调度算法计算出各独立可调电池组 A_i 的功率分配 P_i，最后根据各储能支路的容量平均分配给 PCS，由各 PCS 在该储能支路中的电池堆中实行平均分配。电池储能电站功率调度分配如图 5-26 所示。

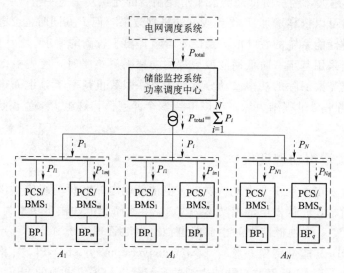

图 5-26　储能系统功率调度分配

光储联合发电系统中，如果对电池储能电站调度不合理，其使用寿命会大幅度缩短。电站总运行成本包括固定建设成本消耗，如果储能电站充放电状态频繁切换，降低电池组使用寿命的同时，储能电站总运行成本也在增加。因此，要满足总运行成本最低，优化调度策略应同时考虑对电池储能电站的充放电保护，减少电池组充放电状态切换次数。当调度指令下达时，应优先考虑当前状态与调度指令相同的电池组，以减少电池组充放电状态切换次数，延长电站使用寿命的同时，减少固定建设成本消耗，从而使总成本最低。具体为：当调度指令为充电指令时，优先考虑当前状态为充电的电池组，保持电池组一直充电直至 SOC 的上限；当调度指令为放电指令时，优先考虑当前状态为放电的电池组，保持电池组一直放电直至 SOC 的下限。

课 后 习 题

1. 光伏发电系统中的储能系统的作用是什么？
2. 目前常用的储能方式有哪几种，各有什么特点？
3. 蓄电池的种类有哪些？各有什么特点？
4. 说明铅酸蓄电池的组成和工作原理。

5. 请说明超级电容器储能系统技术的特点。

6. 超级电容器可再生能源发电中应用有什么优势？有什么挑战？

7. 请简要描述锂电池的工作原理及其特点。

8. 简述光伏控制器的概念、功能和分类。

9. 说明光伏控制器的拓扑结构。

10. 概括并网光伏储能的作用。

11. 说明并网光伏储能的典型结构。

12. 简述一阶低通滤波的原理。

13. 说明光储输出功率调度的实现策略。

参 考 文 献

［1］ 李建林，等. 电池储能系统调频技术［M］. 北京：机械工业出版社，2018.9.

［2］ 梁翠凤，张雷. 铅酸蓄电池的现状及其发展方向［J］. 广东化工，2006 (2)：4 - 6.

［3］ 周佳娜. 铅酸蓄电池充放电原理及其现场应用［J］. 电力建设，2003 (4)：13 - 15.

［4］ 刘璐，王红蕾，张志刚. 锂离子电池的工作原理及其主要材料［J］. 科技信息，2009 (23)：464＋494.

［5］ 夏立爽，谢召军，沈恋，周震. $LiCoO_2$：获诺贝尔奖的锂离子电池正极材料还有多少潜力［J］. 电源技术，2020，44 (10)：1401 - 1407.

［6］ 李建国，焦斌，陈国初. 钠硫电池及其应用［J］. 上海电机学院学报，2011.

［7］ 孙文，王培红. 钠硫电池的应用现状与发展［A］. 中国工程院能源与矿业工程学部、上海市中国工程院院士咨询与学术活动中心、上海市能源研究会. 推进雾霾源头治理与洁净能源技术创新——第十一届长三角能源论坛论文集［C］. 中国工程院能源与矿业工程学部、上海市中国工程院院士咨询与学术活动中心、上海市能源研究会：江苏省能源研究会，2014：7.

［8］ 晁盖. 高温超导磁储能磁体的优化设计［D］. 南京：东南大学，2019.

［9］ 梁海泉，谢维达，孙家南，赵洋. 超级电容器时变等效电路模型参数辨识与仿真［J］. 同济大学学报（自然科学版），2012，40 (6)：949 - 954.

［10］ 胡立业. 气体蓄能发电技术——压缩空气储能燃气轮机发电站［J］. 上海电力，2006 (2)：158 - 160.

［11］ 杨忠生. 飞轮储能控制系统的研究［D］. 哈尔滨：哈尔滨理工大学，2014.

［12］ 胡雨亭. 光伏充放电控制器的研究［D］. 北京：北京交通大学，2013.

［13］ 陈元初，胡彦奎. 光伏发电系统充放电控制策略的研究［J］. 电子设计工程，2010，18 (2)：112 - 114.

［14］ 张冼玉，李佩琦，赵浩然，等. 基于最大功率点跟踪的光伏并网控制系统的设计与实现［J］. 中国仪器仪表，2019，337 (04)：66 - 70.

［15］ 周钢，杨浩然，李晓鹏，等. 一种 3kW 光伏控制器的方案设计［J］. 电源技术，2014 (11)：2177 - 2179.

［16］ 杨雨芹. 光伏 LED 智能控制器设计［J］. 林区教学，2017 (4).

［17］ 张汉年，周望玮，徐开军. 基于 PIC 单片机的光伏控制器设计［J］. 电子世界，2017 (15).

［18］ 林静. 光伏充放电控制器及其应用研究［D］. 北京：北京交通大学，2014.

［19］ 沈辉，曾祖勤. 太阳能光伏发电技术［M］. 北京：化学工业出版社，2005.

［20］ 王志娟. 太阳能光伏技术［M］. 杭州：浙江科学技术出版社，2009.

［21］ 栗维冰．光伏储能发电系统出力可控及储能容量研究［D］．焦作：河南理工大学，2015.

［22］ 严薇．混合储能系统在平抑风电场功率波动方面的应用研究［D］．西安：西安理工大学，2016.

［23］ 张国玉，洪超，陈杜琳，叶季蕾．面向储能电站调度的光储发电系统运行优化策略研究［J］．电力工程技术，2017，36（3）：50-56.

第6章 光伏逆变器和最大功率跟踪

6.1 逆 变 器 概 述

在光伏发电系统中，光伏阵列的输出是直流电，虽然直流电对部分直流负载可以直接使用，然而以直流形式直接供电的形式存在很大局限性。典型的电网是交流电网，同时大多数负载需要交流供电，如电视机、空调、冰箱、电风扇以及各类电力动力装置等。为了保证光伏系统产生的电能接入公共电网，就必须先在负载前加入能将直流电转变为交流电的电力变换装置，即逆变器。逆变器是通过半导体功率开关的开通和关断作用，将直流电转变为交流电的一种转换装置，是整流器（将交流电转变成直流电的转换装置）的逆向变换功能器件。

图6-1为最简单的逆变电路——单相桥式逆变电路，其中，U_d 为输入直流电压，R 为逆变器连接的负载，S_1、S_2、S_3、S_4 为电子开关，当它们交替接通和断开时，负载的电压波形发生变化。当开关 S_1、S_4 接通而 S_2、S_3 断开时，电流流经 S_1、R、S_4，负载输出电压 u_0 为正（图6-2）。同样的，当开关 S_2、S_3 接通而 S_1、S_4 断开时，电流流经 S_2、R、S_3，负载电压 $u_0 < 0$（图6-3）。若两组开关 S_1、S_4 和 S_2、S_3 以一定频率 f 交替变换通断，极性的状态就会连续变化，在负载上便能得到一定交变频率的交流电压。

当负载为纯阻性负载时，负载电流 i_0 和电压 u_0 的波形形状相同，相位也相同。当负载为阻感性负载时，i_0 的基波相位滞后于 u_0 的基波，两者波形的形状也不同，图6-2（b），图6-3（b）给出的就是阻感负载时的输出波形。设 t_1 时刻以前，S_1、S_4 导通，u_0 和 i_0 均为正。在 t_1 时刻，断开 S_1、S_4，同时合上 S_2、S_3，则 u_0 的极性立刻变为负，如果负载中有电感，其电流极性不能立刻改变而仍维持原方向。这时，负

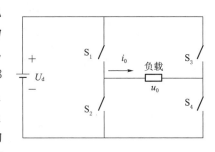

图6-1 单相桥式逆变电路

载电流从直流电源负极流出，经 S_3、负载和 S_2 流回直流电源正极，负载电感中储存的能量向直流电源反馈，负载电流逐渐减小，到 t_2 时刻降为零，之后 i_0 才改变方向并逐渐增大。S_2、S_3 断开，S_1、S_4 闭合时的情况与其类似。

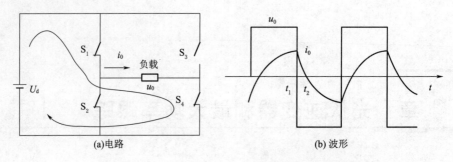

(a)电路　　　　　　　　　　　　(b) 波形

图 6 - 2　S_1、S_4 闭合，S_2、S_3 断开时电路和波形

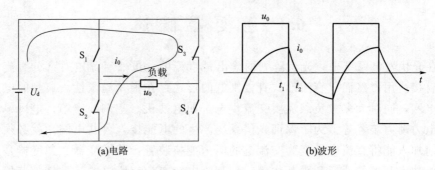

(a)电路　　　　　　　　　　　　(b)波形

图 6 - 3　S_2、S_3 闭合，S_1、S_4 断开时电路和波形

逆变器按照不同的分类方法，可以进行多种分类。主要的分类结果见表 6 - 1。

表 6 - 1　　　　　　　　　　　　逆 变 器 的 分 类

分类标准	类型	特　点	优　点	缺　点
功率范围	组件逆变器	100～300W,直接与组件连接	不需要直流电缆,易于集成更多组件	故障逆变器更换困难
	支路逆变器	700W～11kW,每个支路连接一个支路逆变器	技术成熟	仅有一个最大功率跟踪
	多支路逆变器	2～17kW,多个支路连接一个支路逆变器	多个最大功率跟踪,技术成熟	
	集中型逆变器	10～300kW,每个阵列连接一个集中逆变器	成本最低,在一个地方安装	如果逆变器故障,没有冗余性
输出波形	方波逆变器	输出波形为方波,主要应用在要求不高的场合	线路简单	谐波含量高,不稳定
	阶梯波逆变器	输出波形为阶梯波,多用于较大功率(如 30kVA 以上)的 UPS 中	可靠性高,价格低	需大容量滤波器、动态性能差
	正弦波脉宽调制(PWM)逆变器	输出波形为正弦波	谐波含量低,动态性能好,效率高,可靠性高。	技术要求和成本高,载波频率低时有音频噪声

续表

分类标准	类型	特　点	优　点	缺　点
主电路拓扑结构	推挽式逆变器	电路有两个共负极的功率开关,适合低压输入的场合	电压损失小,驱动电路简单	变压器直流不平衡的
	半桥逆变器	2个驱动管轮流工作于正弦波的各个波段	可利用电容自动补偿不对称波形	电压利用率低
	全桥逆变器	4个驱动管轮流工作于正弦波的各个波段	电压损失小,控制方法比较灵活	变压器直流不平衡的
输出端频率	工频逆变器	频率为50～60Hz,需要AC110V的电力电器设备	可靠性高、抗输出短路的能力较强	响应慢,体积庞大,质量大,价格昂贵
	中频逆变器	频率从400Hz到十几kHz,常用于工业、国防、航海、航空等领域中	可靠性高	体积大、噪声高、效率低
	高频逆变器	频率从十几kHz到兆赫兹,大部分便携设备	效率高体积、重量、噪声等均明显减小	电路相对复杂
输入直流电源性质	电压源型逆变器	直流电压近于恒定,输出电压为交变方波,低压产品和1kV以上高压产品	损耗小、响应快	谐波电流大
	电流源型逆变器	直流电流近于恒定,输也电流为交变方波	可以限制输出短路电流	损耗大、响应慢
逆变器的输入、输出是否隔离	隔离型逆变器	采用变压器进行隔离,多用于大型并网光伏电站	提高了系统安全性高,防止配电变压器的饱和	结构复杂
	非隔离型逆变器	输入、输出未隔离	重量轻、价格低、效率高	会产生对地的共模漏电流
逆变器输出的电平数	两电平逆变器	输出电平数为2	导通损耗小	开关损耗和滤波损耗大
	三电平逆变器	输出电平数为3。柔性交流输电技术,大电机拖动、风力发电等领域	输出容量大、输出电压高、电流谐波含量小	导通耗损大,实际性能分析困难,故障预防和裕量设计往往不合适
	多电平逆变器	输出电平数大于3	输出电压波形畸变少、开关损耗小、效率高	—
是否并网	离网逆变器	发电系统不接入电网,独立的离网光伏系统	—	—
	并网逆变器	输出电流与电网电压同频同相,适用于并网发电系统		

6.2　离网光伏发电系统中的逆变器

离网光伏发电系统广泛应用于偏僻山区、无电区、海岛、通信基站和路灯等应

155

用场所。如图 6-4 所示，系统一般由光伏组件、太阳能充放电控制器、蓄电池组、离网逆变器、直流负载和交流负载等构成。光伏阵列在有光照的情况下将太阳能转换为电能，通过光伏充放电控制器给负载供电，同时给蓄电池组充电，在无光照时，通过光伏充放电控制器由蓄电池组给直流负载供电，同时蓄电池还要直接给独立逆变器供电，通过独立逆变器逆变成交流电，给交流负载供电。在离网光伏发电系统中，离网逆变器是其核心，它负责把直流电转换为交流电，供交流负荷使用。

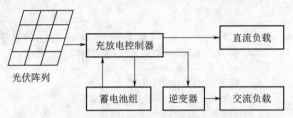

图 6-4　逆变器在离网光伏发电系统中的运用示意图

一般离网逆变器具有如下功能：

（1）自动运行和停机。早晨日出后，太阳辐射强度逐渐增大，光伏阵列的输出也随之增大，当达到逆变器工作所需的输出功率后，逆变器即自动开始运行，并监视光伏阵列的输出，只要光伏阵列的输出功率大于逆变器工作所需的输入功率，逆变器就持续运行，直到日落停机。

（2）直流电压检测。检测直流输入电压，当直流电压过高或过低时逆变器停止工作。因为当直流输入电压过高时，可能对逆变器本身造成损坏，形成安全隐患，停机切断电源供给有利于供电安全。当直流输入电压过低时，一般是蓄电池储能不足造成的，蓄电池长时间工作在欠电压的状态会导致蓄电池的使用寿命大大缩短，为避免这种情况发生，逆变器应该在蓄电池电压过低时停止工作。

（3）直流过电流保护。如果逆变器因为内部器件的损坏而导致直流侧短路，直流侧就会输出足以引起电路火灾的短路电流，因此逆变器对直流的过电流状态必须具有保护切断的功能。

（4）直流电源反接保护。当直流电源正负极接线错误时，逆变器自动保护停止工作。

（5）交流输出过载。为了适应供电负载启动引起的较大电流，逆变器应该提供短时间较大的输出过载能力，一般可以短时间工作在逆变器额定功率的 13 倍左右。

（6）交流输出短路保护。当交流用户侧发生短路事故时，逆变器应该具有自动停机功能，防止逆变器损坏。

（7）其他保护。逆变器应该具有过热、雷击、输出异常、内部故障等保护或报警的功能。

（8）保护自动恢复。逆变器在发生各种异常状态保护性停机时，在故障消除后可以自动恢复运行。

6.2.1　离网逆变器的分类

目前，离网逆变器电路的拓扑结构主要分为三类，即具有工频变压器的拓扑结构、具有高频变压器的拓扑结构和不含变压器的拓扑结构。

1. 具有工频变压器的拓扑结构

具有工频变压器的拓扑结构，即单级结构（DC/AC），如图 6-5 所示，由于光伏电池发出的直流电压较低（一般只有几十伏），所以将蓄电池的低压直流电逆变成有效值基本不变的交流电，但是常用负载需要得到 220V 的交流电，这就要用工频变压器升压得到高压交流电压。这种电路效率比较高，可达 90%以上，可靠性高、抗输出短路的能力较

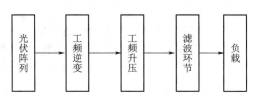

图 6-5 工频变压器的拓扑结构

强，但是它响应速度比较慢，波形畸变严重，带非线性负载的能力比较差，噪声大。由于采用工频变压器，体积庞大，质量大，价格也比较昂贵。

2. 具有高频变压器的拓扑结构

具有高频变压器的拓扑结构，即三级结构（DC/AC/DC/AC），如图 6-6 所示。主电路分为高频升压和工频逆变，系统相对复杂。DC/AC/DC 部分首先将直流电压逆变成高频交流电，经高频变压器升压，再整流滤波得到一个稳定的高压直流电（一般 300V 以上）。DC/AC 部分高压直流通过工频逆变电路实现逆变，得到 220V 或者 380V 交流电。系统逆变效率可以达到 90%以上，由于这种电路形式采用了高频变压器，体积、重量、噪声等均明显减小。该电路的缺点就是电路相对复杂。

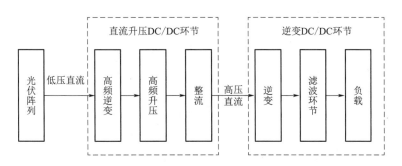

图 6-6 高频变压器的拓扑结构

3. 不含变压器的拓扑结构

不包括变压器的拓扑结构，即两级结构（DC/AC/DC），如图 6-7 所示。与上述两种结构相比，无变压器结构没有利用工频变压器或高频变压器对电压进行升压，而是利用直流升压环节（DC/DC）将光伏阵列的低压直流升为高压直流，再工频逆变得到交流电，因此体积小、重量轻、效率高而且系统也不复杂、成本低，但是由于没有采用变压器实现隔离，在交流侧会带来直流分量，

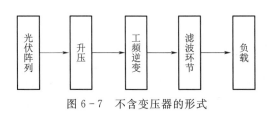

图 6-7 不含变压器的形式

影响逆变器输出的电能质量。

6.2.2　离网逆变器常见电路结构

离网光伏发电系统常采用单相逆变器，单相逆变器从电路结构上可分为 3 种，分别是推挽电路、全桥电路和半桥电路。

图 6-8 所示的是推挽电路的结构：驱动电路控制开关管 Q_1、Q_2 的基极，按照脉冲宽度调制方式控制开关管交替通断，直流输入电压被转换成高频交流电压。当 Q_1 导通，直流电压 U_i 经 Q_1 连接到变压器的原边绕组两端，因为变压器有两个相等匝数的绕组，所以当 Q_1 导通时，开关管 Q_2 将承受两倍直流电压。当施加在 Q_1 上的控制脉冲消失时，两个开关管都截止，集电极与发射电压都为直流电压。在下半周期，Q_2 导通，Q_1 上承受两倍直流电压，两个开关管都截止，承受直流电压，如此不断重复。

推挽电路由于开关管要承受两倍直流电压，所以给选择开关管带来了困难，同时，由于原边绕组仅有一半时间在工作，变压器利用率较低。但是由于推挽电路只用到 2 个开关管就可以输出较大功率，并且两个开关管的发射极相连在一起，因此二者的驱动电路相互之间就无须进行隔离。

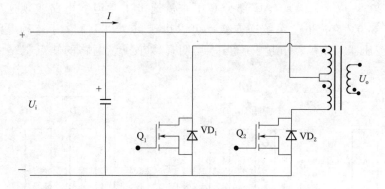

图 6-8　推挽电路结构图

图 6-9 所示的是全桥电路的结构：桥的两臂由 Q_1、Q_2、Q_3、Q_4 组成，变压器连接于两桥臂中间，驱动电路按照脉冲宽度调制方式控制开关管 Q_1、Q_4 和 Q_2、Q_3 交替通断，直流输入电压被转换成高频交流电压。其工作过程与推挽电路一样。

因此，全桥电路开关管在稳态时最大电压等于输入直流电压，暂态尖峰电压由于钳位二极管的存在被限制于输入电压，比推挽电路要小一半，这就便于开关管的选择，也能够输出较大的功率。同时，钳位二极管能将漏感储能回馈给输入电容，可以提高效率。但是电路有四个开关管，需要至少 3 组彼此隔离的驱动电路，元器件较多，电路较复杂。

图 6-10 所示的是半桥电路的结构。与全桥相似，但是开关管只有两个，其余两个被电容 C_1 和 C_2 替代。由电路的结构可知，半桥电路的优点是高压管最高承受电压不会大于输入电压，且开关管仅为全桥数目一半，变压器上的电压仅为输入电

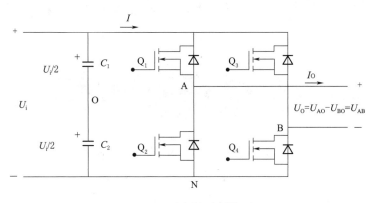

图 6-9 全桥电路结构图

压一半，想得到与推挽、全桥相同功率输出，开关管需承受两倍电流。另外，半桥电路需要两个输入电容，有充放电电流以工作频率流过电容，电压脉冲顶部会发生倾斜。

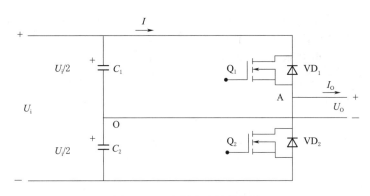

图 6-10 半桥电路的结构图

6.3 并网光伏发电系统中的逆变器

随着电力电子技术的进步和控制理论的发展，并网光伏发电已经成为光伏利用的主要形式，其系统框图如图 6-11 所示，系统一般由光伏阵列、并网型逆变器和交流负载等构成，其中，并网逆变器是将太阳能所输出的直流电转换为符合电网要求的交流电再输入电网的设备。

并网逆变器包括 DC/DC 转换电路，DC/AC 转换电路以及滤波电路，将最大功率的阵列输出的直流电流转换为符合电网及负载要求的交流电，供给负载使用之外，进行余电上网。目前国内外并网型逆变器结构的设计主要集中于采用 DC/DC 和 DC/AC 两级能量变换的两级式逆变器和采用一级能量转换的单级式逆变器。对于中小型并网逆变器，主要采用两级式结构，而对于大型逆变器，一般采用单级式结构。DC/DC 变换环节调整光伏阵列的工作点使其跟踪最大功率点，DC/AC 变换环节主要完成直流到交流的转换，同时使输出与电网电压同频同相。

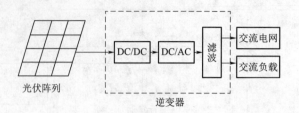

光伏阵列　　DC/DC　DC/AC　滤波　交流电网　交流负载　逆变器

图 6-11　并网逆变器在光伏发电系统中的运用示意图

并网光伏逆变器，是并网光伏发电系统能量转换与控制的核心。并网逆变器的性能不仅是影响和决定整个系统是否能稳定、安全、可靠、高效地运行的一个主要因素，同时也是影响整个系统使用寿命的主要因素。

6.3.1　并网逆变器的技术概述

1. 并网逆变器的基本功能

并网逆变器除了具有离网逆变器的一般功能以外，还具有以下功能：

（1）最大功率跟踪控制。光伏阵列的输出功率曲线具有非线性特性，受负荷状态、环境温度、日照强度等因素的影响，其输出的最大功率点时刻都在变化。若负载工作点偏离光伏阵列最大功率点将会降低光伏阵列输出效率。最大功率跟踪控制就是在一定的控制策略下，使光伏阵列工作在最大功率点，尽量提高其能量转换效率。

（2）孤岛检测。孤岛是指当电网供电发生故障事故或停电维修时，并网光伏发电系统未能及时检测出停电状态，形成由光伏发电系统和周围的负载组成的一个自给供电孤岛。孤岛效应可能对电力系统设备及用户端的设备造成不利的影响，比如：危害输电线路维修人员的安全；影响电力系统保护开关的动作程序；电力孤岛区域所发生的供电电压与频率会出现不稳定现象，当供电恢复时造成相位不同步；光伏发电系统因单相供电而造成系统三相负载的缺相运行等。因此，并网逆变器应具有检测出孤岛状态且立即断开与电网连接的能力。

（3）自动电压调整。光伏发电系统并网运行时，若存在逆流运行的状况，由于电能反向输送，受电点的电压会升高，超出电网规定的运行范围。为了避免这种情况，并网光伏逆变器应具备自动电压调整功能，防止电压上升。

（4）直流检测。因为逆变器的输出直接与系统连接在一起，所以存在直流分量，会对系统侧变压器带来磁饱和等严重影响。为了避免这种情况，并网光伏逆变器要求将叠加在输出电流的直流分量控制在额定交流电流的 1% 以下。另外，还需设置抑制直流分量的直流控制功能，一旦这个功能产生故障，停止运行逆变器进行保护。

（5）直流接地检测功能。在无变压器方式的逆变器中，因为光伏阵列和系统没有绝缘，所以需要有针对光伏阵列接地的安全措施。通常在受电点（配电盘）处安装漏电断路器，监视室内配电线路和负载设备的接地。如果光伏阵列接地，接地电流中叠加有直流成分，用普通的漏电断路器不能进行保护，所以逆变器内部要设置直流接地检测器实现检测直流接地保护功能，检测电流多设置为 100mA。

　　2. 逆变器中的脉宽调制技术

　　在光伏发电系统中，逆变器作为光伏阵列和电网之间进行能量转换的器件，对于整个系统的运行效率以及安全稳定都有着巨大影响。最初采用的是方波逆变器，其电路结构简单，但是输出电压波形的谐波含量大，即通常所说的电流谐波畸变率（THD）过大；另一种逆变器则采用的是移项多重叠加逆变器，这种逆变器虽然电压波形谐波含量少，但是电路复杂，不宜采用。目前的逆变器主要是 PWM 型逆变器，脉宽调制模式（Pulse Width Modulation，PWM）的主要优点有：

　　（1）电路中只需要一个功率控制级就可调节输出波形的电压和频率，省去了控制电压的器件。

　　（2）独立控制功率因数，使系统的功率因数与逆变器输出的电压值无关。

　　（3）可同时进行调频、调压、锁相，系统动态响应快。

　　（4）输出电压波形的 THD 大大减小，可以改善波形。

PWM 脉宽调制原理

　　PWM 调制不但使逆变器的输出电特性得到优化，同时减少系统的谐波、降低损耗、提高效率，而且利于实现，便于掌握，使得 PWM 调制方式成为光伏逆变器功率调节和并网电能质量改善的关键技术。

　　PWM 控制方式就是对逆变电路开关器件的通断进行控制，使输出端得到一系列幅值相等的脉冲，用这些脉冲来代替正弦波或所需要的波形。也就是在输出波形的半个周期中产生多个脉冲，使各脉冲的等值电压为正弦波形，所获得的输出平滑且低次谐波少。按一定的规则对各脉冲的宽度进行调制，即可改变逆变电路输出电压的大小，也可改变输出频率。

　　如图 6－12 所示，把正弦半波波形分成 N 等份，就可把正弦半波看成由 N 个彼此相连的脉冲所组成的波形，这些脉冲宽度相等，但幅值不等，且脉冲顶部不是水平直线，而是曲线，各脉冲的幅值按正弦规律变化。如果把上述脉冲序列用同样数量的等幅而不等宽的矩形脉冲序列代替，使矩形脉冲的中点和相应正弦等分的中点重合，且使矩形脉冲和相应正弦部分面积（即冲量）相等，就得到一组脉冲序列，这就是 PWM 波形。可以看出，各脉冲宽度是按正弦规律变化的。根据冲量相等效果相同的原理，PWM 波形和正弦半波是等效的。对于正弦的负半周，也可以用同样的方法得到 PWM 波形。

　　PWM 调制方式的电路如图 6－13（a）所示，可以简化为如图 6－13（b）所示的等效电路。

　　图 6－13 中：u_0 为输出电压，i 为输出电流；$e(t)$ 为逆变桥输出电压的调制分量；$n(t)$ 为逆变桥输出电压的谐波分量，主要由 PWM 调制过程产生。

　　回路电压方程为

$$e(t) + n(t) = L\frac{\mathrm{d}i}{\mathrm{d}t} + u_0(t) \qquad (6-1)$$

　　控制目标为

$$u_0{}^* = U^* \sin(\omega t) \qquad (6-2)$$

　　逆变器调制波为

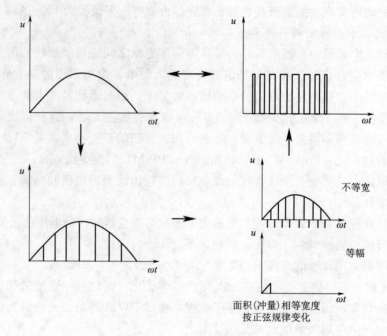

图 6-12　PWM 控制原理

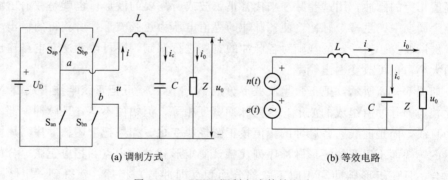

图 6-13　PWM 调制方式等效电路

$$e(t) = (U^* + \Delta U^*)\sin(\omega t + \Delta\theta) \tag{6-3}$$

式中：U^* 为控制目标幅值；ΔU^* 为幅值控制量；$\Delta\theta$ 为相位控制量。

则逆变电压为

$$e(t) + n(t) = (U^* + \Delta U^*)\sin(\omega t + \Delta\theta) + n(t) \tag{6-4}$$

经过 LC 滤波器除去谐波后的逆变器输出电压为

$$u_0(t) = U\sin(\omega t + \theta) \tag{6-5}$$

需要注意的是，只需控制好逆变器的调制波电压的幅值 $U = U^* = U^* + \Delta U^*$ 和相位 $\theta = \Delta\theta = 0$，就能使逆变电源输出的电压与控制目标完全相等。

逆变器输出电压幅值为

$$U = \frac{\omega}{4}\int_{t-T}^{t}\left|u_0(t)\right|\,\mathrm{d}t \tag{6-6}$$

对输出电压幅值进行 PI 控制，其原理为

$$\begin{cases} e_U = U^* - U \\ \Delta U^* = k_{p1} e_U + k_{i1} \int_0^t e_U \mathrm{d}t \\ U_e^* = U^* + \Delta U^* \end{cases} \quad (6-7)$$

从调制脉冲的极性看，PWM 又可分为单极性与双极性控制模式两种。

（1）单极性 PWM 控制方式。单极性 PWM 控制原理：如图 6-14 所示，由同极性的三角波载波信号 u_c。与调制信号 u_r，产生单极性的 PWM 脉冲；然后将单极性的 PWM 脉冲信号的倒相信号相乘，从而得到正负半波对称的 PWM 脉冲信号 u_0。

单极性调制方式的特点是在一个开关周期内两只功率管以较高的开关频率互补开关，保证可以得到理想的正弦输出电压，另两只功率管以较低的输出电压基波频率工作，但是又不是固定其中一个桥臂始终为低频（输出基频），另一个桥臂始终为高频（载波频率），而是每半个输出电压周期切换工作，即同一个桥臂在前半个周期工作在低频，而在后半周工作在高频，从而在很大程度上减小了开关损耗，且可使两个桥臂的功率管工作状态均衡，对于选用同样的功率管时，使其使用寿命均衡，对增加可靠性有利。

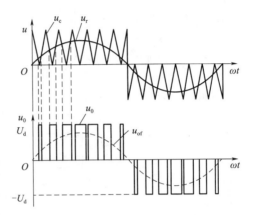

图 6-14 单极性 PWM 控制方式波形

（2）双极性 PWM 控制方式。双极性 PWM 控制模式采用的是正负交变的双极性三角载波 u_c 与调制波 u_r，如图 6-15 所示，可通过 u_c 与 u_r 的比较直接得到双极性的 PWM 脉冲，而不需要倒相电路。

双极性调制方式的特点是 4 个功率管都工作在较高频率（载波频率），虽然能得到正弦输出电压波形，但其代价是产生了较大的开关损耗。

与单极性模式相比，双极性 PWM 模式控制电路和主电路比较简单，然而对比图 6-14 和图 6-15 可看出，单极性 PWM 模式要比双极性 PWM 模式输出电压中、高次谐波分量小得多，这是单极性模式的一个优点。因单极性控制优点突出，所以运用范围广泛。

6.3.2 光伏阵列与逆变器连接结构

光伏阵列与逆变器的连接方式对系统效率有着直接的影响：一方面，光伏阵列的布置方式会对发电功率产生重要影响；另一方面，逆变器的结构也将随功率等级的不同而发生变化。根据光伏阵列的不同布置方式以及功率等级，可以把并网光伏发电系统的结构分为集中式结构、交流模块式结构、串联结构、多支路结构、主从结构、直流模块等六种结构。

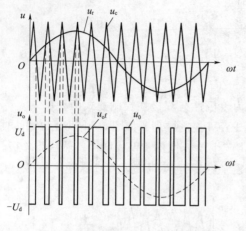

图 6-15 双极性 PWM 控制方式波形

1. 集中式结构

所谓集中式结构，如图 6-16（a）所示，就是将所有的光伏组件通过串联构成光伏阵列，并产生一个足够高的直流电压，然后通过一个并网逆变器集中将直流转换为交流并把能量输入电网。集中式结构是 20 世纪 80 年代中期光伏并网发电系统中最常用的结构型式，一般用于 10kW 以上较大功率的并网光伏发电系统，其主要优点是：系统采用一台并网型逆变器，因而结构简单且逆变器效率较高。但是从 20 世纪 90 年代开始，随着一大批并网光伏发电系统的实施与投运，发现了集中式结构存在以下缺点：

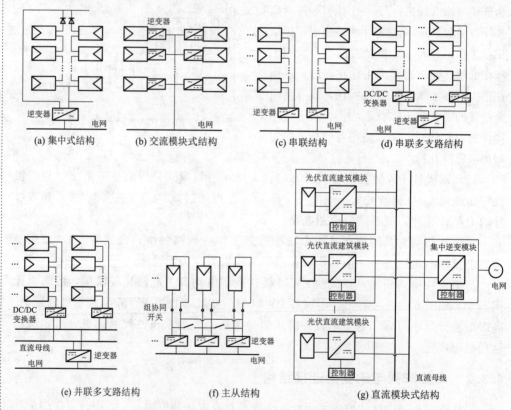

图 6-16 并网光伏发电系统的结构

（1）阻塞和旁路二极管产生的功率损失。

（2）抗热斑和抗阴影能力差，光伏单元之间不匹配产生功率损失。

（3）光伏阵列的特性曲线出现复杂多波峰，单一的集中式结构难以实现良好的最大功率点跟踪（MPPT），带来的较大功率损失。

（4）并网侧通常使用基于晶闸管的线性换流，导致了较高的谐波含量和电能质量的下降。

（5）这种结构需要相对高电压的直流母线将并网逆变器与光伏阵列相连接，不仅降低了安全性，同时也增加了系统成本。

（6）灵活性较差。

（7）系统扩展和冗余能力差。

尽管存在上述局限，但是随着并网光伏电站的功率越来越大，集中式结构存在输出功率大（可达 MW 级），单位发电成本较低，适用于光伏电站等功率等级较大场合的优点，现在的 MW 级光伏电站通常采用集中式结构。

2. 交流模块式结构

图 6-16（b）所示为交流模块式结构，它将光伏组件和逆变器集成在一起作为一个光伏发电系统模块，这样可以有效解决光伏组件之间不匹配造成的功率损失。由于标准化结构，它使得系统空间更加容易配置。交流模块式结构与集中式结构相比，具有以下优点：

（1）无阻塞和旁路二极管，光伏组件损耗低。

（2）无热斑和阴影问题。

（3）每个光伏组件采用有独立的 MPPT 控制，交流模块结构可以最大限度地提高光伏并网发电系统的效率。

（4）每个模块独立运行，系统扩展和冗余能力强。

（5）给系统的扩充提供了很大的灵活性和即插即用性。

（6）交流模块式结构没有直流母线高压，增加了整个系统工作的安全性。

交流模块可以制作成一个"即插即用"装置，使得那些不具备任何电气安装知识的人也能方便使用。交流模块式结构的输出功率较低，通常为 $50\sim400\mathrm{W}$，它采用复杂的升压电路，降低了系统的总体效率，增加了单位发电成本。而随着屋顶光伏、BIPV 的大规模推进，交流模块式结构获得了一定范围内的应用。交流模块单元的大批量生产，进而降低制造成本和转移成本。当前交流模块通常采用基于 MOQFET 或者 IGBT 的 DC/AC 逆变器以提高电能质量。但是交流模块的发展也存在以下问题：

（1）由于采用小容量逆变器设计，因而逆变效率相对较低。

（2）在同等功率水平下，交流模块式结构的价格远高于其他结构类型。

（3）有些国家要求逆变器必须与电网隔离，这将进一步增加成本。

3. 串联结构

图 6-16（c）所示为串联结构，于 20 世纪 90 年代中期在市场中出现，它是对集中式结构的简化。串联结构中光伏组件串联组成的光伏单元串联接到逆变器，这使得输出电压可能足够高进而避免进一步升压。它综合了集中式和交流模块式两种结构的优点，光伏阵列输出电压可达 $150\sim450\mathrm{V}$，甚至更高，功率等级可以达到几个千瓦左右。

与集中式结构相比，串联结构具有以下三个优点。

（1）串联结构中由于阵列中省去了阻塞二极管，光伏阵列损耗下降。

（2）抗热斑和抗阴影能力增加，多串 MPPT 设计，运行效率高，成本降低。

（3）系统扩展和冗余能力增强。

串联结构存在的主要不足在于，系统仍有热斑和阴影、串联功率失配和串联多波峰问题，另外，逆变器数量增多，扩展成本增加且逆变效率相对有所降低。

在串联结构中，光伏组件串联构成的光伏阵列与并网逆变器直接相连，和集中式结构相比不需要直流母线。由于受光伏组件绝缘电压和功率器件工作电压的限制，一个串型结构的最大输出功率一般为几个千瓦。如果用户所需功率较大，可将多个串型结构并联工作，可见串型结构具有交流模块式结构的集成化模块特征。串联结构仍然存在串联功率失配和串联多波峰问题。由于每个串联阵列配备一个MPPT 控制电路，该结构只能保证每个光伏组件串的输出达到当前总的最大功率点，而不能保证每个光伏组件都输出在各自的最大功率点，与集中式结构相比，光伏组件的利用率大大提高，但是仍低于交流模块式结构。

4. 多支路结构

多支路结构是由多个 DC/DC 变换器、一个 DC/AC 逆变器构成，一定数量的光伏阵列与各自的 DC/DC 变换器相连，然后接至公共的 DC/AC 逆变器。其结合了串联结构和集中式结构的优点，每一个光伏阵列可以单独控制，后期改造灵活高效。具体实现形式主要有两种，即并联型多支路结构和串联型多支路结构，如图 6 - 16（d）和图 6 - 16（e）所示。20 世纪 90 年代后期多支路结构被大量采用，该结构提高了并网光伏发电系统的功率，降低了系统单位功率的成本，提高了系统的灵活性，已经成为光伏并网系统结构的主要发展趋势。

多支路结构的主要优点包括以下五点：

（1）每个 DC/DC 变换器及连接的光伏阵列拥有独立的 MPPT 电路，类似于串联结构，所有的光伏阵列可独立工作在最大功率点，最大限度地发挥了光伏组件的效能。

（2）集中的并网逆变器设计使逆变效率提高、系统成本降低、可靠性增强。

（3）多支路系统中某个 DC/DC 变换器出现故障时，系统仍然能够维持工作，并能够通过增加与逆变器连接的 DC/DC 变换器的数目实现系统功率的扩展，具有良好的可扩充性。

（4）多支路系统能很好地协调各个支路，逆变器的额定功率不再像单支路并网逆变器一样被限定在较小的定额，逆变器额定功率不再受限。

（5）适合具有不同型号、大小、方位、受光面等特点的支路的并联，适合于光伏建筑一体化形式的分布式能源系统应用。

实际应用中，并联多支路结构较为常用。

5. 主从结构

主从结构是一种新型的并网光伏发电系统体系结构，也是并网光伏发电系统结构发展的趋势，如图 6 - 16(f) 所示。主从结构通过控制组协同开关，来动态地决定在不同的外部环境下并网光伏发电系统的结构，以期达到最佳的光伏能量利用效率。当外部光照强度较低时，控制组协同开关使所有的光伏组件或光伏组串只和一个并网逆变器相连，构成为集中式结构，从而克服了逆变器轻载低效之不足。随着光照强度的不断增大，组协同开关将动态调整光伏组件的串结构，使不同规模的光伏阵列和相应等级的逆变器相连，从而达到最佳的逆变效率以提高光伏能量利用率，此时，系统结构变成了多个串型结构同时并网输出。由于这样的中型结构功率等级是经由组协同开关动态调整的，并且每个串都具有独立的最大功率点跟踪（MPPT），因此可以得到更高效率的功率输出。

6. 直流模块结构

直流模块式结构由光伏直流建筑模块和集中逆变模块构成，如图 6-16(g)所示。光伏直流建筑模是将光伏组件、高增益 DC/DC 变换器和表面建筑材料通过合理的设计集成为一体，构成具有光伏发电功能的、独立的、即插即用的表面建筑元件。集中逆变模块的主要功能是将大量并联在公共直流母线上的光伏直流建筑模块发出的直流电能逆变为交流电能且实现并网功能，同时控制直流母线电压恒定，保证各个光伏直流建筑模块正常并联运行。

模块式结构的主要特点是每一个光伏直流建筑模块具有独立的 MPPT 电路能保证每个光伏组件均运行在最大功率点，充分发挥了光伏组件的效能，且能量转化效率高；具有很高的抗局部阴影和组件电气参数失配能力，适合在具有不同大小、安装方向和角度特点的建筑物中应用，采用模块化设计，系统构造灵活，给系统的扩充提供了很大的灵活性和即插即用性；易于标准化，适合批量化生产；降低系统成本等。

6.3.3 并网逆变器的分类和原理

根据输入端和输出端是否被变压器隔离，可将逆变器分为隔离型和非隔离型，其中隔离型逆变器又可分为高频变压器型和工频变压器型。另外，也可以根据功率变换的级数将逆变器分为单级式和多级式。单级式是指在单级电路中同时实现升压、最大功率点跟踪与逆变的过程；多级式是指在前级电路中实现升压与最大功率点跟踪的过程，在后级电路中实现逆变的过程。

6.3.3.1 隔离型并网逆变器结构

在隔离型并网逆变器中，可根据隔离变压器的工作频率，将其分为工频隔离型和高频隔离型两类。工频隔离型光伏逆变器，通常将工频变压器安装在输出侧与电网之间，以实现电气隔离，其特点是拓扑结构和控制策略简单，安全性能和抗冲击性能好，技术相对成熟，但是体积大、成本高；高频隔离型并网逆变器，通常将高频变压器安装在交直流变换器之间，以实现电气隔离，其特点是体积小、重量轻、转换效率高约 93%，但是拓扑结构和控制策略复杂，抗冲击性能差。

1. 工频隔离型并网逆变器

工频隔离型是并网逆变器最常用的结构，也是目前市场上使用最多的光伏逆变器类型，其结构如图 6-17 所示。

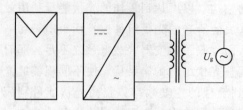

图 6-17　工频隔离型并网逆变器结构图

该类逆变器采用一级 DC/AC 主电路，变压器置于逆变器与电网之间。该拓扑先通过将光伏阵列输出的直流电能通过 DC/AC 变换器转化为 50Hz 的交流电能，然后通过工频变压器和电网相连，完成电压匹配以及电网的电气隔离。由于采用了工频变压器使输入与输出隔离，主电路和控制电路相对简单，而且光伏阵列直流输入电压的匹配范围较大；同时也保证了系统不会将直流分量带入电网当中，有效防止了配电变压器的饱和，系统的安全性比较好。若没有变压器，当人接触到光伏阵列一侧的正极或负极时，电网的电就有可能通过桥臂的回路对人产生伤害。

工频隔离型并网逆变器常规的拓扑形式有单相结构、三相半桥结构以及三相全桥结构。单相结构的工频隔离型并网逆变器如图 6-18 所示。这类逆变器一般只有单级结构，结构简单，可靠性高，但是由于工频变压器的损耗（2%～4%），整体的效率也受到限制，所以单相结构常用于数千瓦以下功率等级的光伏并网系统，其中直流工作电压一般小于 600V，工作效率也小于 96%。相比单相工频隔离型而言，三相结构常用于数十甚至数百千瓦以上功率等级的光伏并网系统，图 6-19 所示为三相工频隔离型结构。三相全桥结构的工作电压一般在 450～820V，工作效率可达 97%；而三电平半桥结构的直流工作电压一般在 600～1000V，工作效率可达 98%，还可以取得更好的波形品质。

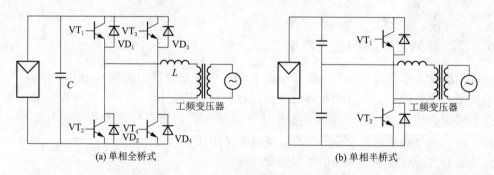

(a) 单相全桥式　　　　　　　　　　　　　(b) 单相半桥式

图 6-18　工频隔离系统单相结构图

工频隔离型拓扑结构是最早发展和应用的一种并网逆变器主电路形式，工频变压器具有体积大、质量大的缺点，它占逆变器总质量的 50% 左右，使得逆变器外形尺寸难以减小；另外，工频变压器的存在还增加了系统损耗、成本，并增加了运输、安装的难度。随着逆变技术的发展，在保留隔离型并网光伏逆变器优点的基础上，为减小逆变器的体积和质量，高频隔离型并网逆变器结构便应运而生。

2. 高频隔离型并网逆变器

高频隔离型并网逆变器使用了高频变压器，从而具有较小的体积和质量，克服

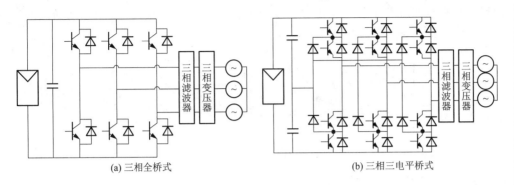

| (a) 三相全桥式 | (b) 三相三电平桥式 |

图 6-19 工频隔离系统三相结构图

了工频隔离型并网逆变器的主要缺点。但相比工频隔离型逆变器，由于又多了DC/DC能量转换环节，其效率会有所降低。值得一提的是，随着器件和控制技术的改进，高频隔离型并网光伏逆变器的效率也可以做得很高，其主要采用了高频链逆变技术。光伏阵列发出的直流电先经过变频逆变器变换成高频交流电，高频交流电经过高频变压器隔离后再整流成直流电，最后经过并网逆变器将电能注入电网，而高频变压器可在DC/DC变换器内，也可在DC/AC逆变器内。

可按电路拓扑结构对高频链并网逆变器进行分类，主要有两种类型：DC/DC变换型（DC/HFAC/DC/LFAC）和周波变换型（DC/HFAC/LFAC）。

（1）DC/DC变换型高频链并网光伏逆变器。如图6-20所示为DC/DC变换型高频链并网光伏逆变器结构，系统的能量变换为三级变换，即DC→HFAC→DC→LFAC。前级逆变器将直流电压逆变成高频交流电压（HFAC），后级逆变器将变压器副边的高频交流电压直接变换成并网所需低频交流（LFAC）。

一般来说，高频隔离系统同时具有电气隔离和重量轻的优点，系统效率在93%以上。但也有其缺点，如由于隔离DC/AC/DC的功率等级一般较小，所以这种拓扑结构集中在2kW以下；由于高频DC/AC/DC的工作频率较高，一般为几十千赫兹或更高，系统的EMC比较难设计；系统的抗冲击性能较差。

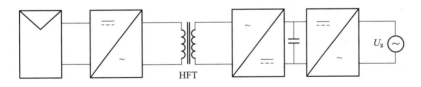

图 6-20 DC/DC变换型高频链并网逆变器示意图

（2）周波变换型高频链并网逆变器。高频链并网逆变器电路结构由高频逆变器、高频变压器、周波变换器构成，如图6-21所示。光伏阵列输出电压先由前级DC/AC部分逆变成为高频交流，经高频变压器隔离、传输、电压比调整，再经过后级AC/AC部分的周波变换器，实现高频AC/低频AC变换，输出的低频交流电送到交流电网中。

其特点是具有高频电气隔离，直流变换级工作在正弦脉宽调制可实现光伏阵列的最大功率点跟踪和单位功率因数，功率变换环节只有两级，提高了系统的效率，但存在电路结构偏复杂、成本偏高等缺点。

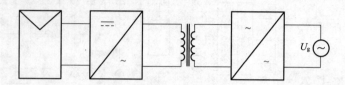

图6-21 周期波变换型高频链并网逆变器的电路结构

6.3.3.2 非隔离型并网逆变器结构

在隔离型逆变系统中，变压器将电能先转化为磁能，再将磁能转化为电能。由于变压器的存在，导致系统能量的损耗较大。一般数千瓦的小容量变压器导致的能量损失可达5%，甚至更高。非隔离型光伏逆变器可以有效避免隔离变压器带来的体积大、成本高、效率低等不足，电压等级范围在150～450V。因此提高光伏并网系统效率的有效手段便是采用无变压器的非隔离型并网光伏逆变器结构。在非隔离型系统中，由于省去了笨重的工频变压器或复杂的高频变压器，系统结构变简单，质量变轻，成本降低并具有相对较高的效率。

一般而言，非隔离型并网逆变器按拓扑结构可以分为单级和多级两类。

1. 单级非隔离型并网逆变器

单级并网逆变器只用一级能量变换就可以完成DC/AC并网逆变功能，其结构如图6-22所示，光伏阵列通过逆变器直接耦合并网，因而逆变器工作在工频模式，结构简单、所需元器件少、体积小、功耗低、稳定性高等优点使其成为目前的研究热点。不过，为了使直流侧电压达到能够直接并网逆变的电压等级，一般要求光伏阵列具有较高的输出电压，这便使得光伏组件乃至整个系统必须具有较高的绝缘等级，否则将容易出现漏电现象。

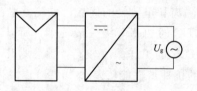

图6-22 单级非隔离型并网逆变器结构图

单级并网逆变器根据输入电压和输出电压的关系，可以分为以下三种结构：Buck逆变器、Boost逆变器及Buck-Boost逆变器。其中Buck-Boost逆变器市场应用颇为广泛，如图6-23所示为Buck-Boost并网逆变器主电路拓扑。

这种基于Buck-Boost的逆变电路为一个四开关非隔离型半桥逆变器，由两组光伏阵列和Buck-Boost型斩波器组成，其将输入端的光伏电源分成两部分，分别为两组Buck-Boost电路供电，两个Buck-Boost电路交替工作，每次工作半个电网电压周期，消除了在电网正、负半周期内工作不对称的缺点。

Buck-Boost逆变器的工作原理为：假设逆变器处于稳定工作状态，当交流电网处在正半周期时，电力晶体管VT_2始终导通，VT_1处于高频工作状态，VT_1导通时，PV_1向L_1供电，光伏阵列能量流入L_1，电容C与工频电网并联，VT_1关断

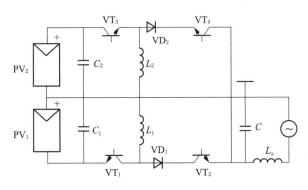

图 6-23 Buck-Boost 并网光伏逆变器主电路拓扑

时，L_1 中的电流通过 VD_1、VT_2 和 L_s 向电网回馈；当交流电网处在负半周期时，电力晶体管 VT_4 始终导通，VT_3 处于高频工作，VT_3 导通时，光伏阵列能量流入 L_2，PV_2 向 L_2 供电，VT_3 关断时，L_2 中的电流通过 VD_2、VT_4 和 L_s 向电网回馈，只是前后极性相反。

2. 多级非隔离型并网逆变器结构

在传统拓扑的非隔离式光伏并网系统中，光伏阵列输出电压必须在任何时刻都大于电网电压峰值，所以需要光伏组件串联来提高光伏系统输入电压等级。但是多个光伏组件串联常常可能由于部分光伏组件被云层等外部因素遮蔽，导致光伏组件输出能量严重损失，光伏组件输出电压跌落，无法保证输出电压在任何时刻都大于电网电压峰值，使整个并网光伏发电系统不能正常工作。另外，只通过一级能量变换常常难以很好地同时实现最大功率跟踪和并网逆变两个功能，虽然基于 Buck-Boost 电路的单级非隔离型并网光伏逆变器能克服这一不足，但是其需要两组光伏阵列连接并交替工作，对此可以采用多级变换的非隔离型并网逆变器来解决这一问题。

通常多级非隔离型并网逆变器的拓扑有两部分构成，即前级的 DC/DC 变换器以及后级的 DC/AC 变换器，如图 6-24 所示。其中前级 DC/DC 变换器主要实现两个功能：一是提升光伏阵列的输出电

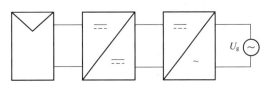

图 6-24 多级非隔离型并网逆变器拓扑结构图

压，以满足后级 DC/AC 逆变器所需的直流母线电压；二是作为载体实现逆变器的最大功率点跟踪。后级 DC/AC 逆变器主要实现两个功能：一是稳定直流母线的电压；二是完成逆变过程及电网侧电流的控制。由于在该类拓扑中一般需采用高频变换技术，因此也称为高频非隔离型并网逆变器。

常见的多级非隔离并网逆变器主要有基本 Boost 多级非隔离型并网光伏逆变器、双模式 Boost 多级非隔离型并网光伏逆变器、双重 Boost 并网逆变器等。其中基本 Boost 多级非隔离型并网逆变器的主电路拓扑如图 6-25 所示，该电路为双级功率变换电路。前级采用 Boost 变换器完成直流侧光伏阵列输出电压的升压功能以及系统的最

大功率点跟踪（MPPT），后级 DC/AC 部分一般采用经典的全桥逆变电路完成系统的并网逆变功能。

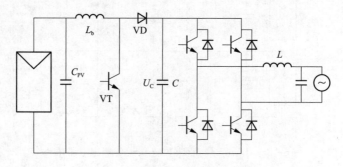

图 6-25　基本 Boost 多级非隔离型并网逆变器的主电路图

其工作原理为：对于前级 Boost 直流-直流转换电路来说，令全控器件的开关周期为 T_s，占空比为 D。晶体管 VT 导通时段为 t_{on}，即 $0 < t < DT_s$，此时，二极管 VD 反偏截止，光伏阵列的直流电压输出给电感 L_b 储能，电容 C 向后级电路供电；当 VT 处在关断时段 t_{off}，即 $DT_s < t < T_s$ 时，二极管 VD 导通，电感 L_b 和光伏阵列共同向后级供电，同时给电容 C 充电，电压为 U_0。考虑到电感 L_b 在一个周期内电流平衡，有

$$U_0 = \frac{t_{on} + t_{off}}{t_{off}} U_d = \frac{U_d}{1 - D} \tag{6-8}$$

即

$$U_0(1 - D) = U_d \tag{6-9}$$

式中：D 为介于 0 和 1 之间的数字，则变换器的输出电压大于前级阵列输出电压，从而完成了升压变换功能。

后级的全桥逆变电路通过图 6-26 所示的载波反相单极性倍频的 PWM 方式调制，所谓载波反相调制方式，就是采用两个相位相反而幅值相等的载波与同一调制波相比较的 PWM 调制方式。通过两桥臂的载波反相单极性倍频调制，使得各桥臂的输出电压具有瞬时相移的二电平 SPWM 波，而单相桥式电路的输出电压为两桥臂支路输出电压差。显然，两个具有瞬时相移的二电平 SPWM 波相减，就可以得到一个三电平的 SPWM 波。而该三电平 SPWM 波的脉冲数比同载波频率的双极性调制 SPWM 波和单极性调制 SPWM 波的脉冲数增加一倍。

非隔离型并网逆变器由于省去了笨重的工频变压器或复杂的高频变压器，系统结构简单、质量轻、成本低并且具有较高的效率，现已逐渐成为应用主流。单级非隔离系统结构简单，但是光伏阵列需要有较高的输出电压，光伏阵列和整个系统都需要有较高的绝缘等级。多级结构相对复杂，却可以维持 DC/AC 电路直流有较高、较稳定的电压，保证逆变的条件和效率。

由于在非隔离型的光伏并网系统中，光伏阵列与公共电网是不隔离的，这将导致光伏组件与电网电压直接连接。而大面积的光伏组件不可避免地与地之间存在较大的寄生电容，这是引起共模漏电流的重要因素。寄生电容的大小与

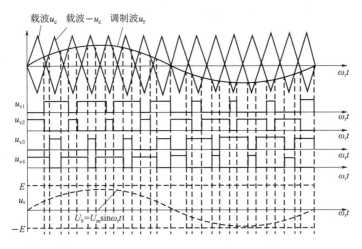

图 6-26 载波反相单极性倍频调制方式

光伏组件的外形、所处温度和湿度以及安装环境等有很大关系，通常为 $50\sim$ $150\mathrm{nF/kW}$。共模漏电流过大会引发电磁干扰，增大并网电流谐波分量，造成系统损耗，严重则危害人身安全等。当共模漏电流有效值到达上限，逆变器必须在规定时间内从电网中切断。

6.4 最大功率跟踪技术概述

6.4.1 最大功率跟踪的基本概念

为了保证光伏阵列在一定的太阳辐照和温度的条件下输出尽可能多的电能，光伏发电的最大功率点跟踪（MPPT，Maximum Power Point Tracking）问题变得更加重要。光伏电池、组件和阵列的输出具有明显的非线性特征，其输出受到太阳辐照强度、工作温度、自身输出特性和负载情况等多方面因素综合影响，保证光伏电站直流侧工作在最高效率是提高系统发电量的关键途径。本节首先介绍了最大功率跟踪技术的基本概念、原理以及分类特点，然后对最大功率跟踪技术的实现电路进行简要概述，最后对三种典型最大功率跟踪技术——恒电压控制法、扰动观察法和电导增量法进行介绍，包括其基本概念、原理、优缺点。

最大功率跟踪的意义和实现原理

在一定太阳辐照强度和环境温度下，光伏电池表现出不同的输出特性，光伏电池可以工作在 $I—U$ 曲线上任意位置，但是只有工作在某一个特定输出电压值时，输出功率才能达到最大，这时光伏电池工作在对应的 $P—U$ 曲线上的最高点，这个点被称为最大功率点。光伏电池的输出特性可以由 $I—U$ 特性曲线表示，输出特性取决于温度和照度。固定温度和照度两个参数中的一个，改变另一个，就可以得到相应的 $I—U$ 和 $P—U$ 特性曲线。保持照度不变，改变温度，可以得到如图 6-27 所示的输出特性曲线族。由图 6-27 中曲线可知，随着温度的变化，短路电流变化很小，开路电压变化明显，最大功率点功率变化也较为明显。保持温度不变，改变照度，可以得到如图6-28所示的输出特性曲线族。由图中曲线族可知，随着辐照度的变化，开路电压没有明显变化，短路电流变化明显，最大功率点功率也大幅变化。

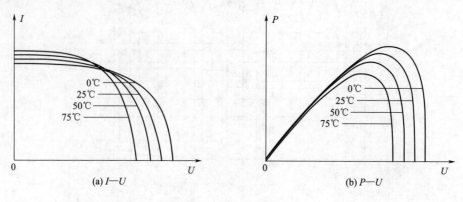

图6-27　不同温度下光伏组件的 $I—U$ 、$P—U$ 曲线

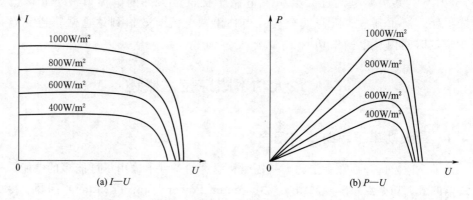

图6-28　不同辐照度下光伏电池的 $I—U$ 、$P—U$ 曲线

　　如图6-29所示为光伏阵列的 $I—U$ 流曲线和 $P—U$ 曲线，当光伏阵列输出电压比较小时，随着电压的变化，输出电流变化很小，光伏阵列类似为一个恒流源；当电压超过一定的临界值继续上升时，电流急剧下降，此时的光伏阵列类似为一个恒压源。光伏组件的输出功率会随着输出电压的到达输出功率最大点，即在一个既定的环境温度和太阳强度下，光伏电池会在一个特定的工作点上达到最大输出功率。在利用光伏发电时，通常需要将光伏发电系统的工作状态稳定在最大功率点已实现光伏发电的利用效率。

　　因此，对于光伏发电系统来说，为了寻求光伏阵列的最优工作状态，以最大限度地将光能转化为电能，利用MPPT技术控制方法实现光伏阵列的最大功率输出运行，提高系统的整体效率有着极其重要的意义。

　　最大功率跟踪控制器有不同的策略来找到模组的最大功率输出，最大功率点追踪控制器可能有不同的算法，并且根据运作条件选择适当的算法，见表6-2。

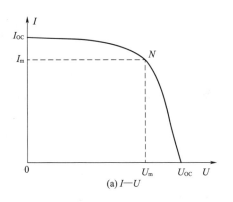
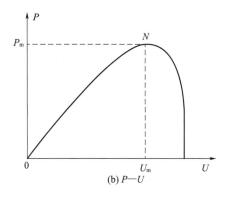

图 6 - 29　光伏阵列 I—U、P—U 曲线

表 6 - 2　　　　　　　　　　不同最大功率跟踪算法的特点

算 法 类 型		算法的优点	算法的缺点	适 用 领 域
开环控制方法	恒电压法	控制简单易行,成本低廉	在环境变化较大时控制精度不高	控制精度要求不高,环境稳定
	短路电流法	控制较简单,能快速实时跟踪	近似追踪,精度较低,测量短路电流较控制精度不	控制精度要求不高,环境稳定
	开路电压法	容易实施,跟踪速度快	近似追踪,精度较低,存在瞬时功率损	控制精度要求不高,环境稳定
闭环控制方法	扰动观察法	被测参数较少,易实施。相关改进算法多	最大功率点附近产生震荡,造成功率损耗;环境变化过快时易误判	环境较稳定
	电导增量法	可以减小系统的震荡	较扰动观察法负载,也存在误判现象	环境较稳定
智能算法		具有较好的动态性能和稳态精度以及自适应能力	控制结构复杂;需要大量的样本分析,长时间的训练	高精度环境

6.4.2　恒电压控制法

1. 恒电压控制的基本原理

恒电压控制法（CVT）是最简单也是最传统的一种最大功率跟踪方法,其理论基础是当光伏阵列的运行温度在某一个恒定值附近时,不同光照强度对应的最大功率点电压变化范围并不大,在不同的光照强度下,光伏阵列都会存在着一个最大功率输出点,从功率角度上可以将它们视为当前工况下的最优点。由于光照强度与温度的变化将会改变最大功率点,而不同光照强度下光伏电池输出最大功率的点所对应的工作电压近似位于一条垂直的直线上。

在一定温度情况下,光伏电池的最大功率点几乎落在同一根垂直线的两侧邻近,这就可以把最大功率点的轨迹线近似地看成某一电压的一根垂直线,即采用一

恒电压控制的原理

175

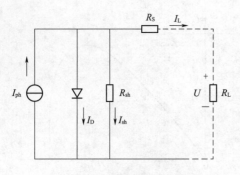

图 6-30　光伏电池等效电路

条垂直直线代替，保持恒定电压不变。说明光伏电池的最大功率输出点大致对应某一恒定电压，可对其进行等效代替。通过实验测试，可以得到光伏电池在某一日照强度及温度下的最大功率点的电压值，该电压即可看作最大功率点处的工作电压 U_m。因此恒电压控制法的控制思想就是将系统输出电压稳定控制在特定值 U_m 处。

图 6-30 为光伏电池的等效电路，在理想情况下，$R_s \to 0$，$R_{sh} \to \infty$，此时光伏电池的输出电流公式可以表示为

$$I_L = I_{ph} - I_0 \left[\exp\left(\frac{qU}{A_0 kT}\right) - 1 \right] \tag{6-10}$$

光伏电池的功率为

$$P = UI_L = I_{ph}U - I_0 \left[\exp\left(\frac{qU}{A_0 kT}\right) - 1 \right] \tag{6-11}$$

在光伏电池的最大功率点处，功率对电压的导数为零，因此有

$$\frac{dP}{dU} = I_{ph} - I_0 \left[\exp\left(\frac{qU_m}{A_0 kT}\right) - 1 \right] - I_0 U_m \frac{q}{A_0 kT} \exp\left(\frac{qU_m}{A_0 kT}\right) = 0 \tag{6-12}$$

整理得

$$I_0 \left(1 + \frac{qU}{A_0 kT}\right) \exp\left(\frac{qU}{A_0 kT}\right) = I_{ph} + I_0 \tag{6-13}$$

当光伏电池输出开路时，满足

$$I_{ph} + I_0 = I_0 e^{qU/A_0 kT} \tag{6-14}$$

联立上式，可得

$$(1 + aU_m) e^{aU_m} = e^{aU} \tag{6-15}$$

$$a = A_0 kT$$

式中：在忽略温度变化的情况下，a 可看作常数；在光照强度变化较小时，U 可以看作不变。

求解式（6-15）可以得到一个固定的 U_m。

2. 恒电压控制法的优缺点

恒定电压控制法具有原理简单，控制稳定性较高、容易实现，且不会产生振荡现象等优点。系统只需对光伏阵列的输出端口电压进行采样，并与设置值进行比较，调整光伏阵列的输出电压等于系统设置值即可。

在光伏初期应用中，大多采取固定输出电压的方法。以卫星上的光伏组件为例。因为外太空中的日光照强度及温度变化比较慢，而且变化幅度也比较小，所以恒定电压控制法可以维持输出功率在最大功率点处。但是地球上大气的变化使得光伏组件的最大功率点发生变化，这种方法就不能满足光伏发电系统的要求。对于大多数实际应用的光伏系统，外界环境都在时刻变化，如果输出电压始终保持不变则

会造成一定的功率损失。

以新疆地区某一光伏系统为例，经计算和实测，光伏电池在环境温度为25℃时开路电压为363.6V，当环境温度在60℃时下降至299V，下降幅度达到17.5%。可见，对于那种一天之内温度变化幅度较大（沙漠、戈壁等）的地带，以及一年四季温度变化程度大的地区，该方法会带来较大的功率损失，降低整个系统的效率。

对于大多数实际应用的光伏系统，外界环境都在时刻变化，如果输出电压始终保持不变则会造成一定的功率损失。因此，在原始的恒定电压法基础上，有了进一步的发展，如适时对输出电压进行调整。调整的原则如下所述。据实验分析验证，在变化不太大的外界温度和光照条件下，U_m 和光伏电池开路电压 U 存在近似的线性关系为

$$U_m = kU \tag{6-16}$$

式中：k 的值介于 0.7~0.8。

可见，只要知道光伏组件开路电压 U_{oc} 的值，再根据实验所得 k 的值，控制输出电压为 U_{oc}，就能够实现光伏组件输出功率保持在最大功率点附近。具体实现方式是对光伏组件的开路电压 U_{oc} 进行采样，利用式（6-16），计算得到输出电压 U_m 的值，利用电路对输出电压进行控制，达到输出较大功率的目的。

在恒电压控制法的应用中，出现了一些改进方法，如最常见的开路电压—最大功率点电压比例法，即采用式（6-16）所描述的方法实现对电压的调整。但它们依然存在着一些缺陷，其反映的最大功率点处的电压 U_m 和开路电压 U_{oc} 之间的线性关系中，k 值并不始终固定，而会随着外界环境的变化而变化，特别是光照强度发生突变（如太阳光被云层遮挡）或者温度变化较大时，k 值将会发生显著的变化。另外，由于要采样光伏电池的开路电压 U，所以需要周期性地断开电路，使之不能连续地给负载供电，由此会造成定的能量损失，也会给系统带来不稳定因素。

为了克服外界环境变化的缺点，在恒电压控制的基础上还可以采取以下3种方法。

（1）手工调节法。通过手动调节电位器按照季节给定不同的 U_m。这种方法简单易实现，但是也有着明显的缺点，那就是需要较大的人工维护工作量，效率较低。

（2）根据温度查表调节法。事先用相同光伏电池测得不同温度下的最大功率点电压 U_m，构成温度—电压对照表储存在控制器中。在实际运行中，控制器可以根据实测光伏电池的温度来相应地修正输出电压，使其与外界温度相匹配。

（3）参考光伏电池法。在光伏发电系统中增加一小块与光伏电池相同特性的光伏电池模块，检测小光伏电池的开路电压，按照固定系数计算得出当前最大功率点电压 U_m，以此作为调整系统工作电压的依据，使之不增加成本即可得到接近MPPT的控制效果。

6.4.3 扰动观察法

1. 扰动观察法的基本原理

扰动观察法是（P&O）目前MPPT方法中应用较为广泛的一种方法。扰动观察法的基本原理为：首先在光伏电池工作的某一参考电压下检测出其输出功率，然后在该电压基础之上加一个正向电压扰动量，再次检测光伏电池输出功率。根据功

扰动观察方法
的原理

率变化方向，改变输出电压，直到输出功率稳定在设定的一个很小范围内，即可认为达到了最大功率点。

如图 6-31 所示，扰动观察法是一个通过周期性采样检测出光伏阵列的输出电流和电压，进而得到当前输出功率 $P(k)$，经过计算相邻时刻的功率差 $\Delta P = P(k) - P(k-1)$ 来确定下一时刻的扰动方向的过程。若 $\Delta P > 0$，则延续当前时刻的扰动方向，反之则向相反方向扰动。通过不断扰动使光伏阵列输出功率趋于最大，此时应有 $\Delta P/\Delta U = 0$；然而，当跟踪到最大功率点附近，由于扰动步长的存在，扰动仍然不停止，系统工作处于动态平衡状态。

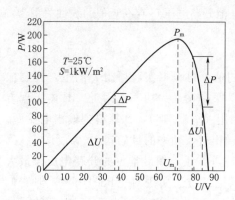

图 6-31　扰动观察法原理示意图

干扰观测法是工程实际中使用较为广泛的方法，在实现过程中具体控制参数多种多样，方法不尽相同。根据干扰步长和控制效果的不同，可分为常规干扰观测法和改进型干扰观测法。在常规干扰观测法中，根据控制参数的不同，又分为电压干扰法、占空比干扰法等。

（1）电压干扰法。通过比较功率和电压的变化方向来判断系统的工作区域，再对参考电压进行相应的调整使光伏系统工作在最大功率点附近。其具体实现过程为：在每一段采样周期中，按照事先设定好的步长改变参考电压，对输出的电压值和电流值进行采样，得到此时的输出功率，与前一个采样周期的输出功率进行比较，检测输出功率的变化，如果功率增加，则说明电压的改变方向正确，继续在该方向上按照此步长变化电压；如果功率减少，则说明电压的改变方向错误，在下一控制周期反向调整参考电压。由此系统不断进行对参考电压的调整，最后系统稳态运行在最大功率点附近很小的范围内。

电压干扰法的控制流程图如图 6-32 所示。首先在光伏电池参考电压 U_{PV} 下测出此时光伏电池的输出功率 P，然后添加一个正向的电压扰动 ΔU，检测此时的输出功率如果功率增加，则说明电压的改变方向正确，继续在该方向上按照此步长变化电压；如果功率减少，则说明电压的改变方向错误，在下一控制周期反向调整参考电压。

（2）占空比干扰法。以典型的独立光伏发电系统为例，光伏电池通常通过 DC/DC 变换器对蓄电池进行充电，在光伏电池输出端和蓄电池端分别并联适当大小的电容器，稳态时负载端电压 U_L 和光伏电池端输出电压 U_{PV} 关系为

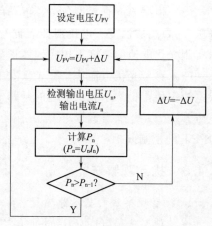

图 6-32　电压扰动观察法控制流程图

$$U_L = U_{PV}D \tag{6-17}$$

因此 DC/DC 变换器开关的占空比 D 将决定光伏电池的输出电压，这样只要控制 DC/DC 变换器开关的占空比 D 就可调节光伏电池的输出电压，从而实现 MPPT 控制。该方法称为占空比干扰法。

2. 扰动步长的选取原则

作为扰动观察法的重要参数，扰动步长的选取对于此法的控制性能有着决定性的影响。但步长不是一成不变的，且和实际系统存在着紧密联系，需要针对系统参数和动态响应特性进行合理选取，因此研究如何合理选择扰动步长具有重要意义。

扰动观察法需要通过检测输出功率的变化 ΔP 来跟踪最大功率点，但是在特定情况下会出现误判断现象，如不能区分输出功率的变化究竟是由外界光照辐射变化所引起的，还是由控制参考值变化引起的。

图 6-33 中，ΔP_d 是由占空比改变引起的输出功率变化大小；ΔP_s 是由光照辐射改变引起的输出功率变化大小。

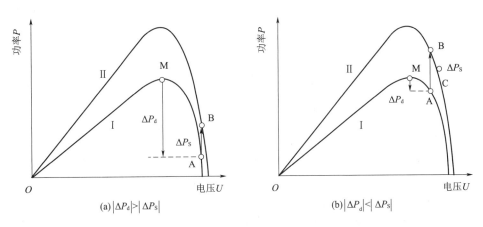

(a) $|\Delta P_d| > |\Delta P_s|$ (b) $|\Delta P_d| < |\Delta P_s|$

图 6-33　扰动观察法的误判现象

在图 6-33(a) 中，$\Delta P_d > \Delta P_s$，即使工作点由 A 点转移到 B 点，由于总的输出功率 $\Delta P < 0$，因此在下一控制周期将进行正向调节，即 $D(n+1) = D(n) + \Delta D$，使功率输出朝着最大功率点移动。而在图 6-33(b) 中，$\Delta P_d < \Delta P_s$，总的输出功率变化为 $\Delta P > 0$，因此在下个周期将继续保持负向调节，即 $D(n+1) = D(n) - \Delta D$，这会使得下一运行点背离最大功率点 M 移动至 C 点，使系统出现控制电压反向变化，朝着最大功率点的相反方向变化，从而使 MPPT 失效。

若选取干扰观测法扰动步长，需要在每次采样间隔内，系统运行点都应满足条件 $|\Delta P_d| > |\Delta P_s|$，才可以保证在光照强度变化时不会出现误判断的现象。由于控制系统存在动态响应和稳态精度的问题，因此在具体选择扰动步长时，还需要与选择的控制周期进行合理匹配。

3. 控制周期的选取

控制周期 T_a 是干扰观测法的另一重要参数，它对算法能否有效跟踪最大功率点有着决定性作用。考虑外界环境缓慢变化的情况，控制周期 T_a 的选取不能太小，如果输出电压、电流采样太快，势必会在上一扰动控制还未达到稳态时就进行了下一次判断和控制，其动态过渡过程会影响控制精度，甚至产生误判断。而每一次采样和控制周期所引起的功率变化 ΔP_d 和 ΔP_s 将受扰动步长和控制周期共同作用。因此，这两个参数需要合理匹配，才能满足控制要求。

例如在 Boost 电路中，MPPT 控制是通过控制变换器开关的占空比来实现的，因此，每次扰动时占空比的变化量就是扰动步长。如图 6-34 所示。

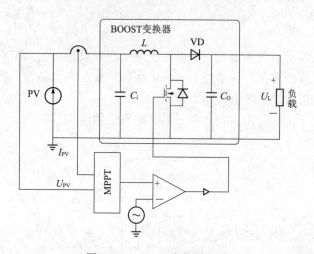

图 6-34　Boost 变换器电路

4. 扰动观察法的优缺点

扰动观察法原理简单，易于实现，被测参数少，转换效率高，对传感器精度要求也不高，所以应用广泛。但是扰动观察法也有缺陷，具体如下：

（1）扰动不会因为到达最大功率点而停止，以至于稳态时会在最大功率点附近反复震荡，同样会造成能量的大量损失。它的控制速度与控制精度很难达到统一，若扰动量较大，则系统能较快搜寻到最大功率点处，动态响应较快，但是会在最大功率点附近有较大波动，功率损失也较大；而若扰动量较小，相应的在最大功率点附近的波动较小，控制精度会很高，但是系统搜寻最大功率点旺旺需要较长时间，动态响应较慢。

（2）当外界环境参数变化太快时，如光照发生突变，则干扰观测法可能会发生电压崩溃。此时可能会导致最大功率点跟踪方向错误，严重时导致电压、功率崩溃，系统严重振荡。

如图 6-35 所示，当光照发生突变时（如太阳光突然被云层遮住），光伏电池的 $P—U$ 曲线由 Ⅰ 变为 Ⅱ。如果原来的工作在最大功率点的左侧区域，设工作点为 A 点，此时工作电压为 U_A，输出功率为 P_A。由扰动观察法得到的控制策略是增大工作电压使系统的输出功率趋于最大值，工作点由 A 点变为 A' 点，工作电压 $U_{A'}$，输出功率 $P_{A'}$。此时由于光照强度发生突变，$P—U$ 曲线由 Ⅰ 变为 Ⅱ，系统运行点由 A' 变为 B 点，但是工作电压仍为 $U_{A'}$，输出功率变为 P_B。此时，扰动观察法 MPPT

控制器检测到输出功率变小，根据控制策略将会减小电压值，这与理想的控制方向是相反的，因此将会导致最大功率点跟踪方向错误。

扰动观察法仅需要测量光伏电池的输出电压和输出电流，将可控量转为占空比，送入开关器件，通过开关管的通断实现。该方法的拓扑结构非常简单，而且控制算法也非常容易实现，并且对传感器的精度要求不高，但是控制精度较低，对外界环境发生突然变化时，反应速度慢，仅适合外界变化缓慢的地方。

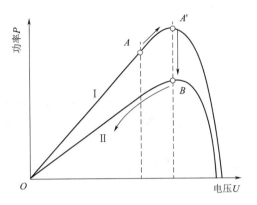

图 6-35　环境突变时光伏电池的 P—U 曲线

6.4.4　电导增量法

电导增量法也是 MPPT 方法中较为常用的一种方法。电导增量法是通过比较光伏电池的电导增量和瞬间电导来改变系统的控制信号。这种方法控制精确，响应速度快，有效解决了电压扰动观察法在最大功率点附近的振荡问题，同时避免了盲目性。如图 6-36 所示，光伏电池 P—U 特性曲线及 dP/dU 变化特征，即在最大功率

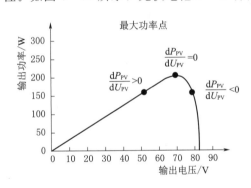

图 6-36　电导增量法示意图

电导增量方法的原理

点处 $dP/dU=0$，$dP/dU>0$ 时在最大功率点的左边，$dP/dU<0$ 时在最大功率点的右边。

电导增量法是利用光伏电池输出端的动态电导的值（$\Delta I/\Delta U$）与静态电导的负数相比较来调节光伏阵列输出电压方向的一种最大功率点跟踪方法，该控制方法的原理与定步长扰动观察法近似，通过判断（$\Delta I/\Delta U-I/U$）的符号来确定光伏电池当前的工作点，当其为负时，减小输出电压；当其为正时，增大输出电压。

由光伏电池工作特性曲线可知，最大功率点处的光伏电池输出功率 P_{PV} 与输出电压 U_{PV} 满足条件

$$\frac{dP_{PV}}{dU_{PV}}=\frac{d(U_{PV}I_{PV})}{dU_{PV}}=I_{PV}+U_{PV}\frac{dI_{PV}}{dU_{PV}}=0 \qquad (6-18)$$

由式（6-18）可得

$$\frac{I_{PV}}{U_{PV}}+\frac{dI_{PV}}{dU_{PV}}=G+dG=0 \qquad (6-19)$$

式中：G 为输出特性曲线的电导；dG 为电导 G 的增量。

由于增量 dU_{PV} 和 dI_{PV} 可以分别用 ΔU_{PV} 和 ΔI_{PV} 来近似代替，可得

$$dU_{PV}\approx\Delta U_{PV}=U_{PV}(t_2)-U_{PV}(t_1) \qquad (6-20)$$

$$dI_{PV} \approx \Delta I_{PV} = I_{PV}(t_2) - I_{PV}(t_1) \tag{6-21}$$

由上述公式推导，可得系统运行点与最大功率点的判据如下：

(1) $G + dG > 0$，则 $U_{PV} < U_m$，需要适当增大参考电压来达到最大功率点。

(2) $G + dG < 0$，则 $U_{PV} > U_m$，需要适当减小参考电压来达到最大功率点。

(3) $G + dG = 0$，则 $U_{PV} = U_m$，此时系统正工作在最大功率点处。

电导增量法的控制框图如图 6-37 所示，ΔU 和 ΔI 分别为当前采样和上一次采样所得电压和电流变化量，计算判据中的 G 和 dG 为电导和电导增量，U_{ref1} 和 U_{ref2} 分别为当前控制周期和下一控制周期的电压参考值。通过计算电导与电导增量的和是否为 0 来判断光伏电池是否达到最大功率点。

与干扰观测法类似，传统的电导增量法也用了电压参考值设定变化的原理来进行 MPPT 控制，只是其在实现工作点判定中，采用了不同于传统干扰观测法的实现过程。由于最大功率点处电导判据会趋于 0，因此采用电导和瞬时电导的方法，可以有效避免在最大功率点附近反复进行左右摆动，改善了系统稳态性能。

电导增量法的最大优点在于，能够快速准确地使系统工作在最大功率点，不会像干扰观测法那样在最大功率点附近反复振荡，并且当外界光照等条件剧烈变化时，电导增量法也能很好地

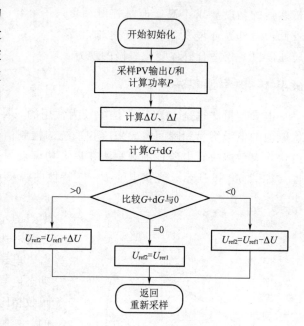

图 6-37　电导增量法控制流程图

快速进行跟踪，系统运行效果较好。缺点主要是，电导增量法算法中需要反复进行微分运算，系统的计算量较大，需要高速的运算控制器。而且对传感器精度要求非常高，否则会出现误判断的情况。因此使用传统的电导增量法进行控制的系统成本相对较高，模型计算过程也相对复杂，控制效率不高。

课 后 习 题

1. 简述逆变器在光伏系统中的作用。

2. 根据输出波形，逆变器可以分为哪几类？他们各自有什么特点？

3. 离网型逆变器有什么功能？

4. 离网型逆变器从电路结构上可分为哪几种？他们各自有何优缺点？

5. 隔离型和非隔离型的逆变器之间的区别在哪里？

6. 工频隔离型逆变器有何特点？

7. 简述扰动观察法在天气情况突变时误判现象的成因。

8. 试分析总结恒电压控制法、扰动观察法和电导增量法的优缺点。

9. 简述光伏发电最大功率跟踪的意义。简述电导增量法的实现过程。

参 考 文 献

［1］ 李安定. 太阳能光伏发电系统工程 ［M］. 北京：化学工业出版社，2012.

［2］ 车孝轩. 太阳能光伏系统概论 ［M］. 武汉：武汉大学出版社，2006.

［3］ 沈辉，曾祖勤. 太阳能光伏发电技术 ［M］. 北京：化学工业出版社，2005.

［4］ 沈文忠. 太阳能光伏技术与应用 ［M］. 上海：上海交通大学出版社，2013.

［5］ 李瑞生，周逢权，李燕斌. 地面光伏发电系统及应用 ［M］. 北京：中国电力出版
社，2011.

［6］ 熊娥. 光伏独立逆变电源的研究 ［D］. 武汉：武汉理工大学，2009.

［7］ 梁卓. 小型离网光伏发电系统逆变器的研制 ［D］. 广州：华南理工大学，2012.

［8］ 周志敏，周纪海. 逆变电源使用技术. 北京：中国电力出版社，2005.

［9］ 黄毛毛，张有生. 单相逆变器电源的研制 ［J］. 科技广场：2005（8）.

［10］ 张占松，蔡宣三，开关电源的原理与设计 ［M］. 北京：电子工业出版社，2001：129 – 130.

［11］ 王志娟. 太阳能光伏技术 ［M］. 杭州：浙江科学技术出版社，2009.

［12］ 曾远跃. 适用于独立光伏系统的正弦波逆变电源研制 ［J］. 机电技术，2008，31（4）：69 – 72.

［13］ 罗玉峰，陈裕先，李玲. 太阳能光伏发电技术 ［M］. 南昌：江西高校出版社，2009.

［14］ 张兴，曹仁贤. 太阳能光伏并网发电及其逆变控制 ［M］. 北京：机械工业出版社，2011.

［15］ 蒋华庆，贺广零，兰云鹏. 光伏电站设计技术 ［M］. 北京：中国电力出版社，2014.

［16］ 万山明，吴芳，黄声华. 一种全桥单向高频链逆变器 ［J］，电力电子技术，2005（1）：12 – 14.

［17］ 李艳. 光伏发电系统最大功率跟踪技术研究 ［D］. 天津：天津大学，2015.

［18］ 邢晶. 光伏并网发电系统中最大功率点跟踪算法的研究 ［D］. 杭州：浙江理工大
学，2013.

［19］ 郝宁. 光伏发电系统并网控制及最大功率跟踪的研究 ［D］. 北京：华北电力大学，2011.

［20］ 赵姗. 基于改进电导增量法的光伏发电系统的研究 ［D］. 沈阳：东北大学，2012.

［21］ 郑义斌. 光伏发电系统最大功率跟踪与并网控制方法 ［D］. 成都：西南交通大学，2016.

［22］ 赵争鸣，陈剑，孙晓瑛. 太阳能光伏发电最大功率点跟踪技术 ［M］. 北京：电子工业出版
社，2012.

智能光伏发电的现状和关键问题

第7章 光伏电站的运行、检测与关键计算

光伏发电系统的运行维护是保证系统收益最大化的重要环节，日常检查和定期维护能够保证及时发现系统运行过程中可能存在的故障并及时根除，从而保证了光伏发电系统的长期、稳定、安全地运转。为了防止因故障造成更严重的事故，降低电站的收益损失，及时检测光伏电站设备故障，有助于光伏电站稳定高效运行，方便在光伏电站设备发生故障之初采取相应的对策。通过对光伏电站设备的运行情况进行在线监测，及时分析处理故障征兆，确定设备故障发生的原因和位置，也有利于光伏电站维护人员工作的开展。而光伏系统评价是针对已经投产运行的光伏发电项目的预期目标、执行过程、效益、作用和影响进行的系统、客观的分析和评价，对光伏系统核心关键设备、系统进行评价和对标，对于提高光伏电站精细化运行水平则有重要意义。

围绕上述问题，本章主要介绍了光伏发电系统的日常维护要点；详细介绍了光站电站核心关键设备的检测方法和原理；最后对光伏系统关键部件和系统的评价方法及光伏电站发电量计算方法进行了说明。

7.1 光伏电站的核心关键设备的运行

光伏电站占地面积大，光伏支路数量庞大，光伏电站中故障主要来源于光伏阵列，图7-1展示了各种设备故障类型占比，在此对光伏电站常见故障进行分析，并对该部分的运维概要进行讲述。

7.1.1 支架与光伏组件的运维

光伏支架可分为固定式支架和跟踪式支架（单轴/双轴）。

固定式支架在安装之后，光伏组件的朝向与倾斜角度就固定了，需要时只能人为手动调整。因此，光伏组件的受光面与入射光线角度随着时间在不断变化，降低了太阳能的利用率。但是由于成本相对较低，后期维护量小等优点，其应用依旧比

影响光伏系统发电量的主要因素

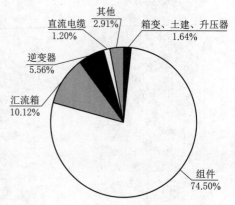

图7-1 光伏电站故障类型占比统计

较广泛。跟踪式支架能够很好地控制光伏组件的朝向或倾斜角度，甚至两者同时调节。

单轴跟踪支架只能单独控制其中的一个参数来实现不完全的跟踪，双轴跟踪支架可以同时对两个参数进行控制，能实现完全的跟踪。双轴跟踪支架可以维持光伏组件在日照时间内总是与太阳入射光垂直。相对于同容量配置的固定式光伏发电系统，双轴跟踪式发电系统的年发电量可提高37%～50%。

光伏组件支架结构必须牢固可靠，能承受如大气侵蚀，风荷载和其他外部影响。它应具有安全可靠的安装，能以最小的安装成本达到最大的使用效果，几乎免维护，且具有可靠的维修。好的支架需要考虑以下因素：①材料的强度须满足至少30年户外工作寿命要求；②在如暴风雪或台风等极端恶劣天气下仍不受影响；③支架需带有槽轨设计，以放置电线，防止电击；④必须便于安装；⑤造价要合理。

优质的支架系统必须使用电脑模拟极端恶劣天气状况验证其设计，并且进行严格的力学性能测试，如抗拉强度和屈服强度，以保证产品的耐用性。光伏支架，是光伏发电系统中为了摆放、安装、固定光伏组件设计的特殊的支架。一般材质有铝合金、碳钢及不锈钢。光伏支架应结合工程实际选用材料、设计结构方案和构造措施，保证支架结构在安装和使用过程中满足强度、稳定性和刚度要求，并符合抗风、抗震和防腐等要求。

光伏基础与支架的常见故障包括：基础沉降、移位、歪斜超出图纸设计标准、基础表面破损致裸露地脚螺栓或配筋、光伏组件整体存在变形、错位、松动、受力构件、连接构件和连接螺栓损坏、松动、焊缝开焊、组件压块松动、损坏、支承结构之间存在对系统安全运行产生影响的设施、金属材料的防锈涂层剥落和腐蚀、支架接地位置异常，接地电阻大于4Ω。光伏组件支架示意图如图7-2所示。

图7-2 光伏组件支架示意图

案例1：抗风能力差

一般而言，整个光伏发电系统需要有很牢固的支架才行，要能抗击台风、暴雨等。理论上，支架的最大抗风能力216km/h，太阳能跟踪支架最大抗风150km/h（大于13级台风）。实际操作中，一些支架在选型或者安装中存在问题，导致遇到强风支架被吹飞。由于安装公司为了节约型钢，在平屋顶安装了三排光伏组件，并且前排与后排没有做梁连，支架底部固定石墩重量太轻，同时也没有做成长方形，加大石墩重量。大风情况下可能会导致组件被大风吹翻。光伏组件被大风吹翻如图7-3所示。

图 7-3　组件被大风吹翻

案例 2：腐　　蚀

支架目前使用的材料种类有热浸镀锌钢架、不锈钢架与铝合金支架；通常光伏组件均安装于室外，因此支架会有日晒雨淋、腐蚀生锈及盐害等问题。光伏支架抗腐蚀性差容易造成组件坠落，腐蚀的支架也会造成组件倾角发生变化，减少发电量。在防腐蚀方面铝合金远远优异于钢材。支架生锈如图 7-4 所示。

图 7-4　支架生锈

光伏组件作为光伏发电系统的核心部件容易产生多种故障，须作为维修重点。维护人员对支架进行巡检如图 7-5 所示，基础与支架的检修见表 7-1。

光伏组件常见的故障包括：带电警告标识丢失、玻璃破碎、背板灼焦、明显的颜色变化；组件边缘或任何电路之间形成连通通道的气泡；接线盒变形、扭曲、开裂或烧毁，接线端子无法良好连接；光伏组件表面堆积灰尘或污垢，因灰尘堆积造成发电效率明显降低；在太阳辐照度不小于 $500W/m^2$，风速不大于 $2m/s$ 的条件下，同一光伏组件外表面温度差异大于 $20℃$；测试电压为 $1000V$，正极与负极短路时对地、正极对地以及负极对地的绝缘电阻小于 $1M\Omega$；太阳辐射强度基本一致的条件下测量接入同一个直流汇流设备的各个光伏组件串的输入电流偏差超过 5%。光伏组件常见故障如图 7-6 所示，光伏组件的检修见表 7-2。

图 7-5 维护人员对支架进行巡检

表 7-1   基 础 与 支 架 的 检 修

巡检维护内容	巡检维护方法	建议执行周期	异 常 情 况	处理措施及注意事项
基础	目测及工具检测	1次/半年	基础沉降、移位、歪斜超出图纸设计标准	参照图纸进行修正;由专业资质设计院出具修正加固方案进行加固纠偏
		1次/半年(异常天气需增加临时巡检)	基础表面破损致裸露地脚螺栓或配筋	修补
支架结构情况	目测及工具检测	1次/半年(异常天气需增加临时巡检)	光伏方阵整体存在变形、错位、松动	参照图纸进行修正
			受力构件、连接构件和连接螺栓损坏、松动,焊缝开焊	紧固、更换
			组件压块松动、损坏	紧固、更换
			支承结构之间存在对光伏系统运行及安全可能产生影响的设施	清理会产生影响的设施
防腐情况	目测或仪器测量	1次/半年	金属材料的防锈涂层剥落和腐蚀	用砂纸人工打磨除锈,补刷环氧富锌漆或热镀锌修补剂,漆层厚度不小于120μm;锈蚀严重者更换
支架接地情况	仪器测量	1次/年	支架接地位置异常,接地电阻大于4Ω	检查接地线路,修正接地位置或更换接地部分线路

图 7-6 光伏组件常见故障

表 7-2   光 伏 组 件 的 检 修

维护内容	维护方法	建议维护周期	异　　常	处理措施及注意事项
外观检查	目测	1次/月	带电警告标识丢失	重新粘贴标识
			玻璃破碎、背板灼焦、明显的颜色变化	更换组件
			组件边缘或任何电路之间形成连通通道的气泡	
			接线盒变形、扭曲、开裂或烧毁,接线端子无法良好连接	
组件表面积灰情况	目测及仪器测量	1次/月(根据当地情况适当调整维护密度)	光伏组件表面堆积灰尘或污垢,因灰尘堆积造成发电效率明显降低	根据实际情况选择人工擦拭、冲洗或机器清洗;清洗过程严禁踩踏光伏组件,严禁使用腐蚀性溶剂或硬物工具,严禁在风力大于4级、大雨或大雪的气象条件下清洗光伏组件
工作温度	仪器测量	1次/半年	在太阳辐照度不小于 $500W/m^2$,风速不大于 $2m/s$ 的条件下,同一光伏组件外表面温度差异大于 $20℃$	更换或持续观察
绝缘测试	仪器测量	1次/半年(抽查)	测试电压为 $1000V$,正极与负极短路时对地、正极对地以及负极对地的绝缘电阻小于 $1 MΩ$	检查绝缘问题点,进行绝缘处理
异常组件排查	仪器测量	及时处理	太阳辐射强度基本一致的条件下测量接入同一个直流汇流设备的各光伏组件串的输入电流偏差超过 5%	排查和更换工作异常组件

注: 系统运行不正常或遇自然灾害时应立即检查。

7.1.2　汇流箱的运维

汇流箱是指将光伏组串连接并配有必要的保护器件,实现光伏组串间并联的箱体。光伏汇流箱可以实现将一定数量、规格相同的光伏组件串联起来,组成光伏组串,然后再将若干个光伏组串并联接入到光伏汇流防雷箱,在光伏防雷汇流箱内汇流后，通过直流断路器输出，与光伏逆变器配套使用从而构成完整的光伏发电系统，实现与市电并网汇流。光伏汇流箱内部结构如图 7-7 所示。

汇流箱能使复杂的光伏阵列连接的井然有序，有利于对线路进行维护检查，且在光伏阵列发生故障时，缩小停电范围。光伏汇流箱还有一个重要的作用就是保护组件。当阵列中的组件受到乌云、树枝、鸟粪等其他遮挡物而发生热斑时，组件中的二极管利用自身的单向导电性能，将有问题电池串旁路掉，保护整个组件乃至整个阵列，确保能使其保持在必要的工作状态，减少不必要的损失。

图 7-7　光伏汇流箱内部结构

由于汇流箱布置在户外，一般要求防护等级在 IP 以上。为方便用户及时准确地掌握光伏组串的工作情况，保证光伏发电系统发挥最大功效，汇流箱中一般还装有监视装置。监视装置一般可监测每个输入回路的电流、直流母排的电压和防雷器的工作状态。

汇流箱常见故障包括：箱体变形、锈蚀、漏水、积灰；安全警示标识破损；防水锁启闭失灵；松动、锈蚀；元器件温度异常、损坏；测试电压为 1000V，直流输出母线的正极与负极短路时对地、正极对地、负极对地的绝缘电阻小于 1MΩ。

案例 3：屋顶光伏电站发生火灾

某屋顶光伏电站发生着火，彩钢瓦屋顶被烧穿了几个大洞，厂房内设备烧毁若干，损失惨重。最终分析原因为：由于施工或其他原因导致某汇流箱线缆对地绝缘能力降低，在环流、漏电流的影响下进一步加剧，最终引起绝缘失效，线槽中的正负极电缆出现短路、拉弧，导致着火事故的发生。如图 7-8 所示。

图 7-8　某屋顶光伏电站发生火灾

案例 4：山地光伏电站发生火灾

2014 年 5 月，某山地光伏电站发生火灾，当地林业部门立即责令停止并网发电，进行全面风险评估，持续时间 3 个月，造成了数百万的损失。最终分析原因为：由于某汇流箱电缆在施工时被拖拽磨损，在运行一段时间后绝缘失效，正负极电缆出现短路、拉弧，导致火灾事故的发生。如图 7-9、表 7-3 所示。

图 7-9　某山地光伏电站发生火灾

表 7-3　　　　　　　　　　　汇 流 箱 的 维 护

维护内容	维护方法	建议维护周期	异　常	处理措施及注意事项
外观检查	目测及操作检验	1次/半年	箱体变形、锈蚀、漏水、积灰	重新喷漆，清理灰尘，检查更换密封部件
			安全警示标识破损	重新粘贴安全警示标识
			防水锁启闭失灵	更换防水锁
箱体内接线端子检查	目测及仪器测量	1次/半年	松动、锈蚀	加固、更换
箱内温度检测	仪器测量	1次/半年	元器件温度异常	接头加固，或元器件更换
直流熔丝	目测及仪器测量	及时处理	损坏	更换
绝缘测试	仪器测量	1次/半年（与光伏组件绝缘测试同步进行）	测试电压为 1000V，直流输出母线的正极与负极短路时对地、正极对地、负极对地的绝缘电阻小于 1MΩ	检查绝缘问题点，进行绝缘处理
浪涌保护器	目测	雷雨季节前或发现问题及时处理	装置失效	更换
直流断路器	操作检验	1次/半年	装置失灵、失效	更换

注：系统运行不正常或遇自然灾害时应立即检查。

7.1.3　逆变器的运维

逆变器常见故障包括：逆变器外观损伤、变形；逆变器运行时有较大振动和异常噪声；逆变器外壳发热情况异常；逆变器表面积灰，进出风口堵塞；电缆连接松动；与金属表面接触的电缆表面存在割伤的痕迹；逆变器上的警示标识破损、卷边、脱落；散热风扇运行时有较大振动及异常噪声等。

案例5：直 流 拉 弧

在整个光伏系统中直流侧电压通常高达 $600\sim1000V$，由于光伏组件接头接点松脱、接触不良、电线受潮、绝缘破裂等原因而极易引起直流拉弧现象。直流拉弧会导致接触部分温度急剧升高，持续的电弧会产生 $3000\sim7000℃$ 的高温，并伴随着高温碳化周围器件，轻者熔断保险、线缆，重者烧毁组件（图7-10）和设备引起火灾。据统计约 40% 的电站起火是直流拉弧引起的，而担任直流电转换交流电工作的光伏逆变器首当其冲。

图7-10 逆变器烧毁

逆变器的维护见表7-4。

表7-4 逆 变 器 的 维 护

维护内容	维护方法	建议维护周期	异　　常	处理措施及注意事项
系统运行状态	目测及操作检验	1次/半年	逆变器外观损伤、变形	检修
			逆变器运行时有较大振动和异常噪声	
			逆变器外壳发热情况异常	使用热成像仪监测系统温度,检查逆变器各项参数
系统清洁	目测	1次/半年	逆变器表面积灰,进出风口堵塞	及时清理积灰
电气连接	目测及操作检验	1次/半年	电缆连接松动	断电检修,严重情况及时更换
			与金属表面接触的电缆表面存在割伤的痕迹	
警示标识	目测	1次/半年	逆变器上的警示标识破损、卷边、脱落	更换标识
风扇	目测及操作检验	1次/半年	散热风扇运行时有较大振动及异常噪音	应断电检查,及时更换
			风扇叶片有裂缝	
断路器	操作检验	1次/半年	交/直流断路器异常,开关失效	及时更换
输入输出端子	目测	1次/半年	端子松脱、断裂	紧固、更换端子
逆变器的输出电能质量	操作检验	1次/半年	超出标准限值	优化软件、整改
逆变器报错检查	记录信息查阅	1次/半年	逆变器功能报错	针对报错事项进行整改
逆变器内部防雷	目测	雷雨季节前或发现问题及时处理	装置失效	更换

7.1.4　其他设备的运维

大型光伏电站一般采用二级汇流，其中组串至汇流箱的直流电缆截面积一般与光伏组件自带的电缆截面积相同，而汇流箱至直流柜的电缆截面积则需要根据具体情况确定电缆。光伏发电系统的电缆可分为直流电缆及交流电缆。在进行光伏组件与并网逆变器间的布线时，所用的导线的截面积应满足短路电流的要求，一般使用 $2mm^2$ 导线。从光伏组件内引出的两根线，要注意接线的正负极性，一般都是 P 表正极，N 表负极。光伏组件按所需组件串分别串联接线并组装在阵列支架上，将各串联电路引到接线箱进行配线，在接线箱内并联接线。要将组件串电线进行编号并标记在其末端以便检查。

交直流电缆常见故障包括：存在直径大于 10 mm 的孔洞；电缆外皮损坏；路径附近地面出现挖掘、堆放重物、建材及临时设施，有腐蚀性物质排泄；电缆沟或电缆井的盖板有损坏；沟道中有积水或杂物；沟内支架不牢固、有锈蚀、松动现象；电缆连接器出现接触不良、浸水、变形发热现象电缆连接头置在金属屋面上（绑扎电缆脱落）；外线槽表面不清洁，槽盖固定不完好，连接片、螺栓等有锈蚀局部温差超过 15% 或 10℃。

光伏电站数据采集与监控装置就是将光伏电站的逆变器、汇流箱、辐照仪、气象仪、电表等设备通过数据线连接起来，用光伏电站数据采集器进行这些设备的数据采集，并通过 GPRS、以太网、WIFI 等方式上传到网络服务器或本地电脑，使用户可以在互联网或本地电脑上查看相关数据，方便电站管理人员和用户对光伏电站的运行数据分析和管理。数据采集与监控装置的平稳运行是光伏电站运行维护的技术前提。数据采集与监控装置的维护见表 7 - 5。

表 7 - 5　　　　　　　　　　　数据采集与监控装置的维护

维护内容	维护方法	建议维护周期	日常维护	异常	处理措施及注意事项
采集设备	目测与仪器测量	1次/半年	检查主机数据及电源连接线，打扫灰尘等	监控主机指示灯显示异常或监控主机异常导致监控无法上传数据	检查主机本身是否工作正常，不正常则进行维修或更换；检查传感器是否工作正常，不正常则进行维修或更换
网络及传输设备	目测与仪器测量	1次/半年	备份传输设备配置；检查传输设备电源连接线，打扫灰尘等	传输中断或者传输变慢，所有数据显示中断或者网络导致上传数据变慢	检查传输线路和传输接口，有问题则维修处理；检查传输设备配置是否正确，是否被更改，不正常则重新配置；检查传输设备本身是否工作正常，不正常则进行维修或更换；检查网络中的设备是否有病毒感染，有病毒则查杀病毒

维护内容	维护方法	建议维护周期	日常维护	异常	处理措施及注意事项
监控服务器	目测与软件测试	1次/月	检查硬盘存储空间并备份数据库；升级杀毒软件，清理优化服务器；检查主机数据及电源连接线，打扫灰尘等	服务器运行速度变慢或者CPU与内存使用率异常	用杀毒软件进行查杀病毒，清理磁盘及内存空间，清理进程等，不能解决问题则重新安装系统及服务软件
监控终端主机	目测与软件测试	1次/半年	升级杀毒软件，清理优化服务器；检查主机数据及电源连接线，打扫灰尘等	监控终端主机运行速度变慢或者CPU与内存使用率异常	用杀毒软件进行查杀病毒，清理磁盘及内存空间，清理进程等，不能解决问题则重新安装系统及终端软件
风速仪	目测与仪器测量	1次/半年	清理传感器污垢等	监控页面显示风速数据异常	与手持设备对比测试，异常则拆卸维修或更换
				风速传感器异常，不转动或强风下轻微转动	
空气温湿度表计	目测与仪器测量	1次/半年	清理传感器污垢等	监控页面显示温度、湿度数据异常	与手持设备对比测试，异常则拆卸维修或更换
降水量	目测与仪器测量	1次/半年	检查传感器表面是否有污垢以及排水口是否畅通	监控页面显示降水量数据异常	拆卸维修或更换
太阳辐照表计	目测与仪器测量	1次/月	参考 GB/T 31156 进行	监控页面显示辐射量数据异常	确认传感器倾斜角及方位角与设计是否一致，偏移则校准；校准后依旧异常，则拆卸维修或更换
逆变器输入/输出电量	数据对比	1次/半年	无	逆变器显示电量与电表数据对比，显示数据异常	逆变器进行检修或更换
监控的电量数据	数据对比或仪器测量	1次/半年	无	与关口表的人工抄表数据或仪器测量数据对比，显示异常	对监控设备进行校准或更换

7.2　光伏电站中的关键测试

光伏电站中的测试是为验证电站等最终性能是否符合行业标准而按照规定的方法、程序进行的实验室及户外检测。本节主要围绕光伏电站的电气安全、光伏组件和阵列的电气性能测试原理和方法进行说明。

7.2.1　光伏发电系统中的电气安全测试

光伏电站长期运行在户外条件下，需要面临风雨雪雷的考验，各种设备容易遭到老化和损坏，如果其电气安全得不到保证，就会引起火灾甚至人员伤亡。为了确认光伏系统各部分的绝缘状态，判断是否可以通电，应对绝缘电阻和接地电阻进行测量。绝缘电阻测试是检查光伏阵列的电气安全性能符合要求，从而保证电厂中人员和设施的安全。接地电阻测试可以判断方阵接地连续性是否符合要求，排查接地断路情况。

7.2.1.1　绝缘电阻的测试

绝缘电阻是电气设备和电气线路最基本的绝缘指标。当在绝缘试品上施加直流电压时，其通过的电流会随时间产生衰减，经过一定时间极化过程结束后，施加在试品上的直流电压与达到稳定时的电流之比称为绝缘电阻。

在光伏阵列安装过程和日常运行过程中，种种原因可能会导致绝缘性能不佳。绝缘性能不好不仅影响设备的正常运行，降低整个系统的效率，还可能导致人员受伤，因此光伏阵列的绝缘性能良好是保障光伏系统高效安全运行非常重要的因素。

在电站运行过程中，影响系统绝缘电阻的基础因素主要有：

（1）空气中的水分。绝缘电阻对湿度变化很敏感，相对湿度增加，绝缘电阻降低。一方面，当环境的相对湿度大于 75%，一般在绝缘材料表面会出现微小的水珠或薄薄的水膜，导致表面绝缘电阻降低而表面泄漏电流增加。此外，湿度过高会使空气的绝缘性能降低，而开关设备中很多地方是靠空气间隙绝缘的。另一方面，空气中的水分附着在绝缘材料表面，使电气设备的绝缘电阻降低，特别是使用年限较长的设备，由于内部有积尘吸附水分，潮湿程度将更严重，绝缘电阻更低，设备的漏电流大大增加，甚至造成绝缘击穿，产生事故。潮湿的空气还有利于霉菌的生长，霉菌中含有大量的水分，会使设备的绝缘性能将大大降低，对一些多孔的绝缘材料，霉菌根部还能深入到材料的内部，造成绝缘击穿，霉菌的代谢过程所分泌的酸性物质与绝缘材料相互作用，也会使设备绝缘性能下降。

（2）温度。温度升高会导致绝缘材料的离子活动和游离机会增加，使离子数目相应增多，离子性电导电流加大，绝缘电阻下降。

（3）气压。由于介质的吸收性能不同，绝缘电阻也常随加压时间的长短而变化。

因此，在电站运行过程中，水分、温度和气压是影响系统绝缘电阻的基础因素，在上述三种因素的共同作用，将直接影响电站电气设备的绝缘电阻。对于高纬度、高海拔的雨雪地带以及处于低纬度的热带地区，雪、雨水与太阳辐射的并行出现或频繁交替发生，必然会大大降低系统的绝缘电阻值，将对设备安全运行和运营管理人员安全构成威胁。

测量绝缘电阻，一般用绝缘电阻测试仪进行测试。绝缘电阻测试仪也叫兆欧表，与数字多用表上配备的欧姆表功能相比，兆欧表在进行电阻测量时施加的电压要更高，电压范围通常从 50V 到高达 5 kV；而典型数字多用表的电压一般小于 10V。对于绝缘测试来说，需要测量的电阻值范围很大，其上限可达到 $10T\Omega$，所需的电压更高。

图 7-11 所示为兆欧表的原理电路。兆欧表利用的是流比计的原理，它有两个相互垂直并固定在一起的线圈，即电压线圈 L_1 和电流线圈 L_2，它们处在同一个永久磁场中。端子 E 接被试品的接地端、外壳等处，端子 L 接被试品的另一极。直流高压发生器产生一定的直流电压，在电压线圈 L_1 中将流过电流 I_1，它是比例于电压的。内线端 E 经套管绝缘流到心柱再回到线端 L 的电流 I_2 将流过电流线圈 L_2，这个电流反映了被测绝缘电阻中的泄漏电流。这两个电流流经各自的线圈时所产生的转矩的方向是相反的，在两转矩差值的作用下，线圈带动指针旋转，直到两个转矩平衡为止。此时指针偏转角度 α 只与两电流的比值 I_1/I_2 有关，而 I_1 又是比例于电压的，所以偏转角 α 就反映了被测绝缘电阻的大小。

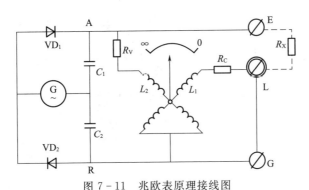

图 7-11 兆欧表原理接线图

1. 光伏阵列的绝缘测试

由于光伏组件在白天始终有电压，测量绝缘电阻时必须注意安全。在光伏组件的输出端多装有防雷用的放电器等元件，在测量时，如果有必要应把这些元件的接地解除。同时温度、湿度也影响绝缘电阻的测量结果，在测量绝缘电阻时，应把温度、湿度和电阻值一同记录。此外，应避免在雨天和雨刚停后进行测量。

测试步骤如下：

（1）试验器材包括绝缘电阻表（$M\Omega$ 级）、温度表、湿度表、短路用开关及短路用夹子。

（2）绝缘电阻测定电路（PN 间的短路例子）如图 7-12 所示。

（3）测量。

1）将输出开关置于 OFF 位置。在输出开关的输入部位安装有电涌吸收器的场合，将接地侧的端子拆开。

2）将短路开关（遮断电压值比光伏组件的开路电压高，将直流开关的二次侧短路，并在一次侧分别用虎口夹夹紧）置于 OFF 位置。

3）将所有的组件串的短路开关置于 OFF 位置。

4）将短路用开关一次侧的（＋）（－）极虎口夹分别在光伏组件侧和遮断开关间连接。连接后，将组件串的短路开关置于 ON 位置。最后将短路用开关置于 ON 位置。

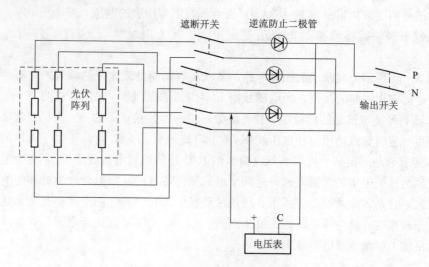

图 7 - 12　绝缘电阻测量电路

5）将绝缘电阻表的 E 侧与接地线连接，L 侧与短路用开关的 2 次侧连接。将绝缘电阻表置于 ON 位置。

6）测量结束后，必须将短路用开关置于 OFF 位置，将遮断开关置于 OFF 位置，最后将连接组件串的虎口夹脱开。这个顺序绝对不能错。遮断开关没有切断短路电流的功能，还有在短路状态下，脱开虎口夹会产生电弧放电，有可能伤及测试者。

7）电涌吸收器的接地侧端子恢复原状，测量对地电压，确定残留电荷的放电状态。

在有日照时进行测量会有较大短路电流流过，非常危险，在没有准备短路用开关的场合，绝对不能进行测量。在串联的光伏组件数较多，电压较高的场合，可能会发生难以预料的危险，因此，这种场合不应该进行测量。按照以上顺序可以测量光伏阵列的绝缘电阻。测量时应把光伏组件用遮盖物盖上，使光伏组件的输出电压降低，以便可以进行安全测量。另外，为保证测量结果更准确，将短路用开关和导线用绝缘橡胶等进行保护，以确保对地绝缘。为保证测试者安全，最好戴上橡胶手套。测量结果的判定标准见表 7 - 6。

表 7 - 6　　　　　　　　　　　　　　　绝缘电阻的判定标准

测试方法	系统电压/V	测试电压/V	绝缘电阻最小限值/MΩ
方法 1： 光伏阵列正负极分别对地	<120	250	0.5
	120~500	500	1.0
	>500	1000	1.0
方法 2： 光伏阵列正负极短路后对地	<120	250	0.5
	120~500	500	1.0
	>500	1000	1.0

2. 逆变器的绝缘测试

逆变器绝缘电阻测试内容主要包括输入电路的绝缘电阻测试和输出电路的绝缘

电阻测试。在进行输入和输出电路的绝缘电阻测试时，首先将光伏组串与汇流箱分离，并分别短路直流输入电路的所有输入端子和交流输出电路的所有输出端子，然后分别测量输入电路与地线间的绝缘电阻和输出电路与地线间的绝缘电阻。

根据逆变器额定工作电压的不同选择500V或1000V的兆欧表进行测试。测量点定在逆变器的输入电路和输出电路(图7-13)。步骤如下：

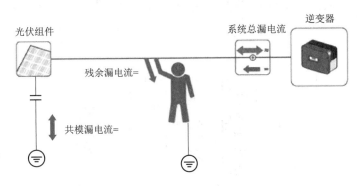

图7-13　逆变器绝缘电阻的测量

(1) 输入电路在接线盒内把光伏阵列电路断开，分别把功率调节器的输入端子和输出端子短路，然后测量输入端子和大地间的绝缘电阻。测定的绝缘电阻包括到接线盒的电路。①在接线盒内切断光伏阵列电路；②开启分电盘内的分支开关；③分别将直流侧的所有输入端子和交流侧的所有输出端子短路；④测量直流侧端子与大地间的绝缘电阻。

(2) 输出电路将功率调节器的输入端子和输出端子短路，测量输出端子和大地间的绝缘电阻。在分电盘位置切断交流侧电路测量绝缘电阻，测量的绝缘电阻包括到分电盘的电路。如果绝缘变压器另外安装的场合，测量时也包括到分电盘的电路。①在接线盒内断开光伏阵列电路；②开启分电盘内的分支开关；③分别将直流侧的所有输入端子和交流侧的所有输出端子短路；④测量交流端子与大地间的绝缘电阻。

(3) 其他：①当输入输出额定电压不同时，选择高的电压作为选择绝缘电阻表的基准；②在输入输出端子上有主电路以外的控制端子的场合，也包含对这些端子进行测量；③测量时，对于浪涌吸收器等抗电击弱的电路，应从电路中取下；④测量无变压器的功率调节器时，应按照生产厂家推荐的方法进行测试。

7.2.1.2　接地电阻的测试

接地指电力系统和电气装置的中性点、电气设备的外露导电部分和装置外导电部分经由导体与大地相连。光伏系统中如光伏组件边框、支架等暴露在外的金属在系统正常工作时不带电，但是当它们与绝缘损坏的载流导体意外连接后，就可能会对人和其他动物产生电击的危害。为防止人类和其他动物触电，设备必须接地。同样，我国《光伏发电站设计规范》（GB 50797—2012)规定，光伏阵列接地应连续、可靠，接地电阻应小于4Ω。因此，光伏系统外露的金属导体都应连接到大地，如图7-14中的虚线所示。但是由于老化、热应力、机械应力、动物撕咬等原因，导致光伏组件、接线盒、电缆、设备互连线等绝缘损坏，致使载流导体与大地形成一个可供电流通过的路径，就形成了接地故障。接地故障可能会产生电弧，严重时会引发火灾烧毁光伏阵列。此外，发生接地故障时，光伏系统外露的导电部分对地存在故障电压，对人体存在极大的安全隐患。

图7-14为光伏系统接地图，虚线表示光伏系统的正常运行时不带电的金属导体（如光伏组件金属框架、接地架、设备外壳等）与大地可靠相连，逆变器侧直流母线通过接地故障检测断路器—保险丝与大地相连，图中A、B点均为可能的接地故障点。

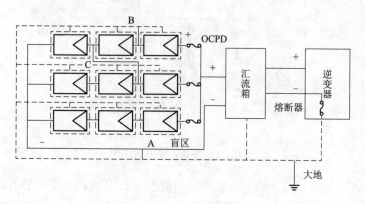

图7-14　光伏系统接地

接地电阻是衡量光伏发电站接地系统性能的重要技术指标，是接地系统有效性和安全性的重要参数之一。准确测量接地电阻，对接地系统安全性评价具有非常重要的意义。

通常利用大地网测试仪对光伏电站大地网接地电阻进行检测。大地网测试仪测试线布线通常采用三极布线法，主要有两种形式：一种是三极直线布线法（图7-15），另一种是三极三角布线法（图7-16）。图7-15、图7-16中d为测量区域的对角线长度，G点为被测接地体或接地网的被测点，P点为电压极，C点为电流极，D为极点与被测接地装置边缘的距离。

直线法是接地电阻测试中最常用的使用方法。被测接地体或接地网的被测点、电压测量电极与电流测量电极按直线布置，且$D_{GP} = 0.618 D_{GC}$。

某些情况下，在测量大型接地网的接地电阻时，由于地形的限制，很难将电流极打到（3~5）d远的地方。为缩短电流极的距离，可采用三角形法测量接地电阻。

如图7-16所示，三角形法是将辅助电压极与辅助电流极以夹角30°向两个方向布置，接地装置、电压极与电流极三点呈等腰三角形，即$D_{GP} = D_{GC}$。

接地电阻测试流程如下：

（1）选定接地装置测试点。

（2）选定电流极C点和电压极P点。

（3）打入地桩。在电流极C点和电压极P点位置上，分别将作为电流极和电压极的地桩打入地下，桩深依据现场土壤性质和状况确定，一般情况下不小于0.5m，使地桩与土壤紧密接触。为保证整个电流回路阻抗够小和设备输出电流足够大，应

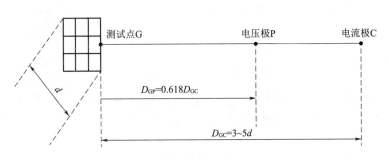

图 7-15 三极直线布线法

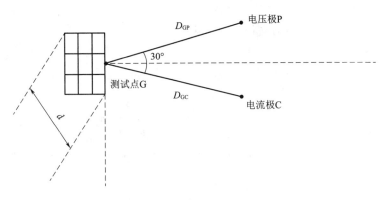

图 7-16 三极三角布线法

根据情况增加电流极 C 点的探针数量，以增大与土壤的接触面积，有利于减小电流极的接地电阻。

（4）规范布线。从测试点向电流极 C 点和电压极 P 点布置测试线，并与地桩和大地网测试仪可靠连接。注意两条测试线间保持足够的距离，以减少互感耦合对测试结果的影响。

（5）接地电阻测试。将大地网测试仪与测试线、电源线可靠连接，自检正常后对测试点正式测量经多次测量后取平均值。接地电阻值随接地电极附近的温度和土壤所含水分的多少而变化，但是它的最高值也不应超过规定的临界值。

7.2.2 光伏阵列的热斑检测

7.2.2.1 热斑形成的机理

光伏电池产生电流的原理可以借助于下图中的等效物理电路来解释，图 7-17 中 R_s 是串联内阻，表示光伏电池自身带有内阻，R_p 是并联内阻，由光伏电池内部缺陷而导致的漏电现象所产生。

当光伏电池正常工作时，等效电路中各部分电流满足

$$I_{sr} = I_d + I_{sh} + I \qquad (7-1)$$

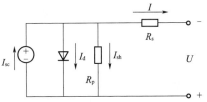

图 7-17 光伏电池工作原理图

199

式中：I_{sr} 是光生电流，电流大小受光照强度、温度等因素影响，当光照稳定时，可以被看作恒定的电流源；I_d 是暗电流，是流过二极管的电流，方向与 I_{sr} 的方向相反；I_{sh} 是流过并联内阻 R_p 的漏电流，方向与光生电流 I_{sr} 的方向相反；I 表示流过负载 R_s 的电流，也是光伏电池的输出电流。当电路正常工作时，等式成立。

当光伏电池没有受到障碍物遮挡时，等式保持平衡，光伏电池处于正常工作状态中。当光伏电池产生内部故障或者受到障碍物遮挡并且遮挡达到一定程度时，光伏电池产生电流的能力将减弱，光生电流 I_{sr} 也随之减小，导致等式右边的三种电流 I_d、I_{sh}、I 之和大于光生电流 I_{sr}。此时，具有半导体特性的光伏电池将处于反向偏置状态，由原来的电流源转变成电路中的负载，消耗电路中的能量并产生热量，从而导致光伏组件区域内部产生局部过热的现象。

7.2.2.2　红外热成像原理和光伏阵列热成像测试方法

1. 红外热成像原理

从物理学原理分析，物体能够不断向周围发射和吸收红外辐射。物体温度分布具有一定的稳定性和特征性，机体各部位温度不同，形成了不同的热场。当物体某处出现异常时，该处温度相应发生变化，导致物体局部温度改变，表现为温度偏高或偏低。根据这一原理，通过热成像系统采集被检测物体，并且转换为数字信号，形成伪色彩热图，利用专用分析软件，判断其是否出现故障，这就是红外热成像原理。

光伏组件的热斑可以借助红外热像仪来进行检测。只要表面温度超过绝对零度（$-273.15℃$）的物体，其体内的分子和原子就会不停地进行无规则的热运动，从而产生红外热辐射。红外辐射能力的强弱与物体自身的温度、辐射率成正比，即温度越高或辐射率越高，物体的辐射能力越强。为了可视化物体红外辐射能量的分布情况，红外热成像技术由此诞生，该技术的基础是红外成像系统。

红外成像系统可以较为准确地反映物体表面红外辐射场（温度场）的分布情况，由光学部件、红外探测器、光电转换设备和显示器等组成。红外图像的形成过程大致如图 7-18 所示。

图 7-18　红外图像的形成过程

（1）物体通过大气等传输介质向外辐射红外线。

（2）光学系统将红外线聚焦到探测器感光面上，由探测器采集红外线，并将采集到的光信号转换为电信号。

（3）温度转换设备将强弱不同的电信号转换成温度值，形成人眼不可见的温度分布图。

（4）为了产生人眼可见的红外图像，还需要将温度分布图映射成红外灰度图像或者红外伪彩色图像，从而通过显示器将图像显示出来。

现代一般采用红外热像仪检测和测量红外辐射，并在辐射与表面温度之间建立相互联系。红外热像仪利用红外探测器和光学成像物镜接受被测目标的红外辐射能量分布图形反映到红外探测器的光敏元件上，从而获得红外热像图，这种热像图与物体表面的热分布场相对应。通俗地讲红外热像仪就是将物体发出的不可见红外能量转变为可见的热图像。红外热成像原理如图 7-19 所示。

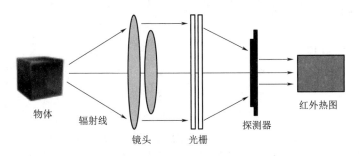

图 7-19 红外热成像原理

红外热成像仪的基本原理是：将被测目标的红外辐射经镜头汇聚、滤波、聚焦后，再将机械扫描系统聚焦后的红外辐射按照时间顺序排列，送到红外探测器上，转变为相应的电信号，经视频信号处理后，送至显示器上显示或储存器中存储。

2. 光伏阵列热成像检测

光伏阵列进行热斑检测可以使用便携式（离线型）红外热成像仪或是无人机巡检系统。红外热像仪使用电池供电，可方便移动检测；测温准确度高，能够实时给出被测光伏组件的分布温度，配置合适的镜头，图像可存储和传递，可具备故障诊断功能；能适用于电气设备的精确检测。机载型红外热像仪可安置在飞行器等移动设备，进行在线巡视检查；几倍图像传输、存储等功能；具有自动聚焦和图像无线传输功能，此外，无人机巡检用红外热像仪也具备普通宽视场镜头和远距离窄视场镜头。

在对光伏组件进行红外热成像检测时，光伏组件应处于正常发电运行状态，环境条件应符合下列要求：

（1）太阳辐照强度：不应低于 $700W/m^2$。

（2）环境温度：一般不低于 5℃。

（3）环境湿度：一般不大于 85%RH。

（4）风速：一般不大于 5m/s。

另外，应避免阳光直射或通过被摄物反射进入仪器镜头。

使用红外热成像仪检测（图 7-20）时应根据地形、组件规格、阵列分布制定巡检方案。按如下步骤进行：

（1）仪器开机后应先完成红外热

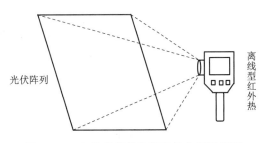

图 7-20 红外热像仪检测组件位置示意图

像仪及温度的自动检验，当热图像稳定，数据显示正常后即可开始工作。

（2）使红外热成像仪正对待测组件或阵列，使其处于仪器显示的视界内正中位置。

（3）调节探测器焦距，使取景图像清晰。

（4）使红外热成像仪取景屏幕中心测温准星指向被测组件存在局部热斑的部位，读取热斑温度，按键截取并保存图像。

（5）进行图像分析，结合组件外部特征，确定热斑成因。

（6）出具检测报告。

使用无人机巡检系统应先对检测现场勘探，确认气象条件，地形条件后，制定巡检方案。在满足空中交通管制的要求下，应按如下步骤检测：

（1）编制巡检系统路线，制定航向、巡航高度等参数。

（2）按巡检系统的操作方法进行检测巡航，应使各取景区域成像清晰。

（3）根据巡检系统的电量、巡航时间等因素，分周期完成巡检检测。

（4）由计算机系统进行红外图像分析，结合组件外部特征，确定热斑成因。

（5）各区域红外图像拼接，形成全场或局部的被测组件红外总图。

（6）出具检测报告。

光伏组件是否产生红外热斑的依据：如光伏组件局部电池片温度与其余正常区域的平均温差不小于 $10℃$，判定为形成了红外热斑。其表征为组件红外图像中的局部高亮。

7.2.2.3　光伏组件和光伏阵列热斑的红外温度特性

热斑由被遮挡光伏组件的局部区域发热所形成，本质上是一块局部发热的光伏组件区域。因此，热斑的红外温度特性包括以下两点。

（1）热斑的最高温度明显高于光伏组件的平均温度。热斑是光伏组件局部区域发热所形成的，因此，热斑的最高温度明显高于正常工作状态下的光伏组件的平均温度。这个特性属于热斑的本质属性，由热斑的产生机理所决定。

（2）热斑的最高温度与整块热斑平均温度的差值较为明显。统计结果显示，热斑中心点的温度明显高于热斑周围区域的平均温度，即热斑的最高温度明显高于热斑的平均温度。此外，虽然部分地面背景的平均温度也明显高于光伏组件的平均温度，但地面背景的最高温度与其自身平均温度的差值明显小于热斑的最高温度与热斑平均温度间的差值。利用这个特性可以降低将背景区域的局部高温块误判成热斑的风险，从而提高热斑检测的准确率。

7.2.3　光伏组件和光伏阵列的电气性能测试

7.2.3.1　$I—U$ 特性曲线及电气参数

光伏组件的电气特性主要是指电流—电压特性，也称为 $I—U$ 曲线。$I—U$ 曲线可根据电路装置进行测量。如果光伏组件电路短路即 $U=0$，此时的电流称为短路电流 I_{sc}；如果电路开路即 $I=0$，此时的电压称为开路电压 U_{OC}。光伏组件的输出功率等于流经该组件的电流与电压的乘积，即 $P=IU$。

　　当光伏组件的电压上升时，例如通过增加负载的电阻值或组件的电压从零（短路条件下）开始增加时，组件的输出功率亦从 0 开始增加；当电压达到一定值时，功率可达到最大，这时当阻值继续增加时，功率将跃过最大点，并逐渐减少至零，即电压达到开路电压 U_{OC}。当组件的输出功率达到最大的点，称为最大功率点；该点所对应的电压称为最大功率点电压 U_m（又称为最大工作电压）；该点所对应的电流，称为最大功率点电流 I_m（又称为最大工作电流）；该点的功率，称为最大功率点功率 P_m。光伏组件的填充因子是最大功率点功率与开路电压和短路电流乘积的比值，用 FF 表示：$FF = \dfrac{P_m}{U_{OC} I_{sc}}$。光伏组件的串联电阻和并联电阻都会影响填充因子，填充因子大于 0.7 说明组件的质量优良，填充因子是评判光伏组件质量好坏的一个重要参数。通过 I—U 测试，可以得到光伏组件/阵列的开路电压（U_{OC}）、短路电流（I_{sc}）、极性、最大功率点电压（U_m）、电流（I_m）、峰值功率（P_m）和填充系数 FF。识别出光伏组件/阵列缺陷或遮光等问题，进行积尘损失、温升损失、功率衰减、串并联适配损失计算等。

7.2.3.2　测试方法

　　光伏组件的 IU 现场测试方法有以下两种，分别是：可变功率电阻器测试法，电子负载测试法。两种方法的核心思想都是逐步改变负载进行测试，通过采集不同的工作点得到不同负载条件下的光伏组件输出参数，来构建完整的光伏组件输出特性曲线，由这些实测数据为 MPPT 跟踪算法提供基础参数，辅助 MPPT 跟踪算法的实现，从而提高光伏发电量。

　　1. 可变功率电阻器测试法

　　可变功率电阻器测试法是比较容易理解的光伏组件输出特性现场测试方法。其测试原理图如图 7 - 21 所示，此方法是将可变功率电阻器接与光伏组件的输出端，作为光伏组件的负载，通过手动调节电阻器的阻值来改变负载的大小，从而得到不同负载状态下的光伏组件工作点，同时利用电压表、电流表或同类型的测试设备来读取光伏组件在不同工作点对应输出的电压、电流值。

　　由光伏组件仿真得出的输出特性及光伏组件的生产制造商所提供的短路电流参数可知，当测试电路处在短路状态时，光伏组件输出的短路电流其实是个稳定值，所以可以对光伏组件直接短路来测量其短路电流。在测量短路电流时，具体操作是先断开开关 S_2，再闭合开关 S_1，使测试电路处于短路状态，读取电流表上的值即是我们要测量的光伏组件的短路电流。在测量开路电压时，具体操作是先断开开关 S_1，同时断开开关 S_2，使测试电路处于开路状态，读取电压表上的值即我们要测量的光伏组件的

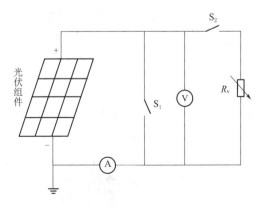

图 7 - 21　可变功率电阻器测试法工作原理

开路电压。在测量特性曲线时，具体操作是先断开开关 S_1，同时闭合开关 S_2，使测试电路处于采样状态，然后不断手动调节可变电阻 R，光伏组件的工作点会随之做相应的改变，读取对应的电压表和电流表的值，即可得到在不同工作点的多组输出电压、电流值，将所得数据按电压大小排序，就可以整理绘制出所测试的光伏组件输出的 $I—U$ 特性曲线。可变功率电阻器现场测试方法简单且便于理解，但测量的过程复杂。完整测量得到的点数有限，不能够准确得到光伏组件输出特性曲线，加上测量过程需要多次进行手动调节电阻器阻值，测量时间较长，加之外界光照、温度等不稳定，测量的数据误差较大。并且采集的数据是每个工作点的电压和电流值，测试完成后还要进行数据的处理，整个测量费时费力且误差较大。

2. 可变电子负载测试法

可变电子负载现场测试方法，其测量原理如图 7-22 所示。其核心是将该电子负载接于光伏组件的电气输出端，作为光伏组件的负载，由控制电路调整电子负载的阻值，使其从零变化到无穷，光伏组件的工作点电压从 0 变化到 U_{OC}（开路电压）。处在此过程中。实时采集不同的工作点所对应的电压、电流值，采样数据经过处理分析，从而得到光伏组件在每个工作点的电压和电流值，最后，结合这些采样值和当前条件下的环境温度和日照强度，来构建所测光伏组件的输出特性曲线。

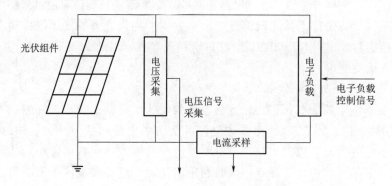

图 7-22　可变电子负载测试法原理

可变电子负载现场测试方法使用电子负载来替代了可变功率电阻器，作为光伏组件的模拟负载，需通过控制电路来改变电子负载的阻值，使其等效阻值由零变化到无穷。当电子负载等效阻值为 0 时，测试回路相当于短路，此时测得的电流为短路电流；当电子负载等效阻值为 ∞ 时，测试回路相当于开路，此时测得的电压为开路电压。光伏组件的工作点也随之改变，在此过程中控制电路还要进行多次数据采样，从而获得电子负载在不同工作点时所对应的电流、电压值，由这些多组采样点就构成了当前环境条件下光伏组件的输出特性曲线。

可变电子负载现场测试方法优化了可变功率电阻器中人为调节负载的环节，整个测试过程只需人为按一下启动按键，测试过程会自动完成，同时保证了测试过程的连续性，可均匀采样足够的点来获得光伏组件输出特性曲线。但是此现场测试方法在测试过程中，控制电路既要控制电子负载的变化，又要控制电压和电流的采样，使得可变电子负载现场测试系统控制复杂。分析已有的光伏组件输出特性测试方法不难发现，无论是可变功率电阻器测试法还是电子负载测试法，出发点都是以通过逐渐调节负载来测试光伏组件的功率输出参数，最终通过多个数据点的连接来还原被测光伏组件的输出特性曲线。但这两种方法都存在同样的问题，即需要重复的调节负载和进行采样，因此会造成完整的采样周期太长，又因为环境条件瞬息万变，一轮采样周期下来，多个采集而得的数据点理论上并不是同一环境条件下的光伏组件输出值，还原而得的光伏组件输出曲线也会存在实际误差，难以保证质量。

7.2.3.3　I—U测试仪原理

电容充放电法测量光伏阵列伏安特性的工作原理如图7-23所示。

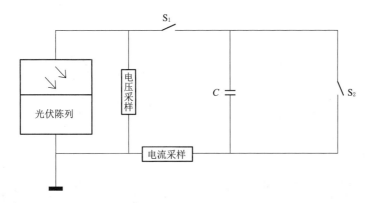

图7-23　电容充放电法测量光伏阵列伏安特性的工作原理图

内置的电容器在刚开始充电时，阻抗很低几乎为零，充电回路相当于短路，此时的数据即为短路电流；当电容充电结束时，阻抗非常大，充电回路相当于开路，此时的数据即为开路电压。在电容的充电过程中，电容的阻抗从零变化到无穷大，这就相当于光伏阵列的负载从零变化到无穷大。由上图可知，电容上的电压 U 和充电电流 I 的关系也同时反映了阵列的当前电压和电流关系。对电容整个充电过程的电压电流进行采样，这些采样点的组合就构成了当前环境条件下的阵列 $I—U$ 特性曲线，知道了 $I—U$ 的对应关系，专用软件就可以计算出最大功率并绘制成曲线。

对应图7-23，整个测量过程描述如下：首先采样控制电路开关 S_2 控制信号去使开关 S_2 闭合，通过功率电阻 R 把电容上残余的电量消耗掉，使电容保持零初时状态。然后，采样控制电路开关 S_2 控制信号去使开关 S_2 断开，发开关 S_1 控制信号去使开关 S_1 闭合，同时控制电压、电流采样电路按合适的采样速度对电容充电整个过程的电压、电流进行采样。S_1 刚闭合时流过电容 C 的充电电流就是光伏阵列的短路电流 I，当流过电容 C 的充电电流为零时，表示电容充电过程结束，此时采样的电压就是光伏阵列的开路电压 U_{OC}。这种方法只要选取适当的电容、开关管（容量足够大），理论上可以测量任意光伏阵列的特性。

7.2.3.4　I—U测试仪的测量步骤

当辐照度满足 700W/m^2 以上且1min内上下跳动幅度不超过 $\pm5\%$ 要求时可以进行 $I—U$ 曲线测试。其流程如下：

（1）辐照度及温度传感器安装。将太阳辐照计安装在与被测组件阵列同一平面内，将温度探头用高温胶带固定在方阵任意一块组件的背面。

（2）断开电源。打开汇流箱，断开汇流箱中的总开关和过电流保护装置。

（3）接线。将太阳辐照计、温度探头、光伏阵列汇流后的正负端分别接至光伏阵列测试仪的相应端口上。

（4）测试。打开光伏阵列测试仪开关，点击测试按钮，进入测量界面，输入测试编号，在测试条件满足时，点击测量，即可测试出一组即时参数：开路电压 U_{oc}，短路电流 I_{sc}，峰值点电压 U_m、电流 I_m，峰值功率 P_m。

（5）STC 转换。点击测量界面的"STC"即可将当前的测试信息转换为标准状态下的 I—U 信息。

（6）存储。点击"存储"，即可保存当前的测试数据。

通过 I—U 测试仪测量组件和阵列的伏安特性曲线，是光伏电站运维的重要途径，可以实现组件衰减测试、灰尘遮挡检测、组串失配检测、光伏组件的温升损失，并联失配损失，杂草遮挡损失分析。

图 7-24 所示为同一组件不同遮挡测试，组件被遮挡面积大约是 5%，但是通过伏安特性测试，在如图 7-25 和图 7-26 中看出，开路电压和短路电流没有太大变化，但是测试曲线出现明显改变，功率损失分别达到 30% 和 50%。

图 7-24　同一组件不同遮挡测试

7.2.3.5　测试结果到 STC 条件下的转换

组件生产过程中采用固定式 I—U 测试仪，在组件出货前对其进行测试和分类。在电站现场主要使用便携式 I—U 测试仪，便于携带，操作方便，能够在实际使用环境中对组件进行检测。

室内固定式 I—U 测试仪和便携式 I—U 测试仪测试条件不一样，室内固定式 I—U 测试仪一般在光强为 1000 W/m² ，光谱为 AM1.5，温度为 25℃ 的标准环境下（STC）测试。

户外光伏组件在测试过程中存在的问题主要包括：①组件表面的清洁：组件长期暴露在户外环境下，其表面容易黏附污染物，导致进入组件的光减少，与辐照度表测得的辐照度值不一致；②辐照度测量的影响：辐照度表的精度，响应时间及其

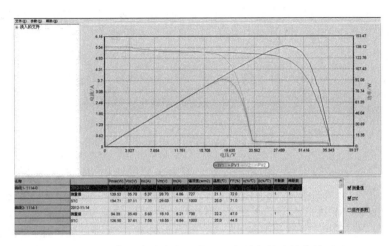

图 7 - 25 组件正常曲线与组件左下部局部被遮挡曲线对比

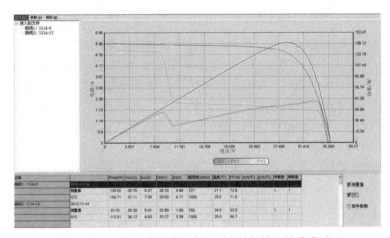

图 7 - 26 组件正常曲线与中间两个局部被遮挡曲线对比

光谱响应与被测组件之间的差异,都将导致测得的辐照度与实际组件接受辐照度的不同,导致误差产生。此外,在户外条件下,辐照度还随时间不断变化,而户外 $I—U$ 测试通常也需要数秒时间,在测量期间辐照度的变化也将影响 $I—U$ 测试的结果;③光谱变化:实验室内的模拟器采用光谱接近 AM1.5 的灯源进行测试。而在户外环境下,光谱受地理位置,气象条件,季节和时间的影响不断变化。由于组件的光谱响应具有波段选择性,即使在辐照度相同的条件下,由于光谱分布的差异,也会导致组件的输出产生差异;④组件温度测试:$I—U$ 测试中,需要测量组件电池结温,由于电池被封装,无法直接测得结温。目前都是使用组件背部中心点温度代表组件的温度,但实际情况是组件的温度并不均匀,尤其是靠近接线盒端处电池的温度偏高,因此温度的测量也对组件 $I—U$ 测试存在较大影响。户外测试其测试结果一般需修正为标准测试数据,便于与标准测试数据比较。

在修正过程中,需要考虑组件的内部参数,包括串联电阻、电压温度系数、电流温度系统等参数,这些参数主要是依靠组件厂商来提供,参数是在组件出厂时测得的，而随着组件在户外工作时间的增加，组件的参数会发生改变，因此也对测试的结果造成一定的影响。目前，户外 I—U 测试的参数修正到 STC 条件后的误差在 $\pm 5\%$，甚至更高。

现列举一种户外测试结果转换到 STC 条件下的修正方法，即

$$I_2 = I_1 [1 + \alpha(T_2 - T_1)] \frac{G_2}{G_1} \tag{7-2}$$

$$U_2 = U_1 + U_{OC1} [a\ln\frac{G_2}{G_1} + \beta(T_2 - T_1)] - R(I_2 - I_1) - \kappa I_2(T_2 - T_1) \tag{7-3}$$

式中：I_1，U_1 为测量的 I—U 曲线上点对应的电流和电压值；G_1 为参考装置测量的辐照度值；G_2 为要修正到的目标辐照度值；T_1 为测试件的测量温度；T_2 为修正的目标温度；a 为开路电压修正用的辐照度修正因子，典型值为 0.06；R 为测试件的内部串联电阻；U_{OC1} 为测试条件下的开路电压；α 和 β 为测试件的电流和电压温度系数；κ 为内部串联电阻的温度系数。

7.2.4　光伏组件的 EL 测试

随着光伏行业的迅猛发展，光伏产品的质量要求也在不断提高，组件中电池片内部的隐形缺陷利用常规的成品外观检验和电性能基础测试已经无法满足测试要求。这些缺陷包括材料缺陷、高温扩散缺陷、金属化缺陷、高温烧结缺陷、工艺诱生污染以及生产过程中的裂纹等。随着光伏组件质量控制环节中测试手段的不断增强，一种基于电致发光理论成像的检测方法应运而生。电致发光，又称场致发光，英文名为 electroluminescent，简称 EL。通过 EL 测试可以发现电池片内部以往利用常规手段难以发现的品质缺陷，能大幅度提高光伏组件的品质，从而在前期就可对电站整理质量进行把控，对提高发电效率和稳定生产都有重要的作用。目前 EL 测试设备已经被大部分光伏组件制造企业应用于晶体硅光伏电池及组件生产线，用于成品检验或在线产品质量控制。

7.2.4.1　EL 测试原理

EL 测试的过程即晶体硅光伏电池外加正向偏置电压，直流电源向晶体硅光伏电池注入大量非平衡载流子，光伏电池依靠从扩散区注入的大量非平衡载流子不断地复合发光，放出光子，也就是光伏效应的逆过程；再利用相机捕捉到这些光子，通过计算机进行处理后以图像的形式显示出来，整个过程都在暗室中进行。EL 测试的图像亮度与电池片的少子寿命（或少子扩散长度）和电流密度成正比，光伏电池中有缺陷的地方，少子扩散长度较低，从而显示出来的图像亮度较暗。通过 EL 测试图像的分析可以清晰地发现光伏电池及组件存在的隐性缺陷，这些缺陷包括硅材料缺陷、扩散缺陷、印刷缺陷、烧结缺陷以及组件封装过程中的裂纹等。

电致发光成像检测如图 7-27 所示。EL 图像的亮度正比于电池片的少子扩散长度与电流密度，有缺陷的地方，少子扩散长度较低，所以显示出来的图像亮度较暗。

7.2.4.2　EL 测试流程

光伏电站安装前的组件一般需要两个流程的检测检查。

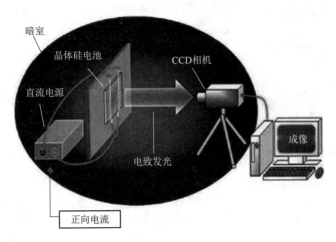

图 7 - 27　电致发光成像检测示意图

光伏组件出厂前检测，目前光伏组件生产线基本在装框后都有一次组件 EL 检测，此检测过程使用线上全自动 EL 检测仪进行测试，直接与流水线对接进行全检，以确保组件完好没有任何内部隐裂，或根据不同内部缺陷情况进行等级划分再发送给电站。此过程中的组件质检全部由组件厂商负责，其必须要有电性能和 EL 的全部检测报告。

光伏电站现场安装前的检测，在电站现场收到组件后，必须进行必要的光伏组件 EL 内部缺陷检测。常规电性能检测难以检测光伏组件所有缺陷，有的组件中具有断栅、低效率的光伏电池，对其电性能检测并没有任何影响，但是此组件安装上支架后会拉低整个光伏阵列发电效率。故电站现场安装前 EL 检测非常必要，其能明确厂家组件是否具有内部缺陷，或者在运输过程中给组件造成的内部隐裂等，也可以在此过程中检测出来。此过程的 EL 检测设备是户外便携式 EL 检测仪。

仓库内或者室内检测：白天，如无强烈太阳光照射，可直接将红外相机放置在三脚架上，对着组件进行内部缺陷的检测。如有强烈太阳能光照射则需要搭建防简易帐篷组建红外暗室，在暗室内对组件进行 EL 检测。

光伏电站现场室外户外检测：白天，阳光下检测需搭建防红外暗室帐篷，抬放光伏组件进暗室进行 EL 内部缺陷检测。夜晚，光伏组件检测直接使用红外相机三脚架进行检测，设备自带移动电源以便户外上电使用。此过程中检测没问题的组件可直接进行支架上安装。检测完好的组件进行支架安装，在光伏组件全部安装后，还需对光伏组件进行最终的 EL 检测，以防止组件安装过程带来内部缺陷出现问题。

在光伏组件 EL 测试中，正常的组件中的各个光伏电池的发光情况应基本相同。如图 7 - 28 所示。若有部分光伏电池的发光情况出现异常，应考虑该光伏电池出现缺陷。

7.2.4.3　光伏组件 EL 测试中的常见缺陷

1. 黑心片

EL 测试结果中黑心片是反映在通电情况下电池片中心一圈呈现黑色区域，如

图 7-28　EL测试结果正常组件

图 7-29 所示，该部分没有发出 1150nm 的红外光，故红外相片中反映出黑心。此类发光现象和硅衬底少子浓度有关。这种电池片中心部位的电阻率偏高，运行时将会造成热斑，从而引起光伏组件整体功率下降甚至烧毁。

2. 黑斑

黑斑的形成一般是由于硅料受到其他杂质污染所致，通常表现为电池片上出现形状大小不均的黑色斑点，如图 7-30 所示。黑斑通常与少子寿命和污染杂质含量及位错密度有关。若电池片存在黑斑缺陷，组件在使用中将会产生热斑烧毁组件，且导致出厂功率下降。

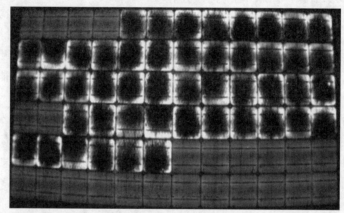

图 7-29　黑心片

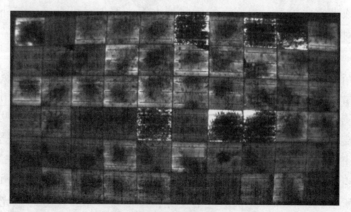

图 7-30　黑斑

3. 黑片

黑片缺陷主要分为全黑片和半黑片。全黑片缺陷的形成主要有两个：一个是焊接短路黑片，一般是指在焊接收尾处堆锡导致电池片正负极短路。如图 7-31 所示；

另一种是来料黑片。目前常规硅片为 p 型片,工艺要求加磷形成 pn 结,如果硅片错用 n 型片,依然使用常规的加磷工艺就会造成无 pn 结形成,或者是 n 型电池片加硼。从而导致全黑。

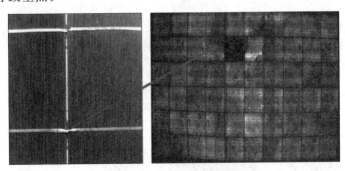

图 7-31　焊接短路黑片

半黑片的形成原因主要是背铝场印刷偏移,导致背电极和导电正极栅线无接触错位,局部开路。如图 7-32 所示。

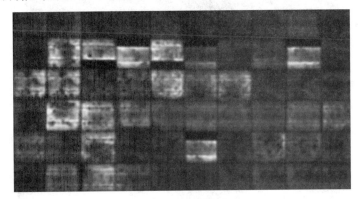

图 7-32　半黑片

黑片缺陷的危害:黑片的存在会引起组件使用的异常,且功率损失非常大。因此,所有黑片都不允许出现在组件中。

4. 断栅

电池片断栅是在丝网印刷时造成的,由于浆料问题或者网版问题导致印刷不良。轻微的断栅对组件影响不大,但是如果断栅严重则会影响到单个电池片的电流从而影响到整个组件的电性能。断栅缺陷分为分布式断栅和集中式断栅两种。如图 7-33 和图 7-34 所示。

断栅的危害主要在于造成断栅处电流收集障碍,影响组件的发电效率。

5. 混档

混档是由于转换效率不同的电池片混入同一个组件中,在 EL 测试结果中特别明亮的电池片是电流较大的电池片,电流差异越大,亮度的差异就越明显,如图 7-35 所示。

混档的危害:混档会导致高档次的电池片在组件工作过程中不能彻底发挥其发电能力,从而造成浪费。而低效率的电池片在工作中发热过大,从而形成热斑效应,对组件的寿命和性能产生隐患。

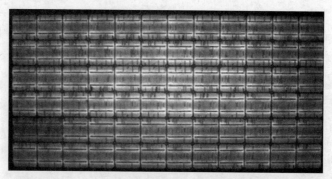

图 7-33　分布式断栅

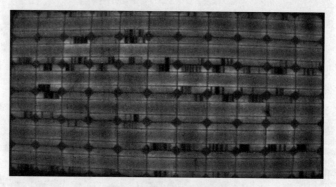

图 7-34　集中式断栅

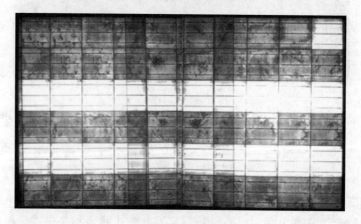

图 7-35　混档

6. 虚焊、脱焊

虚焊是因为焊接过程中焊带和电池电极没有形成良好的接触面导致电流收集障碍。虚焊有正极虚焊、负极虚焊，如图 7-36 所示，正极虚焊成条状，而负极虚焊成团状，面积较小。

虚焊将导致部分接触电阻增加，发热异常，最终引发组件热斑爆板。

7. 扩散异常

扩散异常缺陷的 EL 测试结果显示电池片中间发黑，四周发亮，如图 7-37 所

图 7-36 虚焊

示。通常由电池片中间未扩散或者扩散面反流入下道工序所致。

扩散异常将影响组件发电效率和寿命，且漏电区域容易烧毁组件。

8. 隐裂

产生隐裂的原因非常多，主要是因为外部压力或者自身应力原因导致光伏内部出现裂纹。隐裂缺陷一般通过肉眼无法识别，只有经过 EL 测试设备才能检测出来。

隐裂缺陷可能造成光伏部分毁坏或电流的缺失。在 EL 测试下，如果表现为以裂纹为边缘的一片区域呈完全的黑色，那么该区域为破片。裂纹会造成其横贯的副栅线断裂，从而影响

图 7-37 扩散异常

电流收集降低组件功率。各种裂纹造成的电池失效面积如图 7-38 所示。

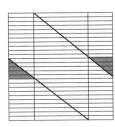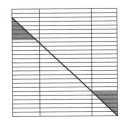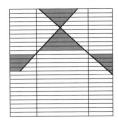

图 7-38 各种裂纹造成的光伏失效面积

隐裂的危害包括：造成相应的电池片面积失效，从而降低组件功率输出；严重的情况下会引起组件热斑烧毁；造成组件表面形成蜗牛纹，非常影响外观；隐裂具有一定的延伸性，发生隐裂的位置可能随状态变化。

9. 裂片

裂片是由隐裂恶化发展而来的一种现象，如图 7-39 所示，裂片的同时一

定会带来电池面积的黑色阴影失效。目前有效区分隐裂和裂片的方法是对电池片进行强光照射。

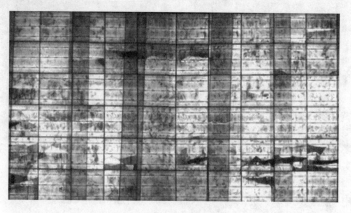

图 7 - 39　裂片的 EL 图像

7.2.5　光伏逆变器的测试

光伏逆变器在出厂时需要经过多重测试，包括了各个方面，包括外观与结构检查、环境适应性测试、安全性能测试、电气性能测试、通信测试、电磁兼容性测试、效率测试、标识耐久性测试、包装测试、输运和储存测试等。投入到电站使用也同样需要进行测试，这时则主要关注户外电气性能方面。

7.2.5.1　逆变器跟踪太阳辐射强度的性能测试

在现实生活中，由于阳光照射角度、云层、阴影等多种因素影响，光伏阵列接受的太阳辐照度和环境温度在不同的条件下会有很大的差别，比如在早晨和中午，在晴朗和多云的天气下，特别是云层遮掩的影响，可能会造成短时间内辐照度的剧烈变化。因此对于光伏逆变器而言，其必须具备应对太阳辐照度持续变化的策略，始终维持或者是在尽可能短的时间内恢复到一个较高的 MPPT 精度水平，以及较高的转化效率，才能保证光伏系统高效运行。

当气象参数如太阳辐射强度发生急剧波动时，不同的逆变器会对该种现象做出的响应不同：随太阳辐照度变化趋势而产生功率振荡，或是保持相对稳定的功率输出，从而对元器件产生冲击甚至跳机，这将降低逆变器稳定运行的性能，并最终影响光伏系统的发电量。

按照逆变器的功能要求设计，逆变器应当对发生剧变的气象参数尤其是辐照度及时有效的做出响应，以满足光伏系统的发电要求。但是辐照度急剧的变化会产生振荡功率，这将冲击逆变器内部元件甚至导致逆变器跳机情况发生。逆变器如果响应迟钝失效最终将影响光伏系统的输出。测试方案是利用分析系统对比分析气象监测系统和功率分析仪、电能分析仪的三方数据。通过系统对比辐照度和功率波形之间的变化关系最终评定逆变器跟踪辐照度的性能指数。测试原理如图7－40 所示。

气象监测系统监测太阳辐射强度变化情况，功率分析仪及电能质量分析仪监测逆变器的功率、波形及电能质量。逆变器综合分析系统分析和评价太阳辐射强度变化和功率波形之间的关系，在此基础上分析逆变器对气候变化的响应性能，并做出该项性能优劣的判定。

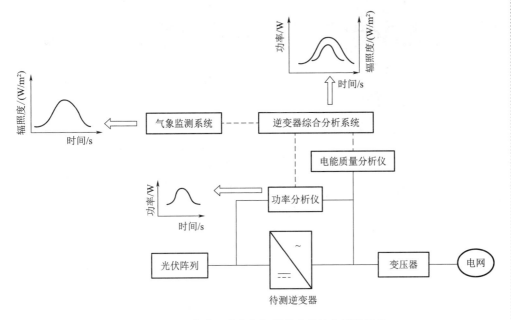

图 7-40　逆变器跟踪太阳辐射强度的性能测试原理

7.2.5.2　逆变器的转换效率

逆变器的转换效率是其交流侧输出功率和直流侧输入功率的比值，逆变器的转换效率的计算为

$$\eta = \frac{P_{\mathrm{AC}}}{P_{\mathrm{DC}}} \qquad (7-4)$$

在实际中，对工程应用来说更有意义的是欧洲效率，它是一种加权转换效率，是对一天之内转换效率的加权平均值为

$$\eta_{\mathrm{EURO}} = 0.03 \times \eta_{5\%} + 0.06 \times \eta_{10\%} + 0.13 \times \eta_{20\%} + 0.10 \times \eta_{30\%} \qquad (7-5)$$
$$+ 0.48 \times \eta_{50\%} + 0.20 \times \eta_{100\%}$$

式中：$\eta_{i\%}$ 为逆变器 $i\%$ 额定输出功率下的转换效率，在实际测试中，记录每个功率点处的转换效率，$\eta_{i\%}$ 取满足计算要求对应的转换效率。

逆变器转化效率主要受到以下两个因素的影响：①将直流电流转换成交流正弦波时，功率半导体发热会造成巨大的损失；②逆变器 MPPT 的控制算法会影响转换效率。光伏阵列的输出电流和电压会随着太阳辐射和温度的变化而变化，而逆变器的 MPPT 算法可以对电流和电压进行最佳控制，使其达到最大的输出功率。也就是说，在最短的时间内找到最佳工作点，转换效率就会越高。

现场测试逆变器转换效率建议采用能量转换效率的方式，测试在不同负载点下逆变器输入和输出 3min 内的累积电量，用输出能量与输入能量的比值作为该负载

点的能量转换效率，每个负载点测试时负载率的波动范围应控制在额定功率的
±1%范围内。

　　测试时宜选择晴朗的天气，以避免功率积分时间段内光伏系统的功率波动过
大。除记录逆变器工作负载率、输入和输出累积电量，还应记录逆变器输入电压、
测试期间的太阳辐射强度等参数。测试电路如图 7-41 所示。

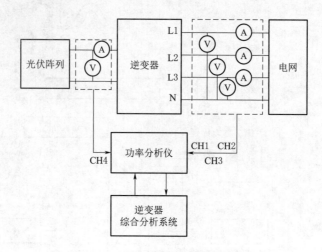

图 7-41　转换效率测试原理图

　　测试设备包括功率分析仪、气象监控设备；数据分析系统是将功率分析仪采集
的数据导出，并通过相应的计算、分析得出结果。功率分析仪实时监测逆变器的功
率，计算转换效率，逆变器综合分析系统对转换效率进行计算、分析和评价。

7.2.5.3　逆变器的谐波测试

　　谐波是指电流或电压中所含频率为基波频率整数倍的分量：对周期性的非正弦
量进行傅里叶分解，会得到两部分分量，一部分是与电网频率（工频）相同的基
波，另一部分则是大于电网基波频率的分量，频率为基波整数倍的那部分分量称为
谐波，其余的频率不是工频整数倍的谐波称为间谐波。谐波频率 f_n 与基波频率 f_1
的比值即为谐波次数 n，n 一定为整数。谐波示意图如图 7-42 所示。

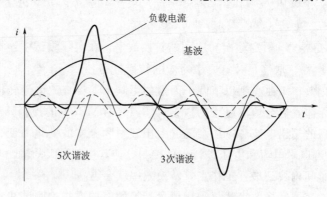

图 7-42　谐波示意图

由于正弦电压加压于非线性负载，基波电流发生畸变产生谐波。主要非线性负载有 UPS、开关电源、整流器、变频器等，逆变器作为光伏发电并网的核心部件，也是主要的谐波源，其开关器件时的频繁动作容易产生开关频率附近的谐波分量，引起电网的谐波污染。谐波与间谐波对电能质量有着重大的影响。害性表现在干扰通信线路，变压器温度升高、效率降低，加速电气设备绝缘介质老化，使用寿命缩短，甚至损坏，控制保护及检测装置工作精度、可靠性降低等方面，因此，检测逆变器的谐波对保证光伏系统的运行效率和质量至关重要。

谐波检测常用方法有以下几种：

1. 采用模拟带通或带阻滤波器的检测方法

最早的谐波测量是采用模拟滤波器实现的。图 7-43 为模拟并行滤波式谐波测量装置框图。由图可见，输入信号经放大后送入一组并行联结的带通滤波器，滤波器的中心频率 $f_1, f_2, \cdots, f_n$ 是固定的，为工频的整数倍，且 $f_1 < f_2 < \cdots < f_n$（其中 n 是谐波的最高次数），然后送至多路显示器显示被测量中所含谐波成分及其幅值。该检测方法有电路结构简单，造价低，输出阻抗低，品质因素易于控制等优点。但该方法存在许多缺点，如滤波器的中心频率对元件参数十分敏感，受外界环境影响较大，难以获得理想的幅频和相频特性，当电网频率发生波动时，不仅影响检测精度，而且检测出的谐波电流中含有较多的基波分量，要求有源补偿器的容量大，运行损耗也大。

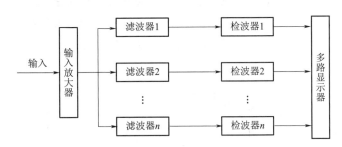

图 7-43 模拟并行滤波式谐波测量装置方框图

2. 基于瞬时无功功率理论的谐波检测方法

日本学者 H. Akagi 于 1983 年提出瞬时无功功率理论，以瞬时实功率 P 和瞬时虚功率 Q 的定义为基础即 $P—Q$ 理论。后又补充定义瞬时有功电流 i_P 和瞬时无功电流 i_Q 等物理量，经历了一个逐渐完善的过程。它首先用于三相电路谐波检测中，目前在有源电力滤波器中，该谐波检测法应用最多。以计算 P 和 Q 为出发点的称为 $P—Q$ 法，以计算 i_P 和 i_Q 为出发点的称为 $i_P—i_Q$ 法。它们都能准确地检测对称三相电路的谐波值，实时性较好，在只需测量谐波时可省去锁相环电路。图 7-44 是用 $i_P—i_Q$ 法检测三相电路谐波电流的原理框图。

作为一种典型的非线性负载，逆变器也是一种谐波源。并网型逆变器作为一种谐波源，在生产过程中必须通过谐波测量标准检验才能避免在使用时生成过量的谐波污染电网。逆变器额定功率运行时，注入电流谐波总畸变概率不得超过 5%，其他负载情况下运行时，逆变器注入电网的各次谐波电流值不得超过额定功率运行时可接受的各次谐波电流值。光伏系统中的谐波生成如图 7-45 所示。

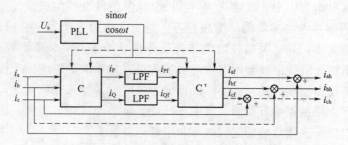

图 7-44 用 $i_P - i_Q$ 法检测三相电路谐波电流的原理框图

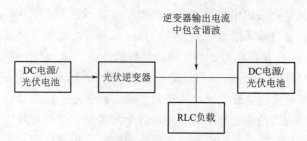

图 7-45 光伏系统中的谐波生成

电流谐波测试电路如图 7-46 所示，奇、偶次谐波电流含有率限值见表 7-7。电能质量分析仪实时监测逆变器谐波情况，最后将存储的谐波数据发送给逆变器综合分析系统，逆变器综合分析系统对谐波进行分析和评价。

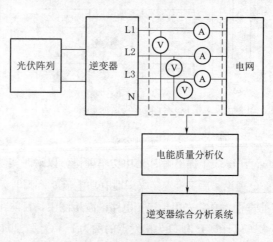

图 7-46 谐波测试原理图

表 7-7 奇、偶次谐波电流含有率限值

奇次谐波次数	含有率限值/%	偶次谐波次数	含有率限值/%
3～9	4.0	2～10	1.0
11～15	2.0	12～16	0.5
17～21	1.5	18～22	0.375
23～33	0.6	24～34	0.15
35 次以上	0.3	36 次以上	0.075

7.2.5.4 逆变器的低电压穿越测试

当电网发生故障导致并网点电压跌落时,所有连接的光伏并网逆变器都应该在一定时间内保持与电网的连接,向电网输出无功功率,尽力维持电网电压,避免电网持续跌落造成电网供电瘫痪。低电压穿越测试可以检验其能否在并网点电压跌落时保持与电网持续连接,如图 7-47 所示。

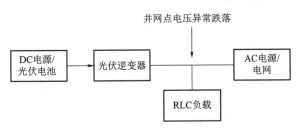

图 7-47 低电压穿越发生示意图

当光伏逆变器并网时,要求若并网点电压跌落时在一定范围内逆变器能不间断并网运行。具体有以下两个要求:①逆变器要具有并网点电压最低跌至 20% 额定电压时能够保证不脱网连续运行 625ms 的能力;②并网点电压在发生跌落后的 2s 内若能够恢复到额定电压的 90% 时,逆变器能够保证不脱网继续运行。

根据图 7-48 所示,并网点电压处于曲线 1 以上范围时,逆变器必须保证不脱网连续运行;若电压跌落超过 2s 仍未恢复到额定电压的 90%,即并网点电压处于曲线 1 以下,且电压跌落时间超过 2s,则逆变器必须脱离电网。

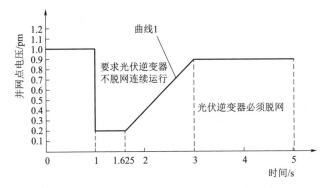

图 7-48 光伏逆变器低电压耐受能力要求

低电压穿越测试需要记录电压、有功电流、无功电流、有功功率、无功功率在不同的并网点跌落电压、不同的负载功率状态下随时间的变化。

用于光伏逆变器低电压穿越测试的检测装置方案核心为检测装置,检测装置有 3 类:阻抗分压型、变压器型和模拟电网型。由于变压器型检测装置采用切换抽头方式实现,为实现多种类型、多种深度的电压跌落,体积和重量很大,实验室检测较少采用。目前光伏逆变器低电压穿越测试各实验室大多采用阻抗分压型和模拟电网型检测装置。

1. 阻抗分压型检测装置

采用阻抗分压型检测装置对逆变器进行低电压穿越测试,如图 7-49 所示,由限流

电抗器 X_1、接地电抗器 X_2、断路器 S_1、S_2 组成，电压跌落等级为 10kV，装置容量为 2MW，能够模拟单相接地、两相短路、两相短路接地和三相电路故障，以阻抗分压法计算电抗器参数，并通过调整电抗器不同抽头模拟电压跌落至 0～90％额定电压。

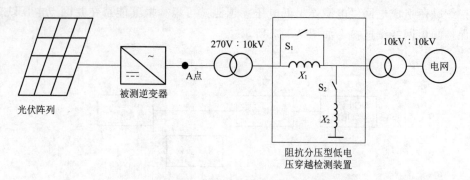

图 7-49 阻抗分压型检测装置低电压穿越测试

2. 模拟电网型检测装置

采用模拟电网型检测装置对逆变器开展低电压穿越测试，如图 7-50 所示，图中模拟电网型检测装置容量为 1 MW，由升压变压器 TV_1、低压变频电源和降压变压器 T_2 组成。其中变压器 TV_1 为 Y/Y 型，变比为 380：10 kV，升压变压器为 Y/△型，变比为 10 kV：380 V，并网点 B 三相电压的有效值、频率和相位可以独立调节，模拟各种故障类型跌落。

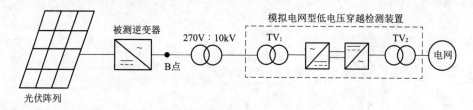

图 7-50 模拟电网型检测装置低电压穿越测试

按照图 7-49、图 7-50 所示的低电压穿越检测电路，被测逆变器运行工况见表 7-8，各工况下分别设置 2 种检测装置开展三相电压跌落和 A 相电压跌落，电压跌落幅值分别为 0％U_n、20％U_n、40％U_n、60％U_n、80％U_n、90％U_n，其中 U_n 为光伏逆变器额定电压幅值，对逆变器开展低电压穿越测试，记录被测逆变器并网点电压。

表 7-8   **被测逆变器运行工况**

工况一	被测逆变器停机
工况二	被测逆变器轻载运行，低电压穿越过程中不发出无功电流
工况三	被测逆变器轻载运行，低电压穿越过程中按照《光伏发电站接入电力系统技术规定》(GB/T 19964—2012)要求发出动态无功电流
工况四	被测逆变器重载运行，低电压穿越测试过程中不发出无功电流
工况五	被测逆变备重载运行，任电压穿越过程中按照 GB/T 19964—2012 要求发出动态无功电流

7.2.5.5 孤岛效应保护

孤岛效应是指因电网供电故障或停电维修等情况发生电压异常而跳脱时,各个用户端的并网逆变器发电系统却未能即时检测出停电状态而将自身从市电网络切离,于是形成由光伏并网逆变发电系统和周围的负载组成的一个自给供电的孤岛状况,如图 7-51 所示。

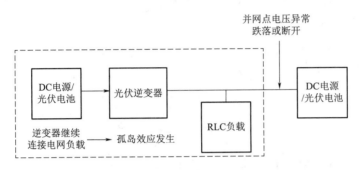

图 7-51 孤岛效应发生示意图

孤岛效应令光伏发电系统附近的负载端持续有电流通过,不但危及电网输电线路上维修人员的安全,还会影响传输电能质量,令电力孤岛区域的供电电压与频率不稳定。且当电网供电恢复后孤岛效应会造成的电网电流相位不同步,所以当光伏逆变器与电网并网连接时,应具备防孤岛效应保护功能。

若逆变器与电网直接的并网点出现电压、频率以及阻抗出现异常变化时,逆变器应在 2s 内停止向电网供电,同时发出警示信号。在测量逆变器的主动式防孤岛效应保护功能时,需要利用电网模拟电源和 RLC 负载来进行,并且测量设备要能同步测量出并网点的输出电压、频率和阻抗,检验逆变器防孤岛效应能力的可靠性。

孤岛效应的本地检测方法应用最为广泛。本地检测法一般分为两类:被动式检测和主动式检测。两类方法各有优缺点,需根据应用场合选用,或同时采用。被动式检测即通过系统的过压、欠压、过频、欠频保护来判断是否发生孤岛效应。除这些之外,被动式检测还可以检测输出电压的相位、谐波等方式来检测孤岛效应。被动式孤岛效应检测的缺陷在孤岛效应检测基本原理中提及:如果正常并网工作时系统输送至电网的有功、无功功率都为零,则电网断电情况下逆变系统输出电压幅值、频率均不变。此时,被动式孤岛效应检测将失效,从而对孤岛效应检测的主动性提出了要求。主动式孤岛效应检测是通过主动、定时地向电网施加扰动信号,再通过检测输出电压的幅值、频率、相位、谐波等方式来检测孤岛效应。在正常并网工作状态时,由于有电网电压的箝位,小的扰动不会对输出电压产生明显影响;当孤岛效应发生时,小的扰动经过积累,对输出电压的作用就会显现,最终被检测出来。

因此孤岛效应检测方法分类如图 7-52 所示。

1. 被动式孤岛效应检测技术

(1) 过欠电压 (OVP/UVP) 孤岛效应检测法。过/欠电压孤岛效应检测法是指

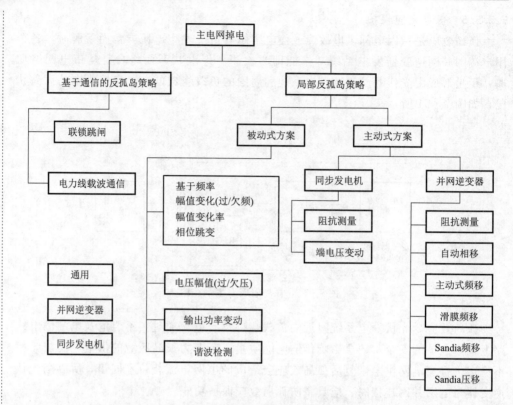

图 7-52 孤岛效应检测方法的分类

当检测出并网逆变器输出端点处的电压幅值超出设定阈值范围（U_1，U_2）时，由控制命令使逆变器的并网运行停止以实现孤岛效应保护的一种被动式检测法，这里 U_1、U_2 是并网发电标准中规定的电压最小值与最大值。

（2）过欠频率（OFP/UFP）孤岛效应检测法。过欠频率孤岛效应检测法是指当检测出并网逆变器在点电压的频率超出设定阈值范围（f_1，f_2）时，由控制命令使逆变器的并网运行停止以实现孤岛效应保护的一种被动式检测法，这里 f_1、f_2 为电网频率在正常范围的上限、下限值，在并网标准 IEEE Std 1547—2003 中规定：电网额定频率 $f_0 = 60\text{Hz}$ 时，下限频率 $f_1 \approx 59.3\text{Hz}$ 上限频率 $f_2 \approx 60.5\text{Hz}$。我国《电能质量 电力系统频率允许偏差》（GB/T 15945—1995）规定：电网额定频率是 $f_0 = 50\text{Hz}$，其上下限值分别是 $f_1 = 45.9\text{Hz}$、$f_2 = 50.5\text{Hz}$。

（3）其他被动式孤岛检测法。

1）基于相位跳变的孤岛检测法。基于相位跳变的孤岛检测法是通过对并网逆变器输出端电压与逆变器输出电流间的相位差实施监测来检测孤岛的一种方法。正常情况下由于并网逆变器实施单位功率因数控制，其输出电流和电网电压相位相同，电网跳闸后逆变器输出端电压将不再受电网电压钳制，使得逆变器输出端电压的相位产生跳变，所以当并网逆变器输出端电压和逆变器输出电流间相位差产生突变就意味着主电网跳闸。基于相位跳变的孤岛效应检测法的主要优点是容易实现，和过欠压和过欠频孤岛效应检测法一样，作为被动式孤岛效应检测法，该法对并网逆变器的输出电能质量不会造成影响，也不会出现多台逆变器并网时孤岛效应检测的稀释效应现象。该法缺点是检测阈值设定较困难，阈值设置过低，导致逆变器误跳闸，并且要根据安装地点对阈值进行相应调整，给实际的应用带来不便。

2）基于电压谐波测量的孤岛效应检测法。基于电压谐波测量的孤岛效应检测法是通过对并网逆变器的输出端电压谐波实施监测来检测孤岛效应的一种方法。由于电网可近似看作理想电压源，具有很低的电源阻抗，所以并网运行时逆变器输出的谐波电流流入了低阻抗的电网，以至于逆变器输出端的电压响应谐波分量非常小。电网跳闸后，逆变器输出的谐波电流流入了本地负载，而本地负载阻抗比电网阻抗大得多，所以中的谐波分量大大增加。基于电压谐波测量的孤岛效应检测法其优缺点与基于相位跳变的孤岛效应检测法类似，即具有不影响电能质量、不会产生孤岛效应检测的稀释效应现象，但同样存在检测阈值设定困难的缺陷。另外，由于孤岛效应保护测试电路通常用负载来代表本地负载，而实际的本地负载如果是非线性负载，将使电压的大大增加，因此该孤岛效应检测方案无法广泛应用。

3）基于关键电量变化率的孤岛效应检测法。孤岛效应发生以后，由于系统的不稳定，功率、频率等电量都比较敏感，其变化率将增大，可以通过检测功率变化率、频率变化率、谐波畸变率、不平衡度、频率对功率的偏导等变量值是否超出限值来判断孤岛效应的产生。该类方法同样具有其他被动式方法的一些优点，且可提高孤岛效应检测精度，但测量成本会有所提高。

2. 主动式孤岛效应检测技术

以上几种被动式孤岛效应检测方案中，相位跳变法和电压谐波检测法由于孤岛效应检测阈值设定困难而较少应用。过欠压、过欠频是应用较多的被动式孤岛效应检测法，但这两种检测方法具有较大的误差，并且孤岛效应检测时间往往较长。为克服被动式孤岛效应检测法的缺点，研究人员又提出多种主动式孤岛效应检测方案，以下进行具体分析。

（1）主动移频法。主动移频法是最为常用的主动式孤岛效应检测方案，包括主动频率偏移法（Active Frequency Drift，AFD）、频率偏移法（Sandia Frequency Shift，SFS），以及滑模频率偏移法（Slide-Mode Frequency Shift）等主动式孤岛效应检测法。

主动频率偏移法的原理是并网逆变器通过向电网注入稍微有点失真的电流，以使得逆变器输出端电压的频率在断网后形成一个连续向上或向下改变的趋势，最终频率偏移超过设定阈值，则孤岛效应被检测出来。

Sandia 频率偏移法利用了频率偏移的正反馈效应使得其在电网跳闸后使电压的频率产生更大的频率误差，所以 SFS 法比 AFD 法的检测盲区更小。

滑模频率偏移法采用了基于相位偏移扰动的策略，即运用正反馈使并网逆变器的输出电流与输出电压间的相位差产生偏移进而使频率持续偏移的检测策略。

（2）阻抗测量法。基于阻抗测量的孤岛检测法的原理是利用公共耦合点处电路阻抗在电网断开前后的变化来检测孤岛的发生。光伏系统并网运行时，主电网相当于一个理想电压源，此时公共耦合点处的电路阻抗很低；而孤岛发生后，在点处测得的阻抗是本地负载阻抗，一般会远大于并网时的阻抗，因此可根据断网前后所测电路阻抗值的不同进行检测孤岛。

（3）基于功率扰动的孤岛检测法。基于无功功率扰动的孤岛检测法原理是利用逆变器对输出无功功率的调节来改变电源和负载间的无功功率匹配度，即通过对逆变器输出无功功率实施扰动，破坏系统电源与负载间的无功平衡，使得断网后频率持续变化以成功检测出孤岛。

7.3　光伏系统的评价与关键计算

光伏电站质量
问题和性能计
算问题

7.3.1　光伏阵列的性能评价

光伏组串电流离散率通常是指光伏电站某一汇流箱或逆变器下组串电流的离散率。离散率数值越小，则表明汇流箱或逆变器下光伏组串之间电流差异小，电流曲线集中，光伏组串性能良好，发电情况越稳定。离散率数值大，则表明汇流箱或逆变器下光伏组串之间电流差异大，电流曲线分散，存在光伏组串异常或故障等问题。

汇流箱或逆变器组串电流离散率计算公式为

$$CV_{组串电流 j} = \frac{\sigma}{\mu} \qquad (7-6)$$

式中：$CV_{组串电流 j}$ 为 j 时刻某汇流箱或逆变器下光伏组串电流离散率，即统计学中的标准差系数（Coefficient of Variance）；j 为某汇流箱或逆变器组串电流的采集时刻点；μ 为 j 时刻某汇流箱或逆变器下组串电流平均值，计算公式为

$$\mu = \frac{1}{N} \sum_{i=1}^{N} x_i \qquad (7-7)$$

σ 为 j 时刻某汇流箱或逆变器下组串电流标准差，计算公式为

$$\sigma = \sqrt{\frac{1}{N} \sum_{i=1}^{N} (x_i - \mu)^2} \qquad (7-8)$$

式中：x_i 为 j 时刻某汇流箱或逆变器下第 i 组串支路的电流；N 为某汇流箱或逆变器下光伏组串总数量。

光伏组串全天平均电流离散率为某汇流箱或逆变器下光伏组串电流每个时刻离散率的加权平均值。

逆变器/汇流箱组串电流离散率取值范围可分为 4 个等级。

（1）若汇流箱或逆变器组串电流离散率取值在（0，5%）以内，说明汇流箱或逆变器所带支路电流运行稳定。

（2）若汇流箱或逆变器的组串电流离散率取值在（5%，10%）以内，说明汇流箱或逆变器所带支路电流运行情况良好。

（3）若汇流箱或逆变器的组串电流离散率取值在（10%，20%）以内，说明汇流箱或逆变器所带支路电流运行情况有待提高。

（4）若汇流箱或逆变器的组串电流离散率超过 20％，说明汇流箱或逆变器的支路电流运行情况较差，所带组串存在故障，必须进行整改。

7.3.2　光伏逆变器性能评价

光伏并网逆变器是并网光伏电站的一个重要组成部分，负责管理整个光伏并网系统的电力输出，可动态调节光伏阵列输出直流功率曲线，实现最大功率点跟踪控制，最终将光伏阵列输出的直流电变换为交流电并入电网。根据并网逆变器的工作特点，国内外对逆变器的效率提出了如下的评价方法。

1. 国外逆变器效率定义

欧洲电工标准化委员会专门制定了标准 EN 50530《Overall efficiency of grid connected photovoltaic inverters》，标准中定义了下述几类效率：

（1）MPPT 效率（能量效率）。MPPT 效率是指，在测试时间 TM 内，逆变器从光伏电池获得的电能与理论上光伏电池工作在最大功率点在该时间段输出的电能的比值，其数学表达式为

$$\eta_{MPPT} = \frac{\int_0^{T_M} P_{dc}(t)\,\mathrm{d}t}{\int_0^{T_M} P_{mpp}(t)\,\mathrm{d}t} \tag{7-9}$$

式中：$P_{dc}(t)$ 为逆变器获取的实时功率；$P_{mpp}(t)$ 为光伏电池理论上提供的实时的最大功率点功率。

MPPT 效率描述逆变器跟踪 PV 电池特性曲线上最大功率点的精度，包括静态最大功率点跟踪效率 $\eta_{MPPTstat}$ 与动态最大功率点跟踪效率 $\eta_{MPPTdyn}$。静态 MPPT 效率用来描述在给定的光伏电池输出静态特性曲线下，逆变器跟踪光伏电池最大输出功率的精度；动态 MPPT 效率则可以用来描述逆变器动态跟踪最大功率点的能力。

在此基础上给出加权欧洲 MPPT 效率，即

$$\eta_{MPPTstatEUR} = 0.03\eta_{MPPTstat5\%} + 0.06\eta_{MPPTstat10\%} + 0.13\eta_{MPPTstat20\%} +$$
$$0.10\eta_{MPPTstat30\%} + 0.48\eta_{MPPTstat50\%} + 0.20\eta_{MPPTstat100\%} \tag{7-10}$$

美国加利福尼亚州能源委员会也给出了其制定的加权 CEC MPPT 效率：

$$\eta_{MPPTstatCEC} = 0.04\eta_{MPPTstat10\%} + 0.05\eta_{MPPTstat20\%} + 0.12\eta_{MPPTstat30\%} +$$
$$0.21\eta_{MPPTstat50\%} + 0.53\eta_{MPPTstat75\%} + 0.05\eta_{MPPTstat100\%} \tag{7-11}$$

（2）转换效率（能量效率）η_{cpnv}。转换效率 η_{cpnv} 是指，在测试时间 T_M 内，逆变器交流输出端输出的电能与直流输入端输入的电能的比值，其数学表达式为

$$\eta_{conv} = \frac{\int_0^{T_M} P_{ac}(t)\,\mathrm{d}t}{\int_0^{T_M} P_{dc}(t)\,\mathrm{d}t} \tag{7-12}$$

式中：$P_{ac}(t)$ 为逆变器交流输出端输出的实时功率。

加权欧洲转换效率为

$$\eta_{conv,EUR} = 0.03\eta_{conv,5\%} + 0.06\eta_{conv,10\%} + 0.13\eta_{conv,20\%} +$$
$$0.10\eta_{conv,30\%} + 0.48\eta_{conv,50\%} + 0.03\eta_{conv,100\%} \tag{7-13}$$

加利福尼亚州能源委员会也给出了其制定的加权 CEC 转换效率，即

$$\eta_{\mathrm{conv,CEC}} = 0.04\eta_{\mathrm{conv,10\%}} + 0.05\eta_{\mathrm{conv,20\%}} + 0.12\eta_{\mathrm{conv,30\%}} +$$
$$0.21\eta_{\mathrm{conv,50\%}} + 0.53\eta_{\mathrm{conv,75\%}} + 0.05\eta_{\mathrm{conv,100\%}} \tag{7-14}$$

（3）总效率 η_t。总效率 η_t 表示在测试时间 T_{M} 内逆变器交流输出端输出的电能与理论上光伏电池工作在最大功率点在该时间段输出的电能的比值，从定义可知

$$\eta_t = \eta_{\mathrm{conv}}\eta_{\mathrm{MPPT}} \tag{7-15}$$

2. 国内逆变器转化效率采用标准

无变压器型逆变器最大效率不得低于 96％；带变压器型逆变器最大效率不得低于 94％。逆变器的转换效率主要有两种测试方法。

（1）最大转换效率。在测试过程中，记录直流输入侧和交流输出侧的瞬时功率值 P_{dc}、P_{ac} 或是一段时间的功率累计值，按照式（7-12）计算出最大的转换效率。

（2）逆变效率曲线。标准测试条件下，测量 5％、10％、15％、20％、25％、30％、50％、75％、100％负载点以及逆变器最大转换效率点和逆变器最大功率点的逆变效率，并以曲线图的形式体现在报告中。

逆变器效率曲线测试，分别测量直流输入侧的瞬时功率值 P_{dc}，交流输出端的瞬时功率值 P_{ac}。

$$\eta = \frac{P_{\mathrm{ac}}}{P_{\mathrm{dc}}} \times 100\% \tag{7-16}$$

7.3.3　光伏电站发电量计算

光伏发电系统的输出主要取决于光照强度，其最大功率输出为

$$\begin{cases} P_{\mathrm{PV}} = h_{\mathrm{PV}}AI_{\mathrm{sr}}[1 + a_{\mathrm{tem}}(t_{\mathrm{c}} - t_{\mathrm{c,stc}})] \\ P_{\mathrm{n,PV}} = h_{\mathrm{PV}}AI_{\mathrm{sr,stc}} \end{cases} \tag{7-17}$$

式中：$P_{\mathrm{n,PV}}$ 为光伏额定容量（kW），为标准测试条件下光伏系统输出功率值；$I_{\mathrm{sr,stc}}$ 和 $t_{\mathrm{c,stc}}$ 分别为标准测试下的光照强度和光伏工作温度，一般 $I_{\mathrm{sr,stc}} = 1\mathrm{kW/m^2}$；$t_{\mathrm{c,stc}} = 25℃$ 为标准测试条件；I_{sr} 和 t_{c} 分别为太阳能辐射强度和 PV 光伏工作温度；h_{PV} 为 PV 的转换效率；a_{tem} 为温度系数（1/℃），一般取 $-0.005/℃$；A 为光伏组件面积，$\mathrm{m^2}$。

当不考虑温度影响时，PV 输出可简化为

$$P_{\mathrm{PV}} = P_{\mathrm{n,PV}} \frac{I_{\mathrm{sr}}}{I_{\mathrm{sr,stc}}} = h_{\mathrm{PV}}A \tag{7-18}$$

光伏电站系统效率主要考虑的因素有：逆变器的效率损失、变压器的损耗，灰尘及雨雪遮挡损失、光伏组件串并联失配损失、交直流部分线路损失，以及其他损失。本文将根据太阳辐照数据及系统效率，用 4 种不同方法计算光伏电站发电量，并讨论各种方法的适用性。

1. 标准法

光伏电站发电量预测应根据光伏电站所在地的太阳能资源情况，并考虑光伏电站系统设计、光伏方阵布置和环境条件等各种因素后计算。光伏发电站年平均发电

量 E_P 计算为

$$E_P = H_A P_{AZ} K \tag{7-19}$$

式中：H_A 为水平面太阳能年总辐射强度（kW·h/m²）；E_P 为上网发电量(kW·h)；P_{AZ} 为系统安装容量（kW）；K 为综合效率系数。

综合效率系数 K 是考虑了各种因素影响后的修正系数。

2. 组件面积法

组件面积法公式是标准法计算公式的一个衍化公式，光伏电站发电量计算为

$$E_P = H_A S K_1 K_2 \tag{7-20}$$

式中：S 为所有组件面积总和，m²；K_1 为组件转换效率，K_1＝组件标称功率/组件面积×1000W/m²×100%；K_2 为综合效率系数。

K_2 包括：

（1）光伏电站用电损耗和线路损耗：站内电气设备用电和输电线路损耗约占总发电量的 3%，则对应的修正系数取 97%。

（2）逆变器效率：一般为 95%～98%。

（3）工作温度造成的损耗：光伏组件效率随温度变化，与温度成反比，温度越高，效率越低；一般光伏组件工作温度损耗约 4%。

（4）其他因素造成的损耗：除了上文提到的各项因素，影响光伏电站上网电量的因素还包括升压变压器损耗、不可利用的太阳辐照损失、电网吸纳损失等，修正系数取 95%。

3. 标准小时数法

标准小时数计算法是根据系统安装容量和标准日照小时数进行计算的方法。光伏电站发电量计算为

$$E_P = PHK \tag{7-21}$$

式中：P 为光伏电站系统安装容量，kW_p；H 为光伏电站厂址所在地标准小时数，h。

4. 经验系数法

光伏电站发电量计算为

$$E_P = PL \tag{7-22}$$

式中：L 为经验系数，取值根据光伏电站站址所在地日照情况而定，一般取 90%～180%。

7.3.4 光伏电站的系统评价

光伏系统的性能计算的目的是提供适用于比较不同大小、运行在不同气候条件下和提供不同用途的光伏系统性能的评价标准，性能计算作为光伏系统运维中最重要的步骤之一，一直颇受重视，各种性能的计算评价指标也提供了针对不同用途的性能评价思路。本章内容主要以性能比 PR（Performance Ratio）指标为核心讲述性能计算的方法。

7.3.4.1　*PR* 计算方法

性能比是一个无单位数量，并已获得广泛接受，以判断全球光伏系统的性能。系统的 *PR* 越高，与类似气候条件下的其他系统相比，系统的性能越好。根据欧盟绩效项目，0.8 及以上的 *PR* 是一个表现良好的系统的指标。*PR* 是美国，澳大利亚和欧盟等几个国家建立的光伏监测计划中采用的主要性能指标之一。大量光伏电站运营商的经验表明，连续监测 *PR* 有助于纠正系统故障。

目前国际上定义光伏电站 *PR* 的标准方法是国际电工委员会的标准 IEC 61724，它也是监测光伏电站的主要参考文件之一。文件 IEC 61724 中对于 *PR* 的定义为

$$PR = \frac{Y_f}{Y_r} \tag{7-23}$$

系统的最终产量 Y_f 定义为系统的最终或实际能量输出与其标称直流功率之比。Y_f 使产生的能量相对于系统容量标准化，公式为

$$Y_f = \frac{E_{out}}{P_0} \tag{7-24}$$

式中：E_{out} 为总能量输出；P_0 为标称功率。

参考产量 Y_r 是总倾斜面内辐照度与 PV 参考辐照度之间的比率。STC 条件下的 PV 参考辐照度等于 $1000W/m^2$。参考产量也称为峰值日照时数，公式为

$$Y_r = \frac{G}{G_{stc}} \tag{7-25}$$

式中：G 为总倾斜面内辐照度；G_{stc} 为参考辐照度。

在 20 世纪 80 年代末期，*PR* 为 50%～75%，在 90 年代，*PR* 为 70%～80%。2000 年以后到现在，随着光伏技术的不断发展，*PR* ＞80%。*PR* 的大小取决于光伏电站的发电量和装机容量，以及太阳辐射强度，并且呈现季节性差异，如夏季偏低、冬季偏高，这主要是因为 *PR* 受环境温度的影响较大。

随着光伏电站运行年限的增加，光伏组件的额定功率不断衰减，逆变器的电子元器件可靠性逐渐降低，容易造成逆变器的转换效率降低。从理论上来说，在整个 25 年的生命周期内，*PR* 会呈下降趋势；而且组件表面积灰的增加也会造成 *PR* 降低，但通过清洗组件可使这部分降低的 *PR* 得以恢复，因此，*PR* 还可以用来衡量组件的最佳清洗时间。

7.3.4.2　温度修正的 *PR* 计算方法

PR 指标是目前常用的电站评价参数，对于同一地区的各个电站，如果太阳辐射资源和气候情况比较相似，那么我们可以通过 *PR*、Y_r 和 Y_f 来进行对比，但是对于不同地区的电站，由于辐射资源不同，环境温度也不同，直接使用该 *PR* 来对比是不准确的。

因为式（7-23）并未考虑到温度的影响，晶硅组件的功率温度系数是负温度系数，当温度升高时，功率会降低，温度降低时，则相反，特别是在冬季低温、均匀辐照强度下，*PR* 计算值会偏高，而在夏季高温、均匀辐照下，*PR* 值会偏低，而温度差异造成的 *PR* 偏低并不属于电站本身的质量问题，容易给电站运维人员带来误判断。

因此后来业内研究人员提出了对原有 PR 计算公式进行温度修正的方法，称为 CPR（Temperature Corrected PR）。PR 和 CPR 是电站评价的重要指标，国外也有其他机构采用了其他评价方法，EPI（Energy Performance Index）和 PPI（Power Performance Index），其计算方法和各自的用途也不尽相同。如不同气候地区的电站设计验证、投资决策和长期的发电性能比较，可使用 CPR，光伏电站发电性能的衰减情况可用 EPI 指标，运维前后短期的发电比较可用 PPI 指标，但不管是哪一种指标，理论发电量的计算至关重要，如是否需要采用温度修正，并考虑其他补偿因子等。

下面介绍本文中采用的三种不同的 CPR 计算方法。

1. 标准修正法

顾名思义，标准修正法是将温度条件修正到标准测试条件下的温度 25℃，修正后也叫 PRSTC，其中修正系数为

$$K_{\text{temp}} = 1 + \delta(T_{\text{cell}} - T_{\text{cell,stc}}) \tag{7-26}$$

式中：δ 为光伏组件的功率温度系数（为负值）；T_{cell} 为实测评估周期内电池的平均工作结温，℃；$T_{\text{cell,stc}}$ 为 STC 条件下的温度，25℃。

美国可再生能源实验室并不推荐将 PR 修正到 25℃ 条件，虽然可以消除 PR 因季节性气候带来的温度影响，但是和实际值相比还可能会偏高。

2. 基于 NOCT 修正方法

IEC 中规定 NOCT 的测试条件为光伏电池在辐照度 800W/m² 、环境温度 20℃、风速 1m/s 条件下的温度，NOCT 模型主要是为了预测光伏电池工作温度，该方法认为光伏电池的工作温度与环境温度之差与太阳辐射为线性关系，据此计算得到光伏电池的实际工作温度。温度修正系数为

$$K_{\text{temp,NOCT}} = 1 + \delta(T_{\text{cell}} - T_{\text{cell,stc}}) \tag{7-27}$$

$$T_{\text{cell}} = T_a + (T_{\text{NOCT}} - T_{a,\text{NOCT}})(H/G_{\text{NOCT}})[1 - (\eta/\tau a)] \tag{7-28}$$

式中：T_a 为环境温度，℃；T_{NOCT} 为 NOCT 条件下的电池片结温，一般为 45℃±2℃（组件铭牌参数上都有标识）；$T_{a,\text{NOCT}}$ 为 NOCT 条件下的环境温度，为 20℃；H 为方阵平面上的太阳辐照度，W/m²；G_{NOCT} 为 NOCT 条件下的辐照度，取值 800W/m²；$\eta/\tau a$ 为 0.083/0.9，为默认的常数。

3. 基于 Sandia 温度模型的 SunPower 温度修正方法

根据美国 Sandia 实验室组件背板温度的相关结论，电池片结温用公式表示为

$$T_{\text{cell}} = T_m + (H/G_{\text{stc}})\Delta T \tag{7-29}$$

式中：H 为组件平面辐照度；T_m 为组件背板的实测平均温度；ΔT 为标准辐照度下背板温度与电池片温度的差值，这是一个由实验确定的经验系数，与组件类型及安装方式相关。

在有些情况下如现场不能安装热电耦探头，那么组件的背板温度就没有办法进行测试，这时可以从环境温度来估算组件背板温度，其经验公式为

$$T_m = T_a + He^{(a+bWS)} \tag{7-30}$$

式中：T_a 为实测环境温度；WS 为 10m 高度的实测风速；H 为组件平面辐照度；a 和 b

为由实验确定的经验系数，a 描述了辐照度对组件温度的影响，b 描述了风速对组件温度的减小作用。

综合式（7-30）和式（7-31）可得电池片结温的最终计算公式，即

$$T_{\text{cell}} = (H/G_{\text{stc}})\Delta T + T_{\text{a}} + He^{(a+bWS)} \tag{7-31}$$

最后基于 Sandia 模型的基础可以得到 PR 温度修正系数，即

$$K_{\text{temp,sp}} = 1 + \delta(T_{\text{cell}} - T_{\text{cell\_sim\_avg}}) \tag{7-32}$$

$$T_{\text{cell\_sim\_avg}} = \frac{\sum G_{\text{POA\_sim\_}j} T_{\text{cell\_sim\_}j}}{\sum G_{\text{POA\_sim\_}j}} \tag{7-33}$$

式中：$T_{\text{cell\_sim\_avg}}$ 为电站方阵平面接受辐射能量为权重的组件加权平均工作温度，一般以一年为计算周期，因此高辐照的权重因子将比低辐照度下的权重因子高，当辐照为 0 时，权重因子就变为 0；

$T_{\text{cell\_sim\_}j}$ 为第 j 小时的电池片技术工作温度；$G_{\text{POA\_sim\_}j}$ 为第 j 小时的组件平面辐照度，W/m^2。

如果组件的加权平均工作温度不以年为单位进行计算，比如计算周期就 1 天，那么 PR 和 CPR 的值几乎算是相同的。如果以某冬季某一天的加权平均温度计算，则 CPR 和 PR 都为 93%，但如果以一年的电池加权平均温度 42℃ 计算，那么 PR 和 CPR 就会出现差异，PR 值都会偏高。

7.3.4.3 *PR* 季节偏差修正

NREL 提出的 PR 气象修正方法是基于美国 Sandia 实验室提出的光伏组件热传导模型推导得到的。根据该方法，定义 $T_{\text{cell\_}i}$ 为不同时刻的光伏电池温度，该参数是利用太阳辐照度、环境温度和风速的监测值计算得到的。

PR 的季节偏差修正公式为

$$PR_{\text{corr}} = \frac{E_{\text{out}}}{\sum_i \left\{ P_{\text{STC}} \left(\dfrac{G_{\text{POA\_}i}}{G_{\text{STC}}} \right) \left[1 - \delta(T_{\text{cell\_typ\_avg}} - T_{\text{cell\_}i}) \right] \right\}} \tag{7-34}$$

式中：PR_{corr} 为 PR 的季节偏差修正值；$G_{\text{POA\_}i}$ 为光伏组件倾斜面所接受到的太阳辐照度；$T_{\text{cell\_typ\_avg}}$ 为光伏电池年平均温度；δ 为光伏组件的功率温度系数（一般为负数），%/℃；i 为时刻点。

理论上，气象修正方法只能够修正 PR 短期测试值的季节偏差，年 PR 能够体现评价周期内光伏系统的真实运行情况，年 PR 是修正 PR 短期测试值的参考基数，因此，年 PR 不应随着季节偏差的修正而发生改变。由于各年的气象条件存在差异，因此，应利用光伏系统所在地的典型气象年气象数据计算 $T_{\text{cell\_typ\_avg}}$。

7.3.4.4　其他性能评价指标

1. 光伏阵列转换效率

光伏阵列是由光伏组件组成的光伏发电系统的核心部分，不同厂家生产的光伏组件对太阳能的利用率不尽相同，不同环境状况下光伏面板对与太阳能资源的利用程度也有所差异。光伏阵列转换效率旨在评价光伏阵列对太阳能的利用能力；此

外，通过评价光伏阵列转换效率，发现运行效率低下的相关部件，还可以为运维人员提供技术支持；其计算公式为

$$\eta_1 = \frac{P_{GZ}}{H_t S} \times 100\% \tag{7-35}$$

式中：η_1 为光伏组件准换效率；P_{GZ} 为光伏阵列发电功率；H_t 为光伏阵列倾斜面辐照度；S 为光伏阵列倾斜面的表面积。

评价方法：分时段采集日内光伏阵列转换效率信息，并将数据处理方法可以参照取平均值、取中位数或者取众数的方法。

2. 整体发电效率 PR_E

$$PR_E = \frac{PDR}{PT} \tag{7-36}$$

式中：PDR 为测试时间间隔（Δt）内的实际发电量；PT 为测试时间间隔（Δt）内的理论发电量；$T = \frac{I_i}{I_o}$ 为光伏电站测试时间间隔（Δt）内对应 STC 条件下的实际有效发电时间；P 为光伏电站 STC 条件下组件容量标称值；I_o 为 STC 条件下太阳辐射总量值；

3. 汇流箱转换效率

光伏组件产生的直流电需要经汇流箱汇集后再传送到逆变器，汇流箱是光伏阵列与逆变器的中转站，在中转站的能量损失越少，光伏电站整体的发电效果就越好。本项指标旨在评估汇流箱的能量传输效率；其计算公式为

$$\eta_2 = \frac{P_{HL}}{\sum_{i=1}^{n} P_{GZi}} \times 100\% \tag{7-37}$$

式中：η_2 为汇流箱的转换效率；P_{HL} 为汇流箱输出功率；n 为连接到汇流箱的光伏阵列个数；P_{GZi} 为第 i 个光伏阵列的输出功率。

评价方法：分时段采集日内光伏阵列转换效率信息，对获得的数据的处理方法可以参照取平均值、取中位数或者取众数的数值分析方法。

4. 并网逆变器转换效率

并网逆变器将光伏组件产生的直流电逆变成日常使用的交流电，是光伏发电系统的重要部件。逆变器转换效率的高低影响着光伏电站整体运行特性的评价。计算方法如下所示。

$$\eta_3 = \frac{P_{NB}}{\sum_{k=1}^{m} P_{HLm}} \times 100\% \tag{7-38}$$

式中：η_3 为逆变器的转换效率；P_{NB} 为逆变器的输出功率；m 为连接到逆变器的汇流箱个数；P_{HLk} 为第 k 个汇流箱的输出功率。

评价方法：分时段采集日内光伏阵列转换效率信息，对获得的数据的处理方法可以参照取平均值、取中位数或者取众数的数值分析方法。

5. 弃光率

弃光率作为评估某地区光伏电站运行经济性的一个重要指标，旨在对光伏电站

对于当地太阳能资源的利用率。计算公式为

$$QG = \frac{E_{TH} - E_{Cus} - E_{Li}}{E_{TH}} \tag{7-39}$$

式中：QG 为弃光率；E_{TH} 为光伏电站年理论发电量；E_{Cus} 为用户年消耗的光伏发电量；E_{Li} 为光伏电站年线路损耗。

评价方式：该项评估指标属于过程量指标，所以只需要依据实际统计的信息按上述公式计算即可。

课 后 习 题

1. 光伏组件常见的故障有哪些？

2. 简述逆变器的常见故障和运维要点以及运维注意事项。

3. 简述热斑的产生机理、特性以及检测方法。

4. 简述 $I—U$ 测试仪测量光伏阵列伏安特性曲线的步骤。

5. 光伏逆变器的测试主要包括哪些方面？

6. 光伏电站发电量计算有哪几种方法，分别是怎么计算的？

7. PR 的定义是什么，有哪几种计算方法？

8. 列举你知道的在光伏电站的运行和检测过程中的注意事项。

参 考 文 献

［1］ 索比光伏网 . 光伏电站系统常见质量问题汇总［EB/OL］. （2017 - 03 - 15）［2020 - 11 - 06］. https：//news. solarbe. com/201703/15/144814 _ 1. html.

［2］ 邓娟娟 . 晶硅组件热斑效应的分析［D］. 北京：北京交通大学，2015.

［3］ 普平贵，滕小华，李伟明 . 光伏系统设计中绝缘电阻的考虑［J］. 太阳能，2012（21）：26 - 29.

［4］ 孟佳彬 . 光伏系统接地故障及亚健康状态研究［D］. 上海：上海大学，2019.

［5］ 刘国臻，龚家军，郭金良，等 . 卧龙光伏电站大地网接地电阻检测技术分析［J］. 陕西气象，2020（1）：55 - 57.

［6］ 张泉锋，李萍，龚伟，等 . 水力发电站大地网接地电阻检测技术研究［J］. 技术与市场，2014，21（7）：53 - 55.

［7］ 屠佳佳，谢代梁 . 不同负载对太阳能电池输出功率的影响［J］. 中国计量学院学报，2012，23（3）：295 - 298.

［8］ 时素铭 . 光伏组件输出特性测试仪［D］. 北京：北京交通大学，2016.

［9］ 冯宝成，苏建徽，刘文涛，等 . 基于可变电子负载的光伏阵列特性测试技术［J］. 电力电子技术 . 2012，45：38 - 39.

［10］ 苏州智升科技有限公司 . 户外 IV 测试仪［EB/OL］.［2020 - 11 - 06］. http：//www. suzhouzhisheng. com/ ProductDetail /2660755. html.

［11］ 王仁书，杨爱军，游宏亮 . 光伏组件户外 $I - V$ 特性测试问题及分析［J］. 质量技术监督研究，2017（6）：2 - 6.

［12］ 高艳飞，申海超 . EL 测试在晶硅电池及组件质量控制中的应用［J］. 电子世界，2016，（8）：162 - 163.

［13］ 刘恩科，朱秉生，罗晋生，等 . 半导体物理学［M］. 西安：西安交通大学出版社，1998.

［14］ 朱雨萌 . 电致发光测试在晶硅电池组件检测认证中的应用研究［D］. 北京：北京交通大学，2015.

［15］ Y. Takahashi，Y. Kaji，A. Ogane，et al. Luminoscopy Novel Tool for the Diagnosis of Crystalline Silicon solar cells and Modules Utilizing Electroluminescence，IEEE，2006：924 - 927.

［16］ P. Würfel，Trupke T，M. Rüdiger，et al. Diffusion lengths of silicon solar cells from luminescence images［J］. Journal of Applied Physics，2007，101 (12)：1650.

［17］ 苏州智眸科技. 电致发光图像检测技术［EB/OL］. (2019 - 11 - 05)［2020 - 11 - 06］. http：//suzhouzhimou. com/ NewsDetail/ 1464601. html.

［18］ 莱科斯. 太阳能光伏检测设备操作流程及便携式 EL 测试仪详解［EB/OL］. (2020 - 05 - 27)［2020 - 11 - 06］. http：//www. eisolar. com/4200. html.

［19］ 刘小平，王丽娟，王炳楠，郭斌. 光伏并网逆变器户外实证性测试技术初探［J］. 新能源进展，2015，3 (1)：33 - 37.

［20］ Haeberlin H，Liebi C，Beutler C. Inverters for grid connected PV systems：test results of some new inverters and latest reliability data of the most popular inverters in Switzerland［J］. 1997.

［21］ 徐文丽，鲍伟，王巨波，等. 分布式电源并网对电能质量的影响研究综述［J］. 电源技术，2015，39 (12)：2799 - 2802.

［22］ 易桂平，胡仁杰. 分布式电源接入电网的电能质量问题研究综述［J］. 电网与清洁能源，2015，31 (1)：38 - 46.

［23］ 孙涛，王伟胜，戴慧珠，等. 风力发电引起的电压波动和闪变［J］. 电网技术，2003，27 (12)：63 - 70.

［24］ 黄科文，李鹏鹏，彭显刚，等. 含分布式电源的配电网电压调整策略研究［J］. 电网与清洁能源，2013，29 (1)：29 - 33.

［25］ 光伏逆变器测试解决方案［EB/OL］. (2014 - 05 - 04)　［2020 - 11 - 06］. http：//www. docin. com/p - 805455441. html.

［26］ 赵晨. 光伏发电关键部件户外测试技术及系统评价技术研究［D］. 上海：上海电机学院，2018.

［27］ 傅国轩，李雪，高旭冬. 并网光伏电站基于汇流箱组串电流离散率的分析方法及应用［J］. 电网与清洁能源，2014，30 (11)：109 - 113.

［28］ 索比光伏网. 光伏电站平均发电量四种计算方法小结［EB/OL］. (2017 - 05 - 09)［2020 - 11 - 06］. https：//news. solarbe. com/201705/09/1120756 _ 2. html.

［29］ 李慧，陈心欣，曾湘安，等. 并网光伏系统性能测试与评估方法［J］. 电源技术，2017，41 (10)：1437 - 1438.

［30］ 索比光伏网. 浅析：基于温度修正的光伏电站发电性能评价指标［EB/OL］. (2015 - 11 - 19)［2020 - 11 - 06］. https：//news. solarbe. com/201511/19/92164 _ 2. html.